21世纪高等学校规划教材 | 计算机应用

C程序设计与实训

阎红灿 谷建涛 李爽 主编
刘盈 刘自荣 郗海龙 副主编

清华大学出版社
北 京

内容简介

本书在全面介绍C/C++程序设计的基础知识、数据表示和语法结构基础上，利用第6章系统介绍了各类算法思想和选择标准，同时详细叙述程序调试方法；利用第11章集中介绍C++面向对象编程方法；利用第13章描述课程设计具体要求，讲解程序设计方法和思路，同时与第6章遥相呼应，以ACM-ICPC竞赛试题为例深度讲解算法设计，培养学生的逻辑思维和抽象思维，提高学生的编程能力和创新应用能力。本书将理论讲授和实训实验融于一体，例题、实验和作业呼应于知识点，知识体系编排新颖，内容丰富，提供大量实训应用实例，特别是第13章提供了近30个课程设计题目，每章后均附有习题。

本书适合作为高等院校计算机语言类通识课程教材，也可作为计算机科学与技术本科专业和电子信息工程本科专业的程序设计基础专业课教材。由于本书提供了大量课程设计题目，提炼了ACM竞赛的核心算法，提高了编程层次，所以适用于任何想要参加ACM竞赛的专业学生，或作为和计算机与电子信息相关专业的参考教材。

图书在版编目(CIP)数据

C程序设计与实训/阎红灿，谷建涛，李爽主编. —北京：清华大学出版社，2019(2020.1重印)
(21世纪高等学校规划教材·计算机应用)
ISBN 978-7-302-52951-4

Ⅰ. ①C…　Ⅱ. ①阎…　②谷…　③李…　Ⅲ. ①C语言－程序设计－高等学校－教材　Ⅳ. ①TP312.8

中国版本图书馆CIP数据核字(2019)第081671号

责任编辑：贾　斌
封面设计：傅瑞学
责任校对：胡伟民
责任印制：宋　林

出版发行：清华大学出版社
网　　址：http://www.tup.com.cn，http://www.wqbook.com
地　　址：北京清华大学学研大厦A座　　**邮　　编**：100084
社 总 机：010-62770175　　**邮　　购**：010-62786544
投稿与读者服务：010-62776969，c-service@tup.tsinghua.edu.cn
质量反馈：010-62772015，zhiliang@tup.tsinghua.edu.cn
课件下载：http://www.tup.com.cn，010-62795954
印 装 者：清华大学印刷厂
经　　销：全国新华书店
开　　本：185mm×260mm　　**印　　张**：19　　**字　　数**：480千字
版　　次：2019年7月第1版　　**印　　次**：2020年1月第2次印刷
印　　数：1501～2500
定　　价：49.00元

产品编号：081334-01

出版说明

随着我国改革开放的进一步深化，高等教育也得到了快速发展，各地高校紧密结合地方经济建设发展需要，科学运用市场调节机制，加大了使用信息科学等现代科学技术提升、改造传统学科专业的投入力度，通过教育改革合理调整和配置了教育资源，优化了传统学科专业，积极为地方经济建设输送人才，为我国经济社会的快速、健康和可持续发展以及高等教育自身的改革发展做出了巨大贡献。但是，高等教育质量还需要进一步提高以适应经济社会发展的需要，不少高校的专业设置和结构不尽合理，教师队伍整体素质亟待提高，人才培养模式、教学内容和方法需要进一步转变，学生的实践能力和创新精神亟待加强。

教育部一直十分重视高等教育质量工作。2007 年 1 月，教育部下发了《关于实施高等学校本科教学质量与教学改革工程的意见》，计划实施"高等学校本科教学质量与教学改革工程(简称'质量工程')"，通过专业结构调整、课程教材建设、实践教学改革、教学团队建设等多项内容，进一步深化高等学校教学改革，提高人才培养的能力和水平，更好地满足经济社会发展对高素质人才的需要。在贯彻和落实教育部"质量工程"的过程中，各地高校发挥师资力量强、办学经验丰富、教学资源充裕等优势，对其特色专业及特色课程(群)加以规划、整理和总结，更新教学内容、改革课程体系，建设了一大批内容新、体系新、方法新、手段新的特色课程。在此基础上，经教育部相关教学指导委员会专家的指导和建议，清华大学出版社在多个领域精选各高校的特色课程，分别规划出版系列教材，以配合"质量工程"的实施，满足各高校教学质量和教学改革的需要。

为了深入贯彻落实教育部《关于加强高等学校本科教学工作，提高教学质量的若干意见》精神，紧密配合教育部已经启动的"高等学校教学质量与教学改革工程精品课程建设工作"，在有关专家、教授的倡议和有关部门的大力支持下，我们组织并成立了"清华大学出版社教材编审委员会"(以下简称"编委会")，旨在配合教育部制定精品课程教材的出版规划，讨论并实施精品课程教材的编写与出版工作。"编委会"成员皆来自全国各类高等学校教学与科研第一线的骨干教师，其中许多教师为各校相关院、系主管教学的院长或系主任。

按照教育部的要求，"编委会"一致认为，精品课程的建设工作从开始就要坚持高标准、严要求，处于一个比较高的起点上；精品课程教材应该能够反映各高校教学改革与课程建设的需要，要有特色风格、有创新性(新体系、新内容、新手段、新思路，教材的内容体系有较高的科学创新、技术创新和理念创新的含量)、先进性(对原有的学科体系有实质性的改革和发展，顺应并符合 21 世纪教学发展的规律，代表并引领课程发展的趋势和方向)、示范性(教材所体现的课程体系具有较广泛的辐射性和示范性)和一定的前瞻性。教材由个人申报或各校推荐(通过所在高校的"编委会"成员推荐)，经"编委会"认真评审，最后由清华大学出版社审定出版。

目前，针对计算机类和电子信息类相关专业成立了两个“编委会”，即“清华大学出版社计算机教材编审委员会”和“清华大学出版社电子信息教材编审委员会”。推出的特色精品教材包括：

(1) 21世纪高等学校规划教材·计算机应用——高等学校各类专业，特别是非计算机专业的计算机应用类教材。

(2) 21世纪高等学校规划教材·计算机科学与技术——高等学校计算机相关专业的教材。

(3) 21世纪高等学校规划教材·电子信息——高等学校电子信息相关专业的教材。

(4) 21世纪高等学校规划教材·软件工程——高等学校软件工程相关专业的教材。

(5) 21世纪高等学校规划教材·信息管理与信息系统。

(6) 21世纪高等学校规划教材·财经管理与应用。

(7) 21世纪高等学校规划教材·电子商务。

(8) 21世纪高等学校规划教材·物联网。

清华大学出版社经过三十多年的努力，在教材尤其是计算机和电子信息类专业教材出版方面树立了权威品牌，为我国的高等教育事业做出了重要贡献。清华版教材形成了技术准确、内容严谨的独特风格，这种风格将延续并反映在特色精品教材的建设中。

清华大学出版社教材编审委员会
联系人：魏江江
E-mail：weijj@tup.tsinghua.edu.cn

前言

计算机编程可以锻炼和提高学生的逻辑思维和抽象思维,所以"程序设计基础"是大学生必修的一门通识教育课程。学习计算机编程不仅仅是学会计算机编程语言,更重要的是锻炼学生的耐心和毅力,培养独立思考、严谨缜密的逻辑思维方式,提高发现问题、解决问题的实践能力。

计算机编程语言中,C/C++无疑是主流的程序设计语言,只要掌握了C结构化程序设计语言,学习其他语言就轻而易举,而C++是C语言的扩充,为学习面向对象的程序设计奠定了基础。市场上有关C/C++的教材和参考书很多,基本都是讲授和训练分开,没有专门针对在机房授课、讲练一体的教材,本书针对这点,力求写出适合机房授课的新的特色。首先,注重C/C++语言的基础知识,通过例题与作业的呼应强化训练让学生牢记基本知识点;知识内容高度概括,知识点描述简洁,通过例题凸显重点和应用;利用实训培养学生的编程能力和综合应用能力;以典型题型作为例题或作业题,以ACM竞赛典型算法作为提升训练,引导学生参加课外学习和参与各类创新竞赛。全书体系按照计算机语言的学习顺序编排,力争言简意赅,通俗易懂,例题和知识点环环相扣,以达到教案的效果。

本书的特色主要有以下三点。

第一,为了适合机房授课"学生练习为主,教师讲授为辅"的特点,基础知识叙述简洁精练,例题讲解紧扣知识点,通过例题练习掌握基本知识,所以要精选覆盖更多知识面的例题,并且与作业呼应。基础部分包含12章,第1章介绍C语言的基本结构和主流的开发工具,同时详细讲述VC++6.0环境和Visual C++2010 Express环境的使用;第2章介绍数据类型、运算符和表达式的运算;第3章至第5章分别介绍程序控制的顺序结构、分支结构和循环结构;第6章介绍源程序的调试技巧和算法分类;第7章介绍数组;第8章介绍函数;第9章介绍指针;第10章介绍结构体和共用体;第11章介绍面向对象程序设计基础;第12章介绍文件的读写。每章都做到"三点一线",即例题知识的"讲"、实训的"练"、作业的"编"通过知识点串成一条线,每一章的例题和实训都有相应的作业交相呼应。

第二,为了提高学生的程序调试能力和算法设计能力,专门设计第6章程序的调试和算法的选择,系统讲授程序的常用调试方法,并分类讲解枚举法、迭代法、递推法的典型应用,并与后续第7章数组讲解后的排序查找算法、第8章函数后的递归算法互成一体。每章最后一节设计常见错误列表,以方便学生调试程序查询参考。

第三,为了提高学生创新应用能力,第13章综合课程设计与经典算法解析,给出课程设计的目的和要求,课程设计任务书的报告模板及成绩评定等,方便教师指导和学生选题,通过课程设计达到综合训练,提高学生解决问题的能力。经典算法主要对几个经典的递归和动态规划算法解析,如汉诺塔、排列组合、K好数、最短路径、八皇后问题等,引领学生走入程序设计大赛的基础领域,领略深层次算法设计的奇妙。

书中程序实现的源代码均采用C/C++的标准格式书写,例题、实训和课程设计算法都在 Visual C++6.0 中编译并实现。

本书由阎红灿、谷建涛、李爽任主编，刘盈、刘自荣、郗海龙任副主编。其中，第 6、11、13 章由阎红灿编写，第 1 章和第 7 章由谷建涛编写，第 2 章和第 8 章由李爽编写，第 5 章和第 9 章由刘盈编写，第 3 章和第 4 章由刘自荣编写，第 10 章和第 12 章由郗海龙编写。全书由阎红灿统稿。

在本书的编写和校稿过程中，得到赵艳君、郭沙沙、李伟芳、郭小雨等老师的协助，在此表示感谢。同时书中参阅了大量文献，向文献作者表示诚挚的谢意和由衷的敬佩。

由于编者水平有限，书中难免存在疏漏与不妥之处，恳请读者批评指正。

编　者

2018 年 12 月

目　录

第1章 C/C++程序设计概述

早期的 C 语言主要是用于 UNIX 系统。到了 20 世纪 80 年代，C 语言开始进入 Windows 操作系统，并很快成为应用最广泛也是最优秀的程序设计语言之一。

本章学习目标与要求

- 了解 C/C++语言的发展及特点
- 掌握 C 语言的基本结构和语法规则
- 了解主流的 C/C++开发工具
- 掌握在 VC++6.0 中实现 C 程序的流程

1.1 C/C++语言的发展及特点

C 语言是在 20 世纪 70 年代初问世的。1978 年，美国电话电报公司(AT&T)贝尔实验室正式发表了 C 语言。同时 B. W. Kernighan 和 D. M. Ritchit 合著了著名的《THE C PROGRAMMING LANGUAGE》一书。通常简称为 K&R，也有人称之为 K&R 标准。但是，在 K&R 中并没有定义一个完整的标准 C 语言，后来由美国国家标准协会(American National Standards Institute)在此基础上制定了一个 C 语言标准，于 1983 年发表。通常称之为 ANSI C。

早期的 C 语言主要是用于 UNIX 系统。由于 C 语言的强大功能和各方面的优点逐渐为人们认识，到了 20 世纪 80 年代，C 语言开始进入其他操作系统，并很快在各类大、中、小和微型计算机上得到了广泛的使用，成为当代最优秀的程序设计语言之一。

早期流行的 C 语言有以下几种：

- Microsoft C 或称 MS C
- Borland Turbo C 或称 Turbo C
- AT&T C

这些 C 语言版本不仅实现了 ANSI C 标准，而且在此基础上各自作了一些扩充，使之更加方便、完美。

1.1.1 C 语言的特点

与其他语言相比，C 语言有自己的特点。

(1) C语言简洁、紧凑,使用方便、灵活。ANSI C一共有32个关键字;9种控制语句,程序书写自由,用小写字母表示,见表1.1。

表1.1 常见关键字

auto	break	case	char	const	continue	default
do	double	else	enum	extern	float	for
goto	if	int	long	register	return	short
signed	static	sizof	struct	switch	typedef	union
unsigned	void	volatile	while			

Turbo C又扩充了11个关键字,见表1.2。

表1.2 扩展关键字

asm	_es	_cs	_ds	far	_ss
huge	interrupt	near	pascal	cdecl	

(2) C语言运算符共有34种。C语言把括号、赋值、逗号等都作为运算符处理,从而使C语言的运算类型极为丰富,可以实现其他程序设计语言难以实现的运算。

(3) 数据结构类型丰富。

(4) 结构化的控制语句。

(5) 语法限制不太严格,程序设计自由度大。

(6) C语言允许直接访问物理地址,能进行位(bit)操作,能实现汇编语言的大部分功能,可以直接对硬件进行操作。正因为C语言的这个特点,有人把它称为中级语言。

(7) 生成目标代码质量高,程序执行效率高。

(8) 与汇编语言相比,程序可移植性好。

但是,C语言对程序员要求也高,程序员用C语言写程序会感到限制少、灵活性大、功能强,但较其他高级语言在学习上要困难。

在C语言的基础上,1983年贝尔实验室的Bjarne Stroustrup推出了C++。C++进一步扩充和完善了C语言,成为一种面向对象的程序设计语言。C++目前流行的最新版本是Borland C++、Symantec C++和Microsoft Visual C++。

C++提出了一些更为深入的概念,它所支持的这些面向对象的概念容易将问题空间直接地映射到程序空间,为程序员提供了一种与传统结构化程序设计不同的思维方式和编程方法。因而也增加了整个语言的复杂性,学习起来有难度。

C语言是C++的基础,C++语言和C语言在很多方面是兼容的。因此,掌握了C语言,再进一步学习C++就能以一种熟悉的语法来学习面向对象的语言,从而达到事半功倍的目的。

1.1.2 C语言的基本结构和语法规则

C语言的基本结构有以下几点。

(1) 一个C语言源程序可以由一个或多个源文件组成。

(2) 每个源文件可由一个或多个函数组成。

(3) 一个源程序不论由多少个文件组成，都有且只有一个 main 函数，即主函数。

(4) 源程序中可以有预处理命令，预处理命令通常应放在源文件或源程序的最前面。

(5) 每一个说明、每一个语句都必须以分号结尾。但对于预处理命令，函数头和花括号"}"之后不能加分号。

(6) 标识符，关键字之间必须至少加一个空格间隔。若已有明显的间隔符，也可不再加空格来间隔。

从书写清晰、便于阅读的角度来看，书写程序时应遵循以下规则。

(1) 一个说明或一个语句占一行。

(2) 用{}括起来的部分，通常表示程序的某一层次结构。{}一般与该结构语句的第一个字母对齐，并单独占一行。

(3) 低一层次的语句或说明可比高一层次的语句或说明缩进若干空格后书写。这样看起来更加清晰，增加程序的可读性。

在编程时应力求遵循这些规则，以养成良好的编程风格。

1.2 C 程序的基本结构和程序示例

为了说明 C 语言源程序结构的特点，先看以下程序。这个程序表现了 C 语言源程序在组成结构上的特点。虽然有关内容还未介绍，但可从这些例子中了解到组成一个 C 源程序的基本部分和书写格式。

【例题 1.1】 简单的 C 语言程序。

```
#include<stdio.h>
void main()
{
  printf("Hello,大家好!\n");
}
```

include 称为文件包含命令，扩展名为.h 的文件称为头文件。main 是主函数的函数名，表示这是一个主函数。每一个 C 语言源程序都必须有且只能有一个主函数(main 函数)。函数调用语句，printf 函数的功能是把要输出的内容送到显示器去显示。printf 函数是一个由系统定义的标准函数，可在程序中直接调用。

1.3 主流的 C/C++开发工具

1. 纯 C 语言软件——Notepad++编译器

Notepad++是 Windows 操作系统下的一套文本编辑器，有完整的中文化接口及支持多国语言编写的功能。

Notepad++功能比 Windows 中的 Notepad 强大，除了可以用来制作一般的纯文字说明文件，也十分适合编写计算机程序代码。Notepad++不仅有语法高亮度显示，也有语法折叠功能，并且支持宏以及扩充基本功能的外挂模组。

Notepad++是免费软件，可以免费使用，自带中文，支持多种计算机程序语言：C、C++、Java、pascal、C＃、XML、SQL、HTML、PHP、ASP、汇编、DOS 批处理等，如图 1.1 所示。

图 1.1 Notepad++

2. C/C++语言软件——Microsoft Visual C++编译器

Microsoft Visual C++（简称 Visual C++、MSVC、VC++或 VC）是微软公司的 C++开发工具，具有集成开发环境，可提供编辑 C 语言、C++以及 C++/CLI 等编程语言。VC++集成了微软 Windows 视窗操作系统应用程序接口（Windows API）、三维动画 DirectX API、Microsoft. NET 框架。目前最新的版本是 Microsoft Visual C++ 2017。

Visual C++以拥有“语法高亮”、IntelliSense（自动完成功能）以及高级除错功能而著称。比如，它允许用户进行远程调试、单步执行等。还有允许用户在调试期间重新编译被修改的代码，而不必重新启动正在调试的程序。其编译及建置系统以预编译头文件、最小重建功能及累加连结著称。这些特征明显缩短程式编辑、编译及连结花费的时间，在大型软件设计上尤其显著，如图 1.2 所示。

图 1.2 Visual C++

3. C/C++语言软件——Microsoft Visual Studio

Microsoft Visual Studio（简称 VS）是美国微软公司的开发工具包系列产品。VS 是一个基本完整的开发工具集，它包括了整个软件生命周期中所需要的大部分工具，如 UML 工具、代码管控工具、集成开发环境（IDE）等。所写的目标代码适用于微软支持的所有平台，包括 Microsoft Windows、Windows Mobile、Windows CE、.NET Framework、.NET Compact Framework 和 Microsoft Silverlight 以及 Windows Phone。

Visual Studio 是目前最流行的 Windows 平台应用程序的集成开发环境。主要有 VS2013 中文版，见图 1.3；VS2015 中文版，见图 1.4。最新版本为 Visual Studio 2017，基于. NET Framework 4.5.2。

图 1.3　VS2013

图 1.4　VS2015

4. DEV-C++

DEV-C++是 Windows 环境下的一个适合于初学者使用的轻量级 C/C++集成开发环境(IDE)。它是一款自由软件,遵守 GPL 许可协议分发源代码。它集合了 MinGW 中的 GCC 编译器、GDB 调试器和 AStyle 格式整理器等众多自由软件。原公司 Bloodshed 在开发完 4.9.9.2 后停止更新,现在由 Orwell 公司继续更新开发,如图 1.5 所示。

图 1.5　DEV-C++

1.4　在 VC++6.0 中实现 C 程序

以例题 1.1 为例,在 VC++6.0 中实现 C 程序。

第一步:启动 VC++6.0,界面如图 1.6 所示。

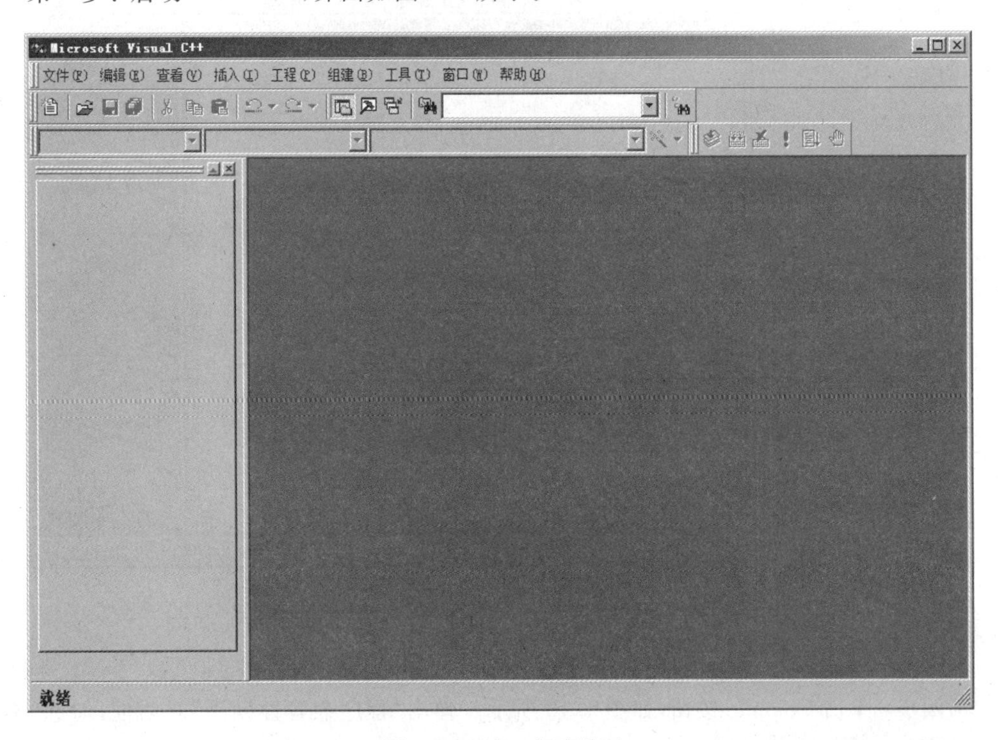

图 1.6　VC++启动界面

第二步：单击“文件”→“新建”命令，打开“新建”对话框，如图 1.7 所示。选择“文件”选项卡里面的 C++Source File 选项，在“文件名”下面输入文件名，在“位置”下面选择文件保存位置，确定后的界面如图 1.8 所示。

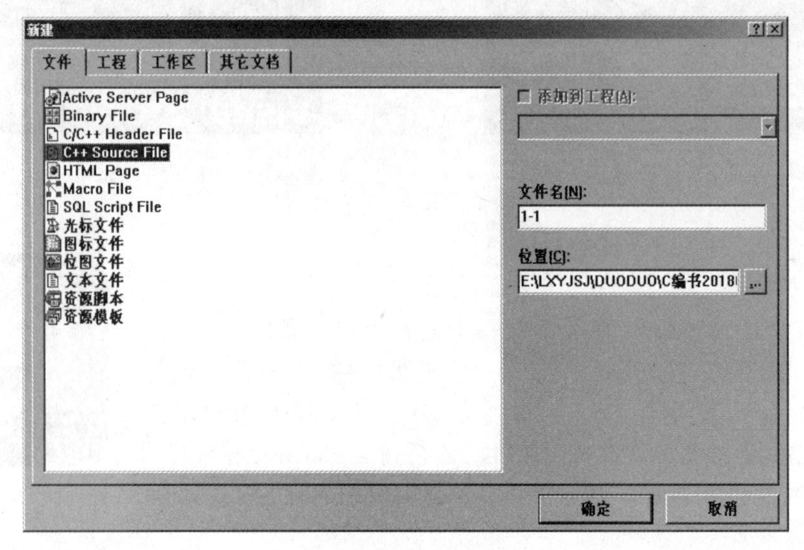

图 1.7 “新建”对话框

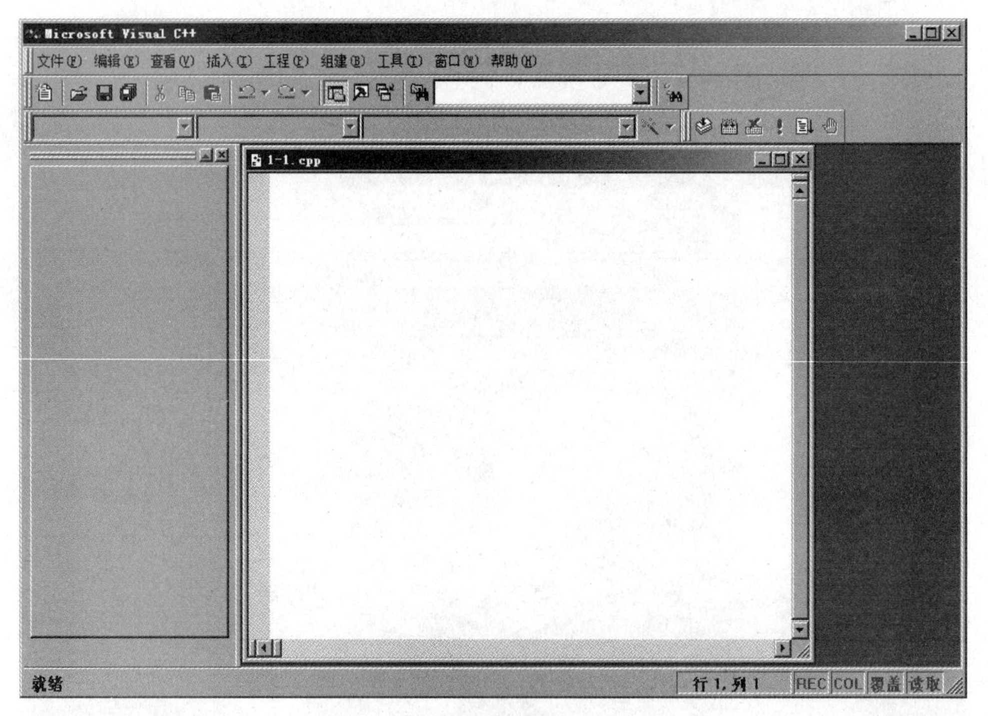

图 1.8 “新建”源文件

第三步：输入程序语句，如图 1.9 所示。

第四步：单击 Compile 按钮，如图 1.10 所示。弹出“程序兼容性助手”对话框，勾选“不再显示此消息”，再单击“运行程序”按钮，如图 1.11 所示。生成 obj 文件并提示错误数和警告数。

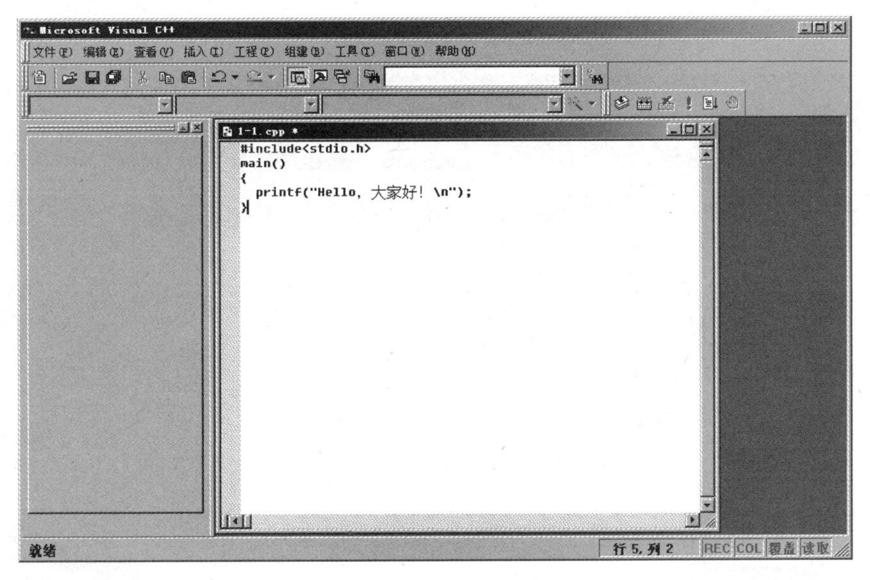

图 1.9 程序源文件

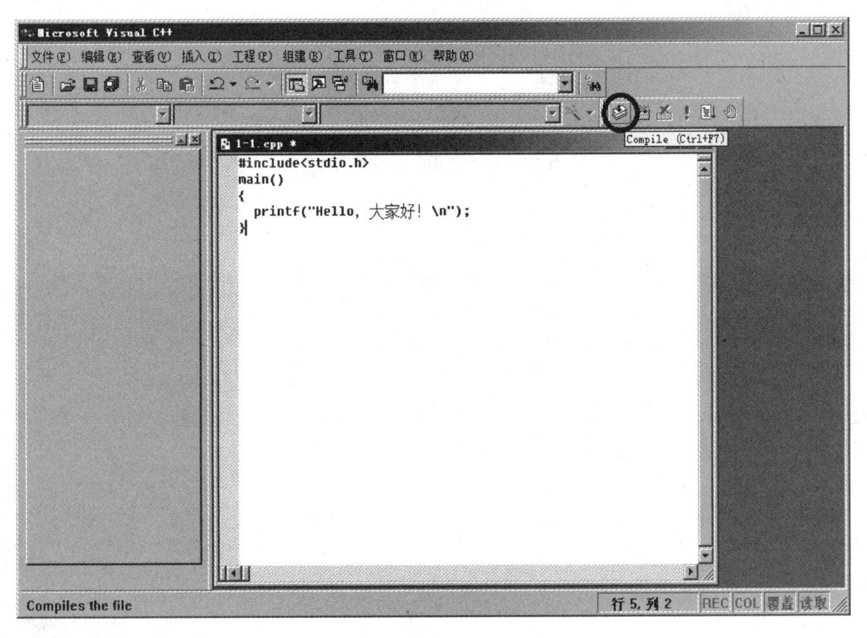

图 1.10 单击“Compile”按钮

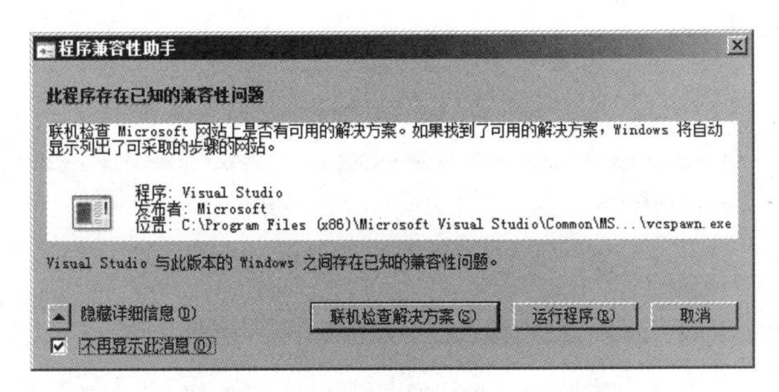

图 1.11 “程序兼容性助手”界面

第五步：单击 Build 按钮，如图 1.12 所示。生成 exe 文件并提示错误数和警告数。

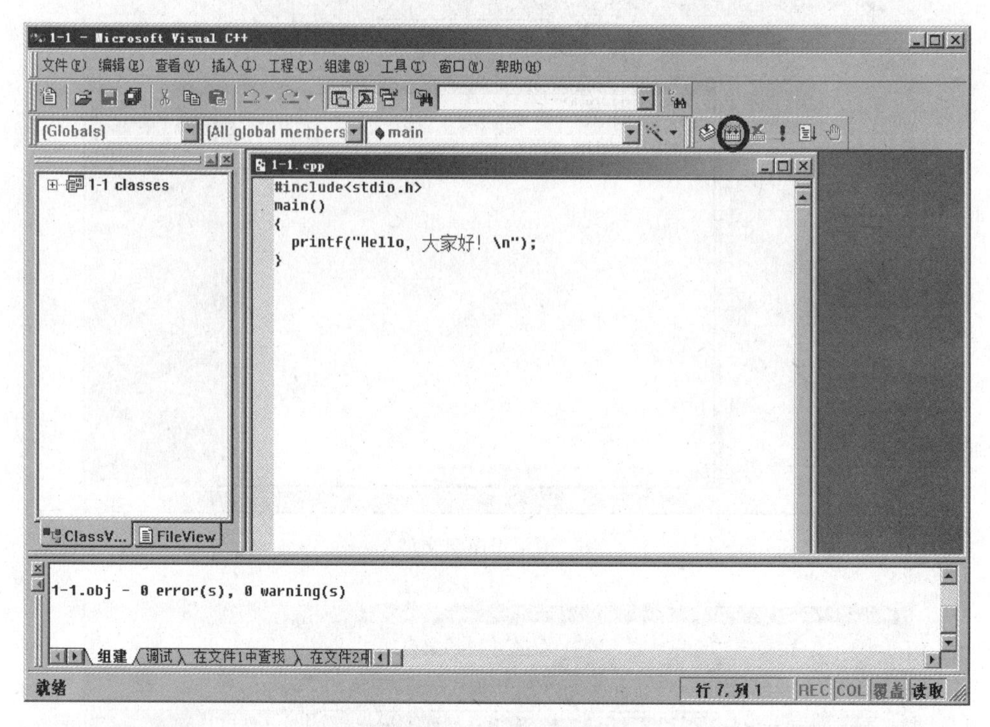

图 1.12 单击“Build”按钮

第六步：单击 BuildExecute 按钮，如图 1.13 所示。显示结果如图 1.14 所示。

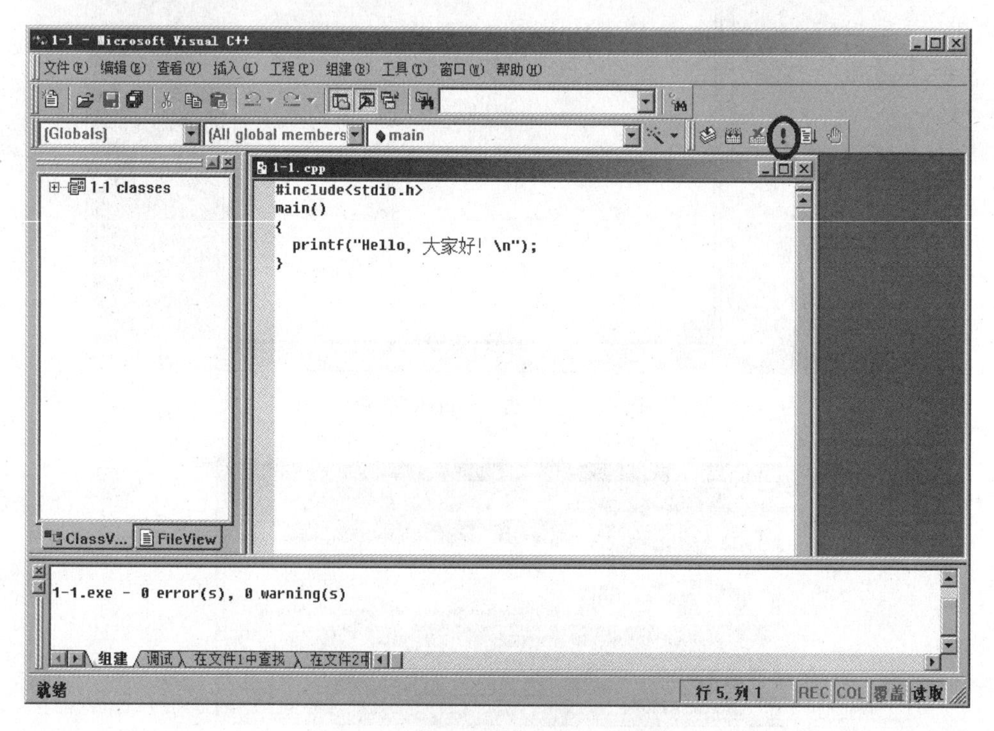

图 1.13 单击“BuildExecute”按钮

图 1.14　结果显示

1.5　在 Visual C++2010 Express 中实现 C 程序

2018 年版全国计算机等级考试二级 C 语言程序设计考试大纲要求在 Visual C++集成环境下，能够编写简单的 C 程序，并具有基本的纠错和调试程序的能力。C 语言的开发环境由 VC++6.0 更新为 Microsoft Visual C++2010 Express。由于新的编译器跟原来的相比有一定的难度，在考试过程中很多同学不会使用 Visual C++2010 Express 进行调试和运行，这里向准备参加二级 C 语言考试的同学介绍一下 Visual C++2010 Express。

第一步：启动 Visual C++2010 Express，界面如图 1.15 所示。

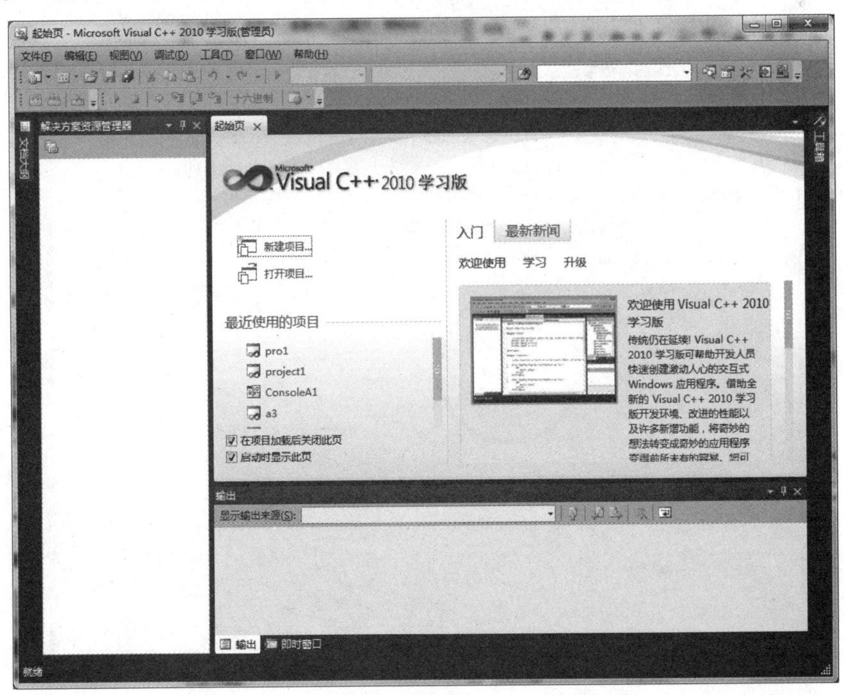

图 1.15　启动 Visual C++2010

第二步：单击“文件”→“新建”→“项目”命令，如图 1.16 所示。选择黄色着重表示的 Win32 控制台应用程序，输入名称 pro1，选择保存位置，单击确定之后弹出对话框，单击“下一步”按钮，进入如图 1.17 所示的对话框，选择“空项目”选项，单击“完成”按钮。

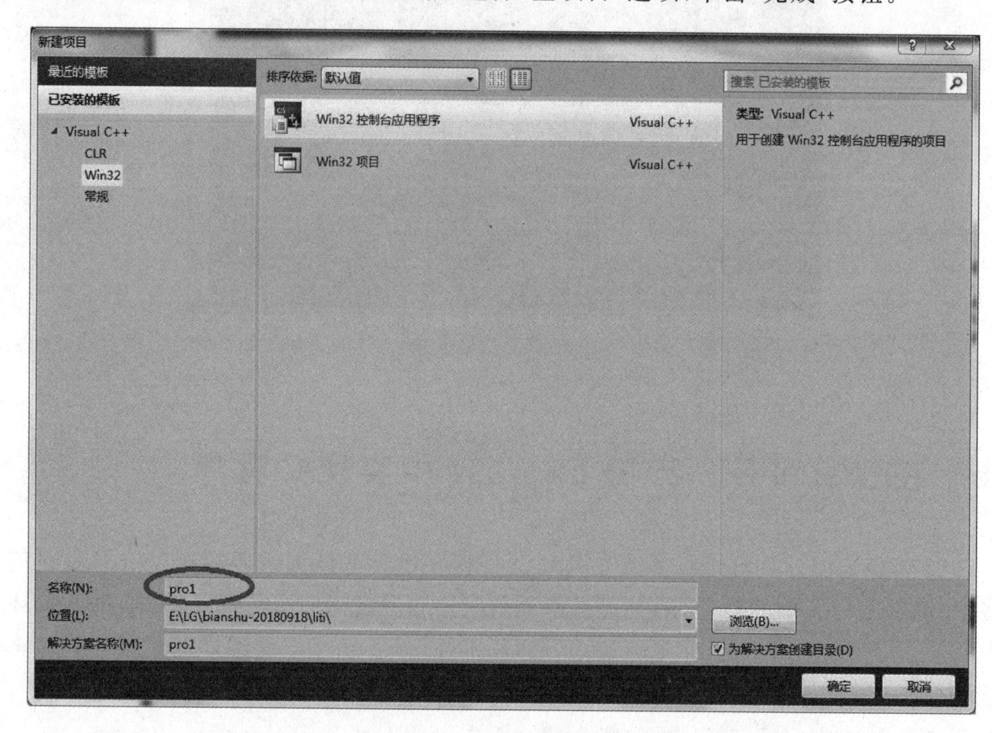

图 1.16　新建项目

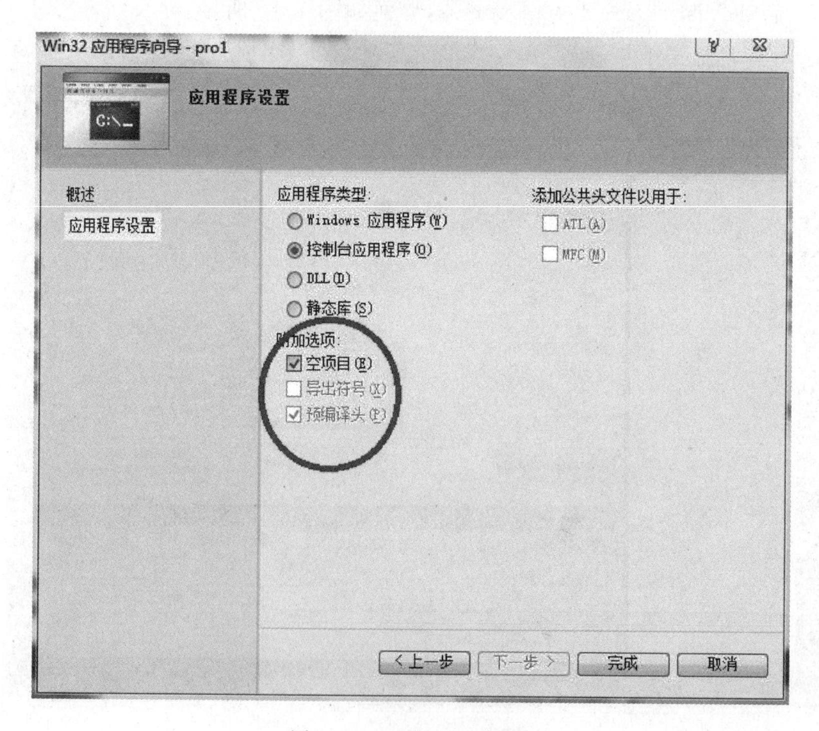

图 1.17　选择“空项目”

第三步：在左侧"解决方案管理器"中"源文件"处右击"添加"→"新建项"，如图 1.18 所示。在弹出的对话框中选择 C++文件，"名称"栏中输入的后缀一定要是.c。如果没有写后缀，系统默认是.cpp，即 C++文件。最后单击"添加"，一个工程文件就添加成功了！

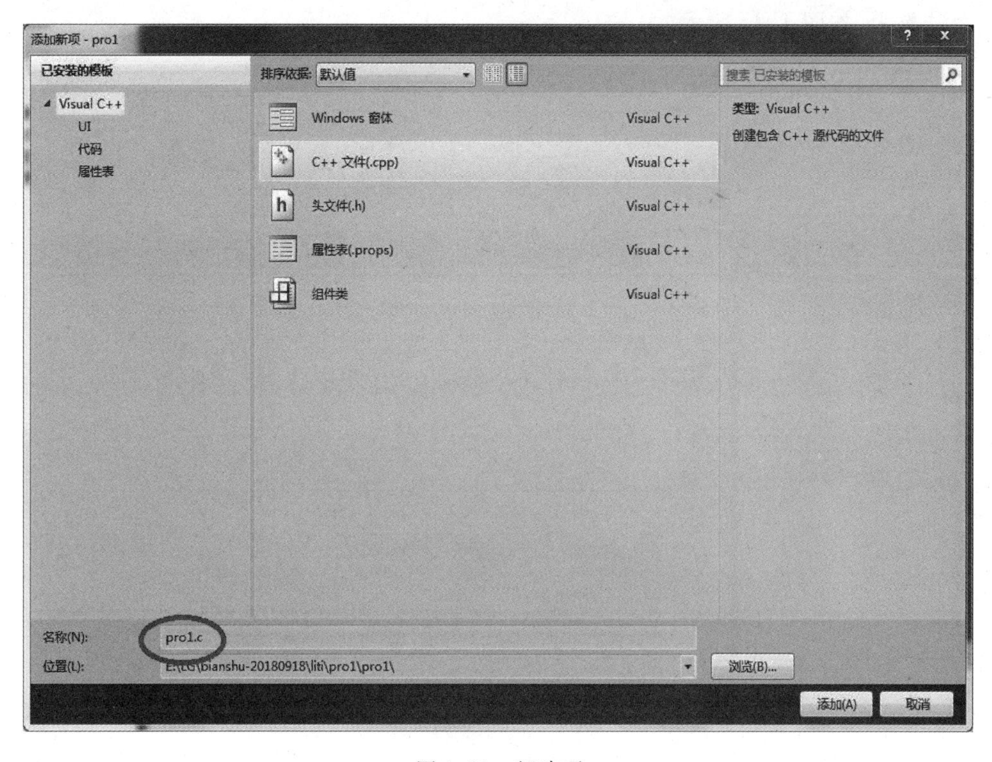

图 1.18　新建项

第四步：以例题 1.1 为例，编写一个简单 C 程序，如图 1.19 所示。

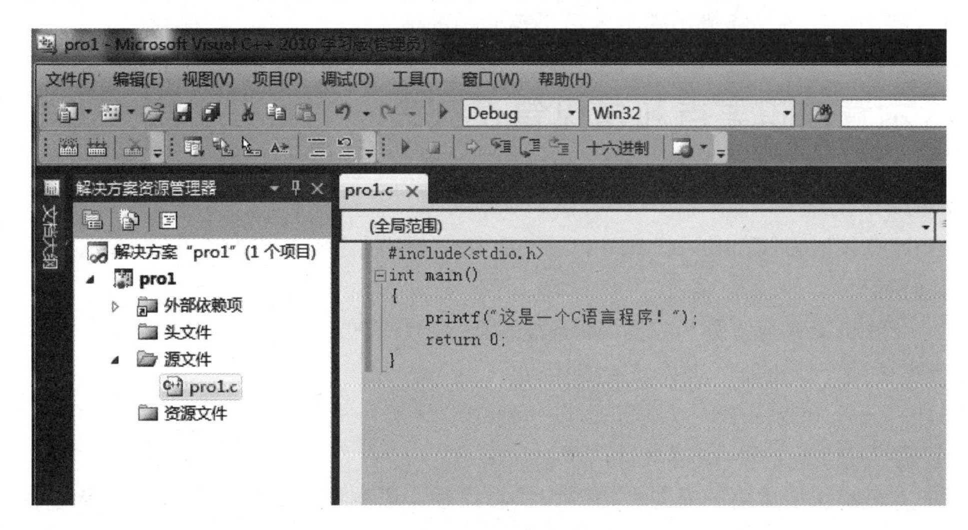

图 1.19　简单 C 程序

在调试菜单选择启动调试，我们发现虽然程序运行正确，但是显示结果的窗口一闪而过，什么都看不到。这是 Visual C++2010 Express 的最大特点，我们必须对输出进行控制，通常情况下可以使用“Ctrl+F5”；或者在“return 0;”的上面加上“getchar();”，程序会停留在输出结果上，如图 1.20 所示。

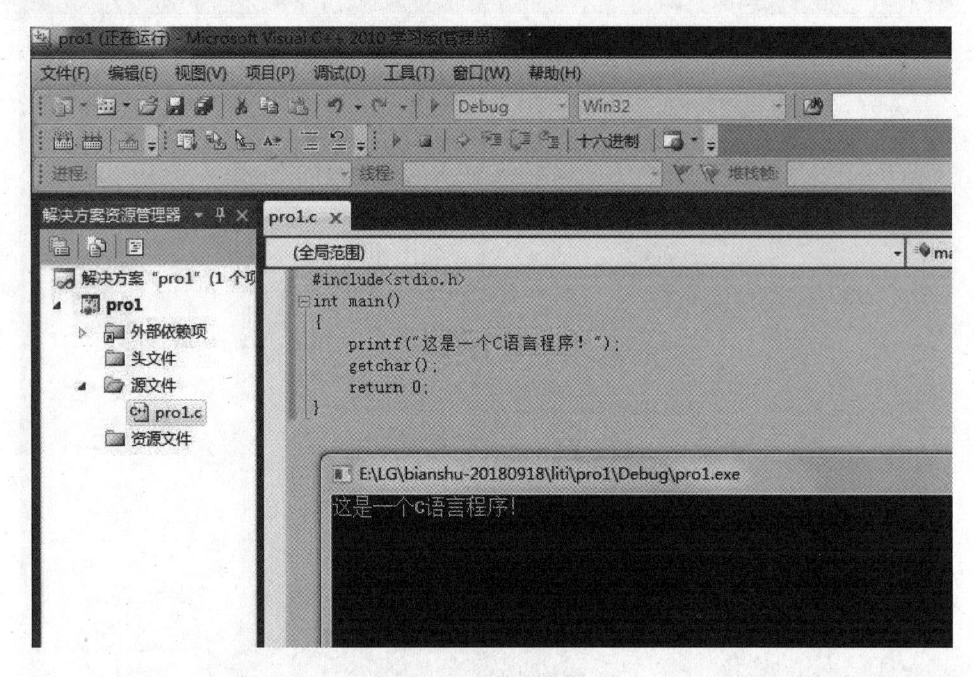

图 1.20 结果显示

用 Visual C++2010 Express 打开 C 程序时，不能直接打开.c 文件，这样打开无法进行程序调试，而是要找到.sln 文件，也就是打开项目方案文件，从方案里找到.c 文件。这也是在考试过程中由于编译环境不熟悉容易出现问题的地方。

1.6 本章知识要点和常见错误列表

本章知识要点

(1) 计算机语言(Computer Language)是人与计算机之间交流的语言，它是人与计算机之间传递信息的媒介。

(2) 计算机语言通常分为三类，即机器语言、汇编语言和高级语言。C 和 C++是高级语言，其程序要编译成机器语言程序才能执行。

(3) VC++6.0 是一个可以进行 C/C++程序设计的集成开发环境，在其中实现一个 C/C++程序需要三步：编辑、组建、运行。

(4) 上机操作更重要的是各种错误查找和修改。语法错误和警告错误可以参考提示进行修改，运行错误和逻辑错误需要各种调试工具和实践经验。

上机常见错误列表见表 1.3。

表 1.3　上机常见错误列表

序号	错误类型	错误举例	分析或正确举例
1	编辑文件类型错误	源文件的扩展名成了 h 或 txt 或无扩展名	保存为 *.cpp 源文件，才能进一步编译，运行
2	输入程序时拼写错误	#include< stdio.h Void mian({}	C 语言中是区分大小写的，Void 首字母 V 应该小写；程序中成对的符号，如""、<>、()或{}，建议输入时就成对输入，否则容易遗失另一半
3	C/C++6.0 系统的操作不熟练	做完一个题目后，直接编译第二个程序，导致一个工程里有两个 main 函数；或只编译，运行第一个程序，结果不是新题的结果	做完一题，准备编辑下一题时，一定要先关闭当前工作区，或者直接关闭软件再重新打开，再"新建"下一个文件
4	不存盘	只等输入结束后才存盘	在编辑修改过程中，建议多次存盘
5	语句结尾没有分号";"	int n,m n=10	分号";"在 C/C++语句中表示一个语句的结束，在单独的语句中一定要加";"
6	预处理命令后加分号";"	#include< iostream.h>;	预处理命令不是语句，不能用分号";"

实训 1　C 程序的调试和运行

一、实训目的

(1) 掌握 C 语言源文件的创建、编辑和保存。

(2) 掌握 VC++6.0 中 C 程序的编译、连接和运行过程。

(3) 了解 C 语言程序的书写规范。

二、实训任务

从键盘输入三个整数，求最大值。

三、实训步骤

在 VC++6.0 中实现以下 C 程序。从键盘输入三个整数，求最大值。体验 C 语言程序的编辑、调试和运行过程。

参考源程序 sx1-1.cpp 如下：

```
#include< stdio.h>
void main()
{
    int a,b,c,max;
    printf("a = ");
    scanf(" %d",&a);
    printf("b = ");
    scanf(" %d",&b);
    printf("c = ");
    scanf(" %d",&c);
```

```
    max = a;
    if(b > max) max = b;
    if(c > max) max = c;
    printf("max = %d\n",max);
}
```

运行结果：

```
a = 2↙
b = 3↙
c = 4↙
max = 4
```

习题 1

一、选择题

1. 以下叙述正确的是(　　)。
   A. C 语言比其他语言高级
   B. C 语言程序可以不用编译就能被计算机识别执行
   C. C 语言是结构化程序设计语言，是面向过程的语言
   D. C 语言是面向对象的语言
2. 以下叙述正确的是(　　)。
   A. C 语言比其他语言高级
   B. C 语言可以不用编译就能被计算机识别执行
   C. C 语言以接近英语国家的自然语言和数学语言作为语言的表达形式
   D. C 语言出现的最晚，具有其他语言的一切优点
3. 以下是 C 语言保留字的是(　　)。
   A. sizeof　　B. include　　C. scanf　　D. sqrt
4. C 语言源程序文件经过 C 编译程序编译连接之后生成一个可执行文件，后缀为(　　)。
   A. .c　　B. .obj　　C. .exe　　D. .bas
5. C 语言程序是由(　　)。
   A. 一个主程序和若干子程序组成　　B. 函数组成
   C. 若干过程组成　　D. 若干子程序组成

二、简答题

1. 程序设计语言发展到今天出现了很多种类，C 语言为什么经久不衰？它和其他高级语言相比的优势在哪里？

2. C 语言以函数为程序的基本单位，优点有哪些？

第2章 C语言的基础知识

本章学习目的和要求

➢ 掌握C语言的基本数据类型并熟悉变量的定义及赋值方法；
➢ 掌握运算符的优先级和结合性；
➢ 熟悉使用C语言的相关运算符，以及包含这些运算符的表达式；
➢ 了解数据类型转换的概念，能进行基本的数据类型转换。

学习编写程序，首先要了解程序的基本组成要素。从形式上说，C程序是由一些符号、单词、控制结构构成的语句组成的；从逻辑上说，程序＝数据结构＋算法。所以要了解程序的基本组成要素，即要了解构成程序的符号、单词和数据。本章主要介绍这些构成程序的基本语法要素。

2.1 标识符与关键字

正如人类的自然语言具有语法规则一样，C语言也规定了自身的语法。为了按照一定的语法规则构成C语言的各种成分，C语言规定了基本词法单位。基本的词法单位是单词，而构成单词最重要的形式是标识符和关键字。

2.1.1 标识符

标识符是由字母、数字、下画线3种字符组成的字符序列，用于标识程序中的变量、符号常量、数组、函数和数据类型等操作对象的名字。标识符一般以字母、下画线开头。

C语言中的标识符可以分为预定义标识符和用户定义标识符。

1. 预定义标识符

预定义标识符是具有特定含义的标识符，包括系统标准函数名和编译预处理命令等。如printf、scanf、define和include等都是预定义标识符。预定义标识符允许用户重新定义，当重新定义以后将会改变它们原来的含义。例如：

```
int define = 3;
```

此时，define就不再表示用于定义字符常量的编译预处理命令，而是作为一个变量名使用。但在实际应用中，为了避免造成混乱，一般还是把预定义标识符作为保留字使用，不作为用户标识符。

2. 用户定义标识符

用户定义标识符用于对用户使用的变量、数组和函数等操作对象进行命名。比如一个变量的命名，一个数组或函数的命名等。

用户定义标识符命名时应注意以下几个问题。

(1) 命名应当直观并可以直接拼读，可望文知意，便于记忆和阅读。

(2) C语言编译系统将英文大写字母和小写字母认为是两个不同的字符。例如：average和AVERAGE是两个不同的变量名。

(3) 标识符必须有字母或下画线开头，且除了字母、数字、下画线外不能含有其他字符。

(4) 标识符的有效长度随系统而异，建议变量名的长度最好不超过8个字符。

例如：合法的标识符：x、max、_imin、a8、A_to_B

非法的标识符：7x、int、#No、bad one、re-input

2.1.2 关键字

关键字是具有特定含义的、专门用来说明C语言的特定成分的一类单词。C语言的关键字都用小写字母表示，不能用大写字母书写。关键字不能作为预定义标识符和用户自定义标识符使用。C语言定义了32个关键字，见表2.1。

表2.1 C语言的关键字

auto	break	case	char	const	continue	default	do
double	else	enum	extern	float	for	goto	if
int	long	register	return	short	signed	sizeof	static
struct	switch	typedef	union	unsigned	void	volatile	while

2.2 基本数据类型

一种计算机语言的数据类型、运算符越丰富，其求解能力也就越强。C语言中丰富的数据类型说明了其对数据较强的处理能力。C语言的数据类型主要分为基本类型、构造类型、指针类型和空类型，如图2.1所示。其中基本类型是指不能再分解的，由C语言系统预先定义好的数据类型；构造类型是在基本类型的基础上由用户自定义构造出来的类型；指针类型是一种特殊的数据类型，主要用来表示某个变量内存地址；空类型指定没有可用的值，主要用来表示函数返回值为空或指针指向为空两种情况。

本章主要介绍基本数据类型，其余类型将在后续章节中分别介绍。

C语言的基本数据类型主要包括整型(int)、字符型(char)、实型(单精度型float和双精度型double)。在类型标识符char和int之前加上修饰词后，可以得到其他类型的整型数。这些修饰词有signed(有符号的)、unsigned(无符号的)、long(长的)、short(短的)，组合后的全部基本数据类型及各类型数据的取值范围如表2.2所示。

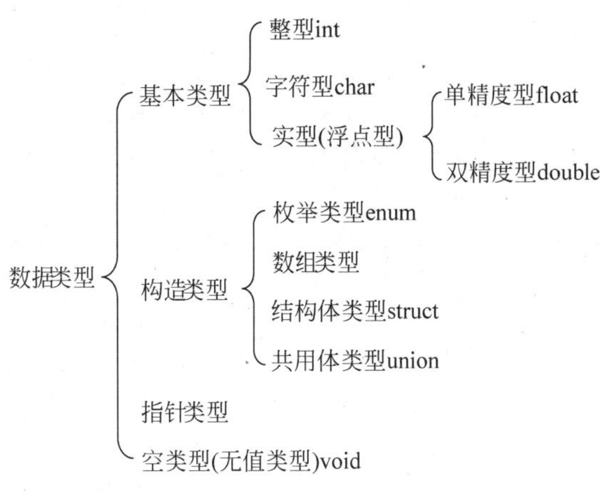

图 2.1　C 语言的数据类型

表 2.2　C 语言的基本数据类型

数据类型	类型标识符	长度(字节)	取值范围
字符型	char	1	－128～127
无符号字符型	unsigned char	1	0～255
整型	int	4	－2 147 483 648～2 147 483 647
无符号整型	unsigned(或 unsigned int)	4	0～4 294 967 295
短整型	short 或(short int)	2	－32 768～32 767
无符号短整型	unsigned short	2	0～65 535
长整型	long 或(long int)	4	－2 147 483 648～2 147 483 647
无符号长整型	unsigned long	4	0～4 294 967 295
单精度实型	float	4	$-3.4\times10^{-38}\sim3.4\times10^{38}$
双精度实型	double	8	$-1.7\times10^{-308}\sim1.7\times10^{308}$
长双精度实型	long double	16	$-1.2\times10^{-4932}\sim1.2\times10^{4932}$

1. 字符型

实际应用中要处理的数据除了数值型数据，还有大量的非数值型数据，如字符型数据。字符在微型计算机中是用 ASCII 码(详见附录)表示的。在内存中某个字节的内容既可能表示的是一个数值，也可能表示的是一个字符，这取决于该内存单元存放的值的类型。C 语言的字符型数据有 signed 和 unsigned 两种类型说明符。C 语言把字符当作整数，即 ASCII 码值，可以进行算术和比较运算等。

2. 整型

整型数据类型 int 在不同的编译系统中所占字节不同，如 Visual C++6.0 中用 4 个字节表示，而在 Turbo C 中用 2 个字节表示，但短整型在所有编译程序里都是按 2 个字节来处理的，而长整型在所有编译程序里都是按 4 个字节来处理的。

3. 实型

C 语言中实型数据类型有 3 种：float、double 和 long double。一般而言，float 型占用 4 个字节，有效数字位数为 7 位；double 型占用 8 个字节，有效数字位数为 15 位；long double 型占用 16 个字节，有效数字位数为 19 位。

为了得到某个类型或某个变量在特定平台上的准确大小，可以使用 sizeof 运算符。表达式 sizeof(type)得到对象或类型的存储字节大小。

【例题 2.1】 利用 sizeof 获取 int 类型的大小。

```
#include <stdio.h>
void main()
{
    printf("int 存储大小 : %lu \n", sizeof(int));
}
```

程序运行结果：

```
int 存储大小 : 4
```

2.3 常量与变量

2.3.1 常量

常量(Constant)是指在程序运行过程中其值不能被改变的量。常量区分为不同类型，根据常量的书写形式识别其数据类型。

1. 整型常量

在 C 语言中，整型常量可以采用十进制、八进制和十六进制等多种进制表示。

(1) 十进制整数，如：123，−67。

(2) 八进制整数，如：0123，013。八进制整数以数字 0 开头，在数值中可以出现数字符号 0～7。

(3) 十六进制整数，如：0x123，−0XAB。十六进制整数以 0X 或 0x 开头，在数值中可以出现数字符号 0～9、A～F(或 a～f)。

(4) 长整型与无符号型整数

长整型整数，如：12L，0234L，−0xABL，121，02341，−0xAB。

无符号型整数，如：12U，0234U，0xABU，12u，0234u，0xABu。

在一个整数后加 L 或 l(小写的 L)表示该数是长整型整数，在一个整数后加 U 或 u(小写的 U)表示该数是无符号型整数。

在程序中书写的整型量，默认数据类型是 int 型。

2. 实型常量

实型常量在内存中以浮点数形式存放，有两种书写形式。

(1) 十进制小数形式：必须写出小数点，如 1.65、1.、123、.001 均是合法的实型常量。

(2) 十进制指数形式：也称为科学表示法形式，如实型常量 2.35×10^{5} 和 2.35×10^{-5} 在程序中可以书写成 2.35e5 和 2.35e−5。e 或 E 前必须有数字，e 或 E 后必须是整型数。

例如：.3e3、e3、3.4e0.3 均不合法

在 C 语言中实型常量的默认数据类型是 double 型。如果想把一个实型常量表示成 float 型常量，可加后缀 F 或 f，因此 1.23e5F、1.23e5f、1.23F 和 1.3f 均表示 float 型常量。

3. 字符型常量

用单引号括起来的一个字符称为字符型常量，如'a'、'#'、'3'。在内存中对应存放的是这些字符的 ASCII 码值。除了这些以外，C 语言还允许使用一种特殊形式的字符类型常量，以"\"开头的字符序列，称为转义字符，如表 2.3 所示。

表 2.3 常用转义字符及其含义

转义字符	意义	ASCII 码值(十进制)
\a	响铃(BEL)	007
\b	退格(BS)，将当前位置移到前一列	008
\f	换页(FF)，将当前位置移到下页开头	012
\n	换行(LF)，将当前位置移到下一行开头	010
\r	回车(CR)，将当前位置移到本行开头	013
\t	水平制表(HT)(跳到下一个 TAB 位置)	009
\v	垂直制表(VT)	011
\\	代表一个反斜线字符''\'	092
\'	代表一个单引号(撇号)字符	039
\"	代表一个双引号字符	034
\?	代表一个问号字符	063
\0	空字符(NULL)	000
\ooo	1 到 3 位八进制数所代表的任意字符	三位八进制
\xhh	1 到 2 位十六进制所代表的任意字符	二位十六进制

【例题 2.2】 转义字符的使用。

```
#include<stdio.h>
void main()
{
printf("\101 \x42 C\n");
printf("\\C program\\\n");
}
```

程序运行结果：

```
A B C
\C program\
```

4. 字符串常量

字符串常量是用双引号括起来的字符序列，如："boy"、"a"、"hello world !"等。字符串

常量在内存中按顺序存放其连续字符的 ASCII 码值，以'\0'作为字符串的结束标志。因此字符串在内存中至少占 1 个字节'\0'。

注意区分字符串常量"a"和字符常量'a'。字符串常量"a"在内存中占 2 个字节，而字符常量在内存中占 1 个字节。

5. 符号常量

在程序中，如果某个常量多次被使用，可以使用一个符号来代替该常量，这种相应的符号称为符号常量。

符号常量在使用之前必须定义，形式为：

```
#define 标识符 常量
```

例如：#define PI3.1415926

　　　#define NUM 10

习惯上，符号常量用大写，变量用小写。符号常量一旦定义，就不能在程序的其他地方再给该标识符赋值，例如“PI=3.14;”是错误的。

【例题 2.3】 符号常量的使用。

```
#include <stdio.h>
#define PRICE 50
void main()
{    int a,b;
     a = 100;
     b = a * PRICE;
     printf("b = %d",b);
}
```

程序运行结果：

```
b = 5000
```

使用符号常量可以见名知义，并且在需要改变数值的时候做到“一改全改”。

2.3.2 变量

所谓变量是指在程序运行过程中，其值可以改变的量。变量通过变量名来标识，变量名的命名方式必须符合标识符的命名规则。变量根据其取值范围的不同可分为不同类型，如字符型变量、整型变量、实型变量等。不同类型的变量其存储空间是不同的。在存储空间中存放的是变量值。在程序中，通过变量名来引用变量的值。变量名和变量值是两个不同的概念，如图 2.2 所示。在程序运行过程中从变量 x 中取值，实际上是通过变量名 x 找到相应的内存地址，从其存储单元中取数据 3。

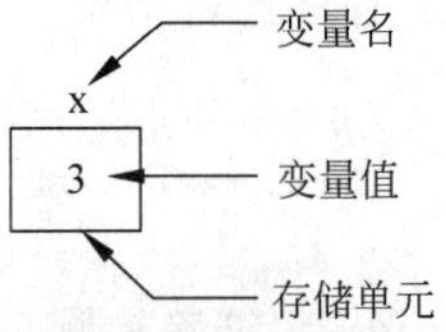

变量名
x
3 变量值
存储单元

图 2.2　变量名与变量值

1. 变量的定义

变量定义的一般格式为：

```
数据类型标识符 变量名 1,变量名 2,…,变量名 n;
```

例如 int a=5；表示定义了一个整型变量 a，程序编译链接时由编译系统给整型变量 a 分配 4 个字节的存储空间，用于存放 a 的值。

C 程序中，所有变量必须先定义，后使用。

2. 变量的初始化

C 语言可以在定义变量的同时为变量赋值，称为变量的初始化。

变量初始化的一般格式为：

```
数据类型标识符 变量 1 = 初始值 1,变量 2 = 初始值 2,…,变量 n = 初始值 n;
```

例如：
```
int a = 1;
char x = 'b';
float f = 0.5;
```

2.4 运算符

对常量或变量进行运算或处理的符号称为运算符，参与运算的对象称为操作数。C 语言的运算符非常丰富，除了控制语句和输入输出外，几乎所有的基本操作都可以用运算符来实现。

在学习 C 语言的运算符时应注意以下几个方面。

1. 运算符的正确书写方法

C 语言的运算符与日常在数学公式中所见到的符号有很大差别，如取余(%)、等于(==)、逻辑与(&&)等。

2. 运算符的优先级和结合性

如果一个表达式含有多个不同级别的运算符，则优先级别较高的运算符先进行运算。如果一个表达式含有多个相同级别的运算符，则应按 C 语言规定的结合性进行计算。从左向右顺序处理，称为左结合；从右向左顺序处理，称为右结合。

3. 运算符的功能和形式

C 语言的运算符按功能可以分为：算术运算符、关系运算符、逻辑运算符、赋值运算符、位运算符、逗号运算符、条件运算符、指针运算符和其他特殊运算符等。按照操作数的个数还可分为单目、双目、三目等形式。

下面对 C 语言的常用运算符分别进行介绍。

2.4.1 算术运算符和赋值运算符

算术运算符和赋值运算符是最常用也是最重要的一类运算符。

C 语言的算术运算符和赋值运算符见表 2.4 所示。

表 2.4　算术运算符和赋值运算符

操 作 符	作　用	运算对象个数	优 先 级	结合方向
++	自增,加 1	1	2	自右向左
--	自减,减 1	1	2	
-	负号	1	2	
*	乘	2	3	自左向右
/	除	2	3	
%	取余(取模)	2	3	
+	加	2	4	自左向右
-	减	2	4	
=	赋值	2	14	自右向左

说明：

(1) +、-和 * 运算符的功能分别与数学中的功能相同。分别计算两个操作数的和、差、积。

(2) 除法运算符“/”,若两边的操作数均为整数时,则作整除运算,结果仍为整数,整除运算结果舍去小数取整；若操作数中只要有一个是浮点数,则作类似于数学中的除法操作,运算结果为 double 型。例如：

```
5/4                     //结果为 1,int 型
5.0/4                   //结果为 1.25,clouble 型
```

(3) 求余运算符“%”也称为求模,功能是求两个整数相除后的余数,因此要求两个操作数必须均为整数,并且余数的符号与被除数符号相同。例如：

```
5%2                     //结果为 1
-5%2                    //结果为 -1
5%-2                    //结果为 1
-5%-2                   //结果为 -1
6%2                     //结果为 0
2/6                     //结果为 2
```

“/”和“%”两个运算符在整数处理程序中很有用,如判断某整数 x 的奇偶性可以用“x%2”判断；取出某数 x 的个位用“x%10”,取出除个位以外的高位数可以用“x/10”,如图 2.3 和图 2.4 所示。

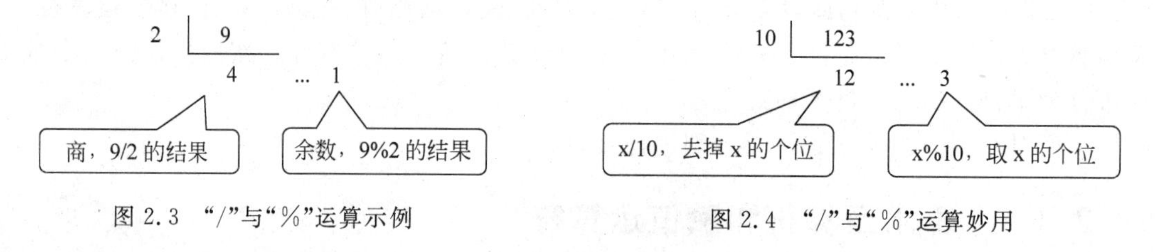

图 2.3　“/”与“%”运算示例　　　　图 2.4　“/”与“%”运算妙用

(4) 赋值运算符“=”是将右边表达式的值送到左边变量所标识的内存单元中。赋值运算符左边必须是变量,不能是常量或表达式,赋值号右边可以是常量、变量或表达式,但一定能取得确定的数值。

例如下面的赋值运算是错误的：

```
x + 1 = y              //赋值号左边不能为表达式
3.1415 = pi            //赋值号左边不能为常量
```

(5) ＋、－、＊、\和％可以与赋值号＝组成复合赋值运算符：＋＝、－＝、＊＝、\＝和％＝。这样"a＝a＋3;"可以写成"a＋＝3;"，"a＝a＊5;"可以写成"a＊＝5;"，以此类推，这样书写简练，指令效率高，运行速度快。

(6) ＋＋(自增)和－－(自减)的功能是使变量的当前值加1或者减1后再赋给该变量自己，＋＋和－－运算符要求操作数只能是变量，而不能是常量或表达式。例如：

```
i++  相当于  i = i + 1
j--  相当于  j = j - 1
```

由于具有赋值功能，所以"a＋＋"与"a＋1"的不同在于前者a自身的值变了，而后者不变。

＋＋和－－是单目运算符，既可出现在变量前(前缀形式)，也可出现在变量后(后缀形式)，运算符位置不同，运算结果也不一样。

前缀形式：＋＋i、－－i，先让i的值加1或减1，再使用i的值

后缀形式：i＋＋、i－－，先使用i的值，再让i的值加1或减1

例如：i = 2 时 j = ++i;　　//则 j = 3, i = 3

　　　i = 2 时 j = i++;　　//则 j = 2, i = 3

变量的自增和自减运算优先级高于算术运算符，如"－x＋＋"相当于"－(x＋＋)"

【例题2.4】 自增自减运算。

```
#include <stdio.h>
void main()
{   int a = 1,b = 1;
    printf("++a = %d,b++ = %d\n",++a,b++);
    printf("a = %d,b = %d\n",a,b);
    printf("--a = %d,b--= %d\n", --a,b--);
    printf("a = %d,b = %d\n",a,b);
}
```

程序运行结果：

```
++a = 2,b++ = 1
a = 2,b = 2
--a = 1,b--= 2
a = 1,b = 1
```

2.4.2 关系运算符和逻辑运算符

用来比较两个操作数的大小的运算符称为关系运算符，其运算结果为逻辑值true(用1表示)或false(用0表示)。对两个逻辑量进行操作的运算符称为逻辑运算符，逻辑运算的操作数和运算结果均为逻辑值。C语言的关系运算符和逻辑运算符如表2.5所示。

表 2.5 关系和逻辑运算符

操 作 符		作 用	运算对象个数	优 先 级	结 合 方 向
关系	＞	大于	2	6	自左向右
	＞＝	大于等于	2	6	
	＜	小于	2	6	
	＜＝	小于等于	2	6	
	＝＝	等于	2	7	自左向右
	!＝	不等于	2	7	
逻辑	!	逻辑非	1	2	自右向左
	&&	逻辑与	2	11	自左向右
	||	逻辑或	2	12	自左向右

说明：

(1) 关系运算符可以比较两个数值的大小，也可以比较两个字符的大小，字符间的比较实质是两个字符的 ASCII 码值作比较。例如：

```
'A'>'B'    结果为 false(按字典顺序,字母 A 的 ASCII 码比字母 B 的小)
'a'>'A'    结果为 true(小写字母 a 的 ASCII 码比大写字母 A 的大)
```

(2)“＝＝”是比较两个操作数是否相等，注意和赋值号“＝”的区别。

例如：想表达 x 是否等于 4，错写成 while(x＝4)，结果是将 4 赋给变量 x，x 非 0，条件永远成真，可能陷入死循环，正确的表示方法应该为 while(x＝＝4)。

(3) 关系运算符的前 4 种(＞、＞＝、＜、＜＝)的优先级相同，后 2 种(＝＝、!＝)的优先级相同，且前 4 种优先级高于后 2 种。

(4) 参与逻辑运算的操作数称为逻辑量，由于 C 语言中没有专门的逻辑量，各种类型数据或表达式均可当成逻辑量参与运算，C 语言把所有的非 0 当成 1(真)，只有 0 才是 0(假)。

逻辑运算的真值表如表 2.6 所示。

表 2.6 逻辑运算真值表

p	q	P&&q	P||q	! p
0	0	0	0	1
0	1	0	1	1
1	0	0	1	0
1	1	1	1	0

逻辑与(&&)：当两个条件都满足时结果才成立，运算规则是“见 0 为 0，否则为 1”。

逻辑或(||)：当两个条件中的任意一条满足时结果就成立，运算规则是“见 1 为 1，否则为 0”。

逻辑非(!)：当条件不满足时结果就成立，表达“否定”的意思。运算规则是“1 变 0，0 变 1”。

例如：

```
5&&3   结果为真(1)
5||0   结果为真(1)
!5     结果为假(0)
```

(5) 3 种逻辑运算的优先级由高到低依次为：! → && → ||

【例题 2.5】 计算表达式 5>3&&'a'||5<4-!0 的值

首先根据结合性，计算表达式 5>3&&'a'||5<4-!0 的值相当于计算表达式(5>3)&&'a'||(5<(4-(!0)))的值，再根据优先级：

① 逻辑计算!0 的结果为 1，得表达式(5>3)&&'a'||(5<(4-1))。

② 算术运算 4-1 的结果为 3，得表达式(5>3)&&'a'||(5<3)。

③ 关系运算 5>3 的结果为 1，得表达式 1&&'a'||(5<3)。

④ 关系运算 5<3 的结果为 0，得表达式 1&&'a'||0。

⑤ 逻辑运算 1&&'a'的结果为 1，得表达式 1||0。

⑥ 逻辑运算 1||0 的结果为 1，即整个表达式的计算结果为 1。

2.4.3 条件运算符

条件运算符"? :"用于连接 3 个操作数，是 C 语言中唯一的一个三目运算符，其一般形式为：(表达式 1)? (表达式 2):(表达式 3)。

功能：先计算表达式 1 的值，如果为非 0，则计算表达式 2 的值，并将其作为整个表达式的值；否则计算表达式 3 的值，并将其作为整个表达式的值。

例如：当 a=3，b=4 时 min=a<b?a:b，变量 min 取变量 a 的值为 3。

说明：

(1) 条件运算符的优先级高于赋值运算符和逗号运算符，但低于其他运算符。例如：m<n?x:a+3 等价于 m<n?x:(a+3)，而与(m<n?x:a)+3 不等价。

(2) 条件运算符的结合性为右结合。当一个表达式中出现多个条件运算符时，应该将位于最右边的"?"与离它最近的":"配对，并按这一原则正确区分各条件运算符的运算分量。

例如：a>b?a:c>d?c:d　等价于　a>b?a:(c>d? c:d)

(3) 条件表达式中，三个表达式的类型可以不一致，条件表达式的值取较高的类型。

例如：a>b?2:3.5，如果 a<b，则条件表达式的值为 3.5；若 a>b，则条件表达式的值为 2.0 而不是 2。

【例题 2.6】 从键盘上输入一个字符，如果它是大写字母，则把它转换成小写字母输出，否则直接输出。

```
#include<stdio.h>
void main()
{ char ch;
  printf("Input a character:");
  scanf("%c",&ch);
  ch=(ch>='A'&&ch<='Z')?(ch+32):ch;
  printf("%c\n",ch);
}
```

程序运行结果：

```
Input a character: E↙
e
```

2.4.4 逗号运算符

在C语言中逗号“,”也是一种运算符,称为逗号运算符。逗号运算符的优先级是所有运算符中最低的,它的结合性为左结合。用逗号连接起来的式子为逗号表达式,其格式为:

表达式1,表达式2,…,表达式n

功能:先求表达式1的值,再求表达式2的值,以此类推,最后求表达式n的值,表达式n的值即作为整个逗号表达式的值。

例如:a=3*5,4*a

先将15赋给变量a,然后求解4*a的值为60,所以整个逗号表达式的值为60,a的值为15。

由于逗号运算符的优先级最低,所以带有逗号运算符的表达式在给变量赋值或与别的操作对象组成新的表达式时,往往用圆括号将表达式括起来。

例如:表达式x=a=6,3*a,a+10中,x的值是6,而表达式x=(a=6,3*a),a+10中,x的值是18。

【例题2.7】 逗号运算符的使用。

```
#include<stdio.h>
void main()
{int a=5,b=9,c=2,t,m;
 t=(a+=1,b-=2,c+3);
 m=3+6,m*3,m+6;
 printf("a=%d,b=%d,c=%d\n",a,b,c);
 printf("t=%d,m=%d\n",t,m);
 m=(m=3+6,m*3),m+6;
 printf("m=%d\n",m);
 m=(m=3+6,m*3,m+6);
 printf("m=%d\n",m);
 m=(m=3+6,m=m*3,m+6);
 printf("m=%d\n",m);
}
```

程序运行结果:

```
a=6,b=7,c=2
t=5,m=9
m=27
m=15
m=33
```

2.4.5 位运算符

位运算是直接对二进制数进行运算,它是C语言区别于其他高级语言的又一大特色。利用这一功能,C语言能够实现一些底层操作,如对硬件编程或系统调用。

位运算的操作数只能是整型数据(包括 int、short int、unsigned int 和 long int)或字符型数据，不能是其他的数据类型。

C 语言包括 6 种位运算符：&(按位与)、|(按位或)、^(按位异或)、~(求反)、<<(左移)、>>(右移)。

1. 按位与运算

按位与运算(&)是双目运算符，其功能是将两个操作数的对应位逐一进行按位逻辑与运算，对应位均为 1 时，结果位才为 1，否则为 0。参与运算的操作数以补码方式出现。

例如：十进制整数 9&10 可写成如下算式：

```
      00001001
&     00001010
--------------
结果  00001000
```

按位与运算通常用来对某些位清零或保留某些位。

例如：十进制数 85(85 的二进制数为 01010101)，想把其中左边第 3,4,7,8 位保留下来，设计一个其左边第 3,4,7,8 位为 1，其他位为 0 的二进制数 00110011(即十进制数 51)，将这两个数进行按位与运算即可。

```
      01010101
&     00110011
--------------
结果  00010001
```

2. 按位或运算

按位或运算(|)是双目运算符，其功能是将参与运算的两个操作数各自对应的二进制位相或，只要对应的两个二进制位有一个为 1 时，结果位就为 1。参与运算的操作数以补码方式出现。

例如：十进制整数 30|15 可写成如下算式：

```
      00111110
|     00001111
--------------
结果  00111111
```

按位或运算，可用于将数据的某些位置 1，只要与待置位上二进制数为 1，其他位为 0 的操作数进行按位或运算即可。

例如：a=01100000，要使 a 的后 4 位置 1，则可设置 b 后 4 位为 1，其余位为 0，即 b=00001111。

```
      01100000
|     00001111
--------------
结果  01101111
```

3. 按位异或运算

按位异或运算(^)是双目运算符，其功能是参与运算的两个操作数对应的二进制位若相同，则结果位为 0；若不同，则该位结果为 1。参与运算的操作数以补码方式出现。

例如：十进制整数 17^12 可写成如下算式：

```
         00010001
     ^   00001100
    ──────────────
  结果   00011101
```

按位异或运算，有以下几方面的应用。

(1) 使特定位翻转。

例如：有 01111011，想使第 3～7 位翻转，只要与 00111110 进行按位异或运算即可。

```
         01111011
     ^   00111110
    ──────────────
  结果   01000101
```

(2) 与本身异或一次使整个数清零。例如：若 x 为 01100110，则 x^x 得 00000000

(3) 交换两个非浮点型变量的值，不用中间变量。“a＝a^b;b＝b^a;a＝a^b; ”三条语句后，就完成了 a、b 值的交换。

例如：a＝5，b＝8，实现 a 与 b 的值交换，可用以下赋值语句实现：

a＝a^b;

b＝b^a;

a＝a^b;

```
   a=0101          a=1101          a=1101
^  b=1000       ^  b=1000       ^  b=0101
─────────       ─────────       ─────────
   a =1101         b=0101          a=1000
```

可见，变量 a 与 b 的值进行了交换。

4. 求反运算

求反运算(～)是单目运算符，具有右结合性。其功能是对参与运算的操作数的各二进制位按位取反(即 1 变成 0，0 变成 1)。

例如：10 对应的二进制数为 1010，其按位取反为：

```
     1010
～   0101(即为十进制数 5，不要误认为～10 的值是－10)
```

5. 左移运算

左移运算(<<)是双目运算符，左移表达式的一般格式为：

整型表达式<<移位的位数

其功能是把“<<”左边的整型表达式值的二进制形式中每一位向左移动若干位，移出的最高位丢失(溢出)，右端补入 0。

例如：有“char a＝0x0F;”，则 a 的值为 15，运行“a＝a << 2;”后，a 左移 2 位，变成 00111100，即十进制数 60。

在正常值范围内，每左移 1 位相当于该数乘以 2，左移 n 位相当于乘以 2^n。

6. 右移运算

右移运算(>>)是双目运算符,右移表达式的一般格式为:

整型表达式>>移位的位数

其功能是把">>"左边的整型表达式值的二进制形式中每一位向右移动若干位,符号位不变,移出的最低位将丢失,数值位最高位以符号位填充。

例如:有"char a=0xE0;",则 a 的值为-32,运行"a=a >> 3;"后,a 右移 3 位,变成 11111100,即十进制数-4。

在正常值范围内,每右移 1 位相当于该数除以 2,右移 n 位相当于除以 2^n。

2.5 表达式

表达式就是指通过某些运算符将一个或多个运算对象连接起来,组成一个符合 C 语言语法规则的式子。表达式一般是由运算符、圆括号和操作数构成,经过运算应有一个某种类型的确定的值。操作数可以是常量、变量或函数等。使用不同的运算符可以构成不同类型的表达式,如算术表达式、赋值表达式、关系表达式、逻辑表达式等。

1. 算术表达式

由算术运算符、操作数和圆括号连接而成的表达式称为算术表达式。

例如:
```
a + 8/(b + 3) - 'c'
5 - m % 100 + 7.8 * 2
sqrt(a)
```

在算术表达式中,运算对象可以是各种类型的数据,包括整型、实型或字符型的常量、变量及函数调用。

算术运算要注意运算符的优先级。C 语言遵循"先乘除,后加减"的原则。对于任何类型的表达式,如果要改变运算的次序,都可使用圆括号,圆括号中的运算具有最高优先级。

2. 赋值表达式

由赋值运算符和圆括号将运算对象连接的符合 C 语言语法规则的式子称为赋值表达式,一般形式为:

变量 赋值运算符 表达式

例如:
```
x=4 * 9
a=5 * (b+9)
a * =b+c
```

说明:

(1) 赋值表达式的值就是被赋值变量的值。例如,表达式 z=3 * 7+2,被赋值变量 z 的值为 23,则表达式的值也为 23。

(2) 当赋值运算符两边的类型不一致时,要进行类型转换。

实型数据(float 或 double 型)赋值给整型变量时,舍去小数部分。

例如:int k=5.78,则 k 的值为 5。

整型数据赋值给实型变量时,数值不变,以实数形式存储到变量中。

例如:float x=5,则 x=5.00000。

3. 关系表达式

关系表达式是用关系运算符连接两个数值表达式形成的式子,其一般形式为:

表达式　关系运算符　表达式

例如:a+b>c+d
　　　x>a+c

关系表达式的结果只有两个逻辑值:true(1)或 false(0)。

需要注意的是,在 C 语言中,表示多项关系的连续表达和数学中表示方式的不同。例如,表示 x 大于 3 小于 10,用数学关系式可表示为 3<x<10,但在 C 语言中这种表述表示 3 与 x 的比较结果(不是 0 就是 1),再与 10 比较。因此在 C 语言中表示 x 大于 3 小于 10 应该表示为 x>3 && x<10。

4. 逻辑表达式

用逻辑运算符和圆括号把逻辑值连接起来构成的式子,称为逻辑表达式,其一般形式为:

表达式　逻辑运算符　表达式

例如:!(a>b)
　　　(a==b)&&(a>1)
　　　(a<-4)||(a>19)

逻辑表达式的结果只有两个逻辑值:true(1)或 false(0)。

在逻辑表达式的求解中,并不是所有的逻辑运算符都被执行,只有在必须执行下一个逻辑运算符才能求出表达式的解时,才执行该运算符。

(1) 逻辑与(&&)运算表达式中,只要前面有一个表达式被判定为假,系统不再判定或求解其后的表达式,整个表达式的值为 0。

例如:对于逻辑表达式 a&&b&&c,当 a=0 时,表达式的值为 0,不必计算判断 b、c;当 a=1、b=0 时,表达式的值为 0,不必计算判断 c;只有当 a=1、b=1 时,才判断 c。

(2) 逻辑或(||)运算表达式中,只要前面有一个表达式被判定为真,系统不再判定或求解其后的表达式,整个表达式的值为 1。

例如:对于逻辑表达式 a||b||c,当 a=1(非 0)时,表达式的值为 1,不必计算判断 b、c;当 a=0、b=1 时,表达式的值为 1,不必计算判断 c;只有当 a=0、b=0 时,才判断 c。

【例题 2.8】 输出表达式及变量值。

```
#include<stdio.h>
void main()
{ int a=1,b=2,c=3;
  int x=0,y=0;
```

```
    printf("%d\n",a+b>c&&b==c);
    printf("%d\n",!(x=a)&&(y=b));
    printf("x=%d,y=%d\n",x,y);
}
```

程序运行结果：

```
0
0
x=1,y=0
```

5. 数据类型转换

在C语言中，不同类型的数据可以进行混合运算。例如：

```
3+'a'-4*b+5.75
```

这是一个合法的算术表达式，但运算符两侧的数据类型不同，有整型、浮点型、字符型等。在实际计算过程中，当参与同一表达式运算的各操作数具有不同数据类型时，需要进行类型转换。转换方式有两种：一种是自动类型转换，另一种是强制类型转换。

(1) 自动类型转换。自动类型转换就是当参与同一表达式运算的各操作数具有不同类型时，编译程序会自动将它们转换成同一类型的量，然后再进行运算。

转换规则为：自动将精度低、表示范围小的运算分量类型向精度高、表示范围大的运算分量类型转换，以便得到较高精度的运算结果，然后再按同类型的量进行运算，这种转换是由编译系统自动完成的。转换规则如图2.5所示。

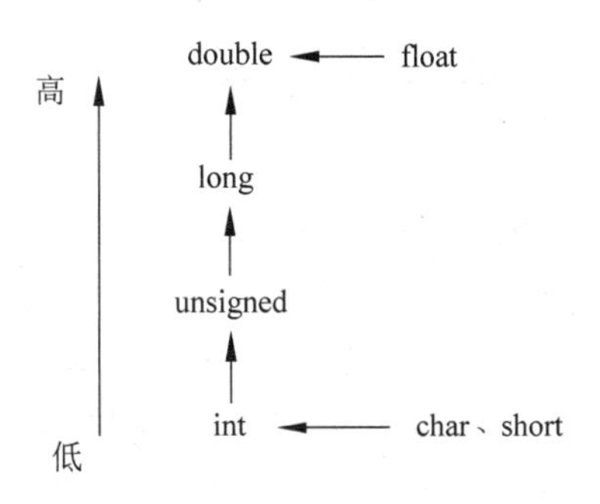

图2.5 转换规则

图2.5中横向向左的箭头为必定转换的类型，即在表达式中有char或short型数据，则一律转换成int型参加运算；如果表达式中有float型数据，则一律先转换为double型再进行运算。纵向向上的箭头表示当参与运算的量的数据类型不同时要转换的方向，转换由精度低向精度高进行。

例如：有定义“int a; char ch; ”，则表达式为a-ch*8+399L，经过自动类型转换后，其值的类型为长整型。

(2) 强制类型转换。

除了自动类型转换外，C语言还提供了一种强制类型转换功能，可以在表达式中通过强制类型转换运算符对操作对象进行类型强制转换。

强制类型转换的一般形式为：(数据类型名)表达式 或 数据类型名（表达式）

其功能是把表达式的运算结果强制转换成数据类型说明符所表示的类型。

例如：x=(int)8.25　结果为 x=8

强制类型转换运算符是单目运算符，它的运算对象是紧跟其后的操作数，如果要对整个表达式的值进行类型转换，必须给表达式加圆括号。

例如：(int)3.8+5.6　　结果为 8.6

　　　(int)(3.8+5.6)　结果为 9

需要说明的是，无论是自动类型转换还是强制类型转换，都只是为了本次运算的需要而对变量的数据长度进行的临时性转换，并不改变类型说明时对变量定义的类型。

【例题 2.9】 强制类型转换应用。

```
#include<stdio.h>
void main()
{int a=2,b=3;
 float x=3.5,y=2.5;
 printf("%f\n",(float)(a+b)/2+(int)x%(int)y);
 printf("%f\n",(float)((a+b)/2)+(int)x%(int)y);
}
```

程序运行结果：

```
3.500000
3.000000
```

2.6 本章知识要点和常见错误列表

(1) 本章主要讲述了 C 语言中的基本数据类型及常量、变量和表达式。在 C 语言的初学阶段，首先要掌握 4 种最基本也是最常用的数据类型：int、float、double 和 char。熟悉了基本技巧之后，读者完全可以根据需要去使用各种类型的数据。

(2) 标识符是 C 语言中所有名称的总称，一般要按规则取名。

(3) C 语言编程中有特定含义的 32 个关键字和 12 个保留字，不能再作为表示其他含义的标识符。

(4) 常量是程序运行过程中其值固定不变的量，有数值常量(整数、实数)、字符常量和字符串常量三大类型。

(5) 变量是程序运行过程中其值可变的量，最常用的变量有整型(int)、单精度实型(float)、双精度实型(double)和字符型变量(char)。

(6) 运算符及表达式是编程者实现编程要求的基本手段，读者要在充分掌握各类运算符的情况下，综合运用它们以达到自己的编程目的。

本章常见错误列表如表 2.7 所示。

表 2.7　常见错误列表

序号	常见错误	错误举例	分　　析
1	不注意程序的书写格式	除以“#”开头的预处理命令不是C语句外，C语言的每个单语句均以分号“;”结束，否则会有“missing;”错误提示	将程序代码逐行输入计算机时，多使用Tab、Home、End键，模仿例题每行的语句认真输入，并注意各行之间的对齐方式，凡包含在内部的，一定要用缩进式。
2	标识符不规范	随意起名为111或aaa	应该不与系统内保留字重名，并“见名知义”：通常，整型变量用i、j、k、m、n等，实型变量用f、x、y，字符型变量用ch，字符串型常用str、string这些约定俗成的名字，初学者不宜乱改。另外，C语言中常用一个小写单词做标识符，如和用sum，平均值用average或ave，个数cnt或n；C++则用多个单词间以大写字母组成标识符，如curLen代表当前长度（current length），用maxLen代表最大长度，用maxStr代表最长字符等。
3	定义变量数据类型的时候出错	float i,j;k;l,m,;	在同时定义多个变量的时候，中间要用“,”进行间隔。若是变量比较多，要换行，就必须重新定义，第二行也要有数据类型定义符。
4	变量在使用之前没有定义	int m; m=n+1;	这里n没有定义是不能够使用的，在编译的时候会有“undeclared inentifier”的错误提示。所有变量都要“先定义，后使用”。
5	变量在使用之前没有赋值	int m,n; m=n+1;	这里n有定义但是没有赋值，在编译的时候会提示警告，但不提示出错，运行结果会是一个不确定的数，比如−858 993 458。

6	除号使用错误	float x
		int m=5,n;
		x=2/m+3/m+4/m;
			这里的每一项都是0，如2/m的结果是0而不是0.4…所以此语句执行之后，x为0不是实际需要的结果。
			一边有实数时，2.0/m+3.0/m+4.0/m才能算出实际的实数结果赋给x。

7	关系表达式写错	3<x<10	C语言中不能如此表示，需要借助逻辑运算符x>3&&x<10。 这一点在if、while、do…while语句中尤其重要。
8	在表达式中的表达方式不能够达到自己想要的结果	x1=−b+sqrt(dlt)/(2*a); 或 x1=−b+sqrt(dlt)/(2*a);	正确的表达式应该是x1=(−b+sqrt(dlt))/(2*a)；要正确使用括号“()”。

9	if语句条件不正确	if(score=100) n++;
		本意是统计得100分的同学的个数
		if(score>60)
		　out<<"及格";
		else
		　cout<<"不及格";
			错用赋值号“=”代替了相等比较号“==”，编译系统将100先赋给score，然后判断它不是0，就执行其后的n++，不管原来的score是多少，都被冲掉了，并使n值加了1，这是学习者常犯的错误。
			条件应该写成if(score>=60)，否则60分的同学就被统计成不及格的了。

续表

序号	常见错误	错误举例	分析
10	不注意数据类型的值域	比如求阶乘，若阶乘结果定义为短整型变量，最大只能是 32767	阶乘的结果应该定义成长整型或实型，否则结果很容易溢出。

11	变量未初始化或 while 语句前未做好准备工作	void main()
		{ int i,sum;
		i=1;
		while(i<=3)
		{ sum=sum+I;
		i++;
		}
		……
		}
			这是初学者最易犯的错，结果出错，不是 6。原因是和变量 sum 忘记初始化了，犹如选票箱在选举前未清空，即求和时的基数是内存中的随机数，所以结果可能是一个不确定的数，如－858 993 460。

实训 2　多数据、多运算符的混合运算

一、实训目的

1. 熟悉各种数据类型的特点。
2. 掌握运算符的运算规则、结合性及优先级。
3. 掌握多数据混合运算的运算法则。

二、实训任务

给出程序中 printf 函数输出结果。

三、实训步骤

程序清单 sx2-1.cpp 如下：

```
#include<stdio.h>
void main()
{
  int i = 16,j,x = 6,y,z;
  j = i+++1;printf("1: %d\n",j);
  x * = i = j;printf("2: %d\n",x);
  x = 1,y = 2,z = 3;
  x += y += z;
  printf("3: %d\n",z/ = x++);
  x = 027;                    //八进制数
  y = 0xff00;                 //十六进制数
  printf("4: %d\n",x&&y);
  x = y = z =- 1;
  ++x||++y&&++z;
  printf("5: %d, %d, %d\n",x,y,z);
}
```

程序运行结果：

```
1: 17
2: 102
3: 0
4: 1
5: 0,0, -1
```

习题 2

一、选择题

1. 合法的字符常量是(　　)。

   A. '\t'　　B. "A"　　C. '\018'　　D. B

2. 在C语言中，要求参加运算的数必须是整数的运算符是(　　)。

   A. /　　B. *　　C. %　　D. =

3. 在C语言中，字符型数据在内存中以(　　)形式存放。

   A. 原码　　B. BCD码　　C. 反码　　D. ASCII码

4. (　　)是非法的C语言转义字符。

   A. '\b'　　B. '\0xf'　　C. '\037'　　D. '\''

5. 对于语句："f=(3.0,4.0,5.0),(2.0,1.0,0.0);"的判断中，(　　)是正确的。

   A. 语法错误　　B. f为5.0　　C. f为0.0　　D. f为2.0

6. 与代数式(x * y)/(u * v)不等价的C语言表达式是(　　)。

   A. x * y/u * v　　B. x * y/u/v　　C. x * y/(u * v)　　D. x/(u * v) * y

7. 对于"char cx='\039';"语句，正确的是(　　)。

   A. 不合法　　B. cx的ASCII值是33

   C. cx的值为四个字符　　D. cx的值为三个字符

8. 若"int k=7,x=12;"则能使值为3的表达式是(　　)。

   A. x%=(k%=5)　　B. x%=(k-k%5)

   C. x%=k-k%5　　D. (x%=k)-(k%=5)

9. 为了计算s=10!（即10的阶乘），则s变量应定义为(　　)。

   A. int　　B. unsigned

   C. long　　D. 以上三种类型均可

10. 假定x和y为double型，则表达式x=2,y=x+3/2的值是(　　)。

    A. 3.500000　　B. 3　　C. 2.000000　　D. 3.000000

11. 设以下变量均为int类型，则值不等于7的表达式是(　　)。

    A. (x=y=6,x+y,x+1)　　B. (x=y=6,x+y,y+1)

    C. (x=6,x+1,y=6,x+y)　　D. (y=6,y+1,x=y,x+1)

12. 字符串"ABC"在内存中占用的字节数为(　　)。

    A. 3　　B. 4　　C. 5　　D. 8

13. 设 a,b,c,d 均为 0,执行(m=a= =b)&&(n=c||d)后,m,n 的值是(　　)。

A. 0,0　　B. 0,1　　C. 1,0　　D. 1,1

14. 设 a,b,c 均为 int 型变量,且 a=3,b=4,c=5,则下面的表达式中值为 0 的是(　　)。

A. 'a'&&'b'　　B. a<=b

C. a||b+c&&b-c　　D. !((a<b)&&!c||1)

二、填空题

1. 能表述"20<X<30 或 X<-100"的 C 语言表达式是________。

2. 若已知 a=10,b=20,则表达式!a<b 的值是________。

3. 在内存中存储"A"要占用________个字节,存储'A'要占用________个字节。

4. 在 C 语言中,不同运算符之间运算次序存在________的区别,同一运算符之间运算次序存在________的规则。

5. 设 x=2.5,a=7,y=4.7,则 x+a%3*(int)(x+y)%2/4 为________。

6. 表达式(!10>3)?2+4:1,2,3 的值是________。

7. 设 int a;float f;double i;则表达式 10+'a'+i*f 值的数据类型是________。

8. 已知 a、b、c 是一个十进制数的百位、十位、个位,则该数的表达式是________。

9. 定义"double x=3.5,y=3.2;",则表达式(int)x*0.5 的值是________,表达式 y+=x++的值是________。

10. 表达式 5%(-3)的值是________,表达式-5%(-3)的值是________。

三、程序阅读题

1. 写出以下程序运行的结果。

```
main ( )
{
  char c1 = 'a',c2 = 'b',c3 = 'c',c4 = '\101',c5 = '116';
  printf("a%c b%c\tc%c\tabc\n",c1,c2,c3);
  printf("\t\b%c %c",c4,c5);
}
```

2. 写出以下程序运行的结果。

```
main ( )
{
  int i,j,m,n;
  i = 8;
  j = 10;
  m = ++i;
  n = j++;
  printf("%d,%d,%d,%d",i,j,m,n);
}
```

3. 写出以下程序运行的结果。

```
#include <stdio.h>
```

```
main( )
{
  int a,b;
  a = 2147483647;   /* VC++环境下 - 2147483647～2147483647 */
  printf(" %d, %d",a,b);
}
```

4. 写出以下程序运行的结果。

```
#include <stdio.h>
main( )
{
  float f1,f2,f3,f4;
  int m1,m2;
  f1 = f2 = f3 = f4 = 2;
  m1 = m2 = 1;
  printf(" %d\n",(m1 = f1 >= f2)&&(m2 = f3 < f4));
}
```

四、编程题

1. 假设 m 是一个三位数，写出将 m 的个位、十位、百位反序而成的三位数(例如：123 反序为 321)的 C 语言表达式。

2. 已知 int x=10,y=12;写出将 x 和 y 的值互相交换的表达式。

第3章 顺序结构程序设计

程序中语句的执行顺序称为“程序结构”。计算机程序是由若干条语句组成的语句序列。从程序流程的角度来看，程序可以分为三种基本结构，即顺序结构、分支结构、循环结构。这三种基本结构可以组成所有的复杂程序。C 语言提供了丰富的语句来实现这些程序结构。

本章主要介绍 C 语言提供的几种常用语句、常用输入/输出库函数、预处理命令及其在顺序结构程序中的应用。

本章学习目标与要求

- 了解程序的三种基本结构及其特点，能对任何一种结构绘制流程图
- 掌握 C 语言基本输出、输入函数的基本格式及其主要用法
- 了解 C++ 中简单的输入/输出控制
- 掌握数据定义和表达式赋值方式，能够设计顺序结构的应用程序
- 熟悉 C/C++ 语言提供的预处理命令：文件包含和宏定义

3.1 数据定义和赋值语句

程序算法处理的对象是数据，而数据又是以某种特定形式存在的。数据类型是按被定义变量的性质、表示形式、占据存储空间的多少和构造特点来划分的。在 C 语言中，数据类型可分为：基本数据类型、构造数据类型、指针类型和空类型(void)四大类。

C 程序包括数据定义部分和执行部分。C 程序对用到的所有数据都必须指定其数据类型，同时区分各种相应的运算(比如%运算只有整型数据才能用)。在 C 程序中，数据是以常量或变量的形式表示。执行部分是由语句组成的。程序的功能是由执行语句实现的。

C 语言提供了丰富的语句，可分为以下几类：

(1) 表达式语句(包括赋值语句、函数调用语句等)。

(2) 空语句。

(3) 复合语句。

(4) 控制语句：C 语言提供了 9 种控制语句，在后续章节会陆续介绍。

3.1.1　数据定义和赋值语句

1. 数据定义

这里仅以变量定义为例进行介绍。

C语言中,要求对所有的变量,必须先定义、后使用；在定义变量的同时可以给变量赋初值的操作称为变量的初始化。

变量定义的一般格式为：

```
[存储类型] 数据类型 变量名1 [,变量名2,……];
```

例如：float radius, length, area;

变量初始化的一般格式为：

```
[存储类型] 数据类型 变量名1[ = 初值1] [,变量名2[ = 初值2],……];
```

例如：float radius=2.5,length,area;

说明：

(1) 对变量的定义,可以出现在函数中的任何行,也可放在函数之外(详见8.4节)。

(2) 变量定义和变量声明的区别

变量定义：用于为变量分配空间,还可以为变量初始化。程序中,变量有且仅有一次定义。

变量声明：用于向程序表明变量的类型和名字,不分配空间。定义也是声明(因为定义变量时也声明了它的类型和名字),但声明不是定义。一个程序中,变量只能定义一次,却可声明多次(多文件程序中,详见8.4节)。

【例题3.1】

```
#include <stdio.h>
#define M 0                       //定义符号常量
extern int y;                     //声明变量y在其他文件中定义
int n;                            //变量n定义在函数外
void main()
{int x;                           //变量x定义在函数内
 int a = M,b,c = 5;
 b = a + c;
 printf("a = %d,b = %d,c = %d\n",a,b,c);
 printf("x = %d\n",x);
 printf("n = %d\n",n);
 printf("y = %d\n",y);
}
```

程序编译通过后,连接时出现以下错误信息：

```
Linking...
3.1.obj : error LNK2001: unresolved external symbol "int y" (?y@@3HA)
Debug/3.1.exe : fatal error LNK1120: 1 unresolved externals
执行 link.exe 时出错.

3.0.exe - 1 error(s), 0 warning(s)
```

2. 赋值语句

赋值语句是由赋值表达式再加上分号构成的表达式语句。

一般格式为：

```
变量 = 表达式;
```

功能：先计算赋值运算符表达式的值再赋给左边的变量。

下面几点应注意：

(1) 由于赋值运算符“=”表达式可以又是一个赋值表达式，因此下述形式：

```
变量 1 = (变量 2 = 表达式);
```

是成立的，从而形成嵌套的情形。

其展开后的等价形式为：

```
变量 1 = 变量 2 = … = 表达式;
```

例如：

```
a = b = c = d = 5;
```

由于赋值运算符的优先级最低，其结合性为右结合，因此实际上等价于：

```
a = (b = (c = (d = 5)));
```

或者理解为：

```
d = 5;
c = d;
b = c;
a = b;
```

(2) 注意逗号运算符的使用

```
x = a = 5, b = 6,c = 7;         为逗号表达式语句,表达式的结果为 7,变量 x = 5,a = 5
x = a = 5;b = 6,c = 7;          为两条语句：赋值语句 x = a = 5;和逗号表达式语句 b = 6,c = 7;
x = (a = 5,b = 6,c = 7);        为赋值语句,变量 x = 7,a = 5
```

(3) 在变量定义中给变量赋初值和赋值语句的区别

给变量赋初值是变量定义的一部分，赋初值后的变量与其后的其他同类变量之间仍必须用逗号间隔，而赋值语句则必须用分号结尾。

例如：

```
int a = 5,b,c;
```

在变量定义中，不允许连续给多个变量赋初值。如下述变量定义是错误的：

```
int a = b = c = 5;
```

必须写为：

```
int a = 5,b = 5,c = 5;
```

而赋值语句允许给已定义变量连续赋值。例如：

```
a = b = c = d = 5;
```

(4) 赋值表达式和赋值语句的区别

赋值表达式是一种表达式，它可以出现在任何允许表达式出现的地方，而赋值语句则不能。

如下语句是合法的：

```
if((x = y + 5)> 0) z = x;
```

语句的功能是，若表达式 x=y+5 大于 0，则 z=x。

而如下语句就是非法的：

```
if((x = y + 5;)> 0) z = x;
```

因为 x=y+5;是语句，不能出现在表达式中。

3.1.2　表达式语句

C 语言规定：一个表达式后面加上分号“;”就是一条表达式语句。

其一般格式为：

```
表达式;
```

执行表达式语句就是计算表达式的值。

表达式语句有多种，包括赋值语句、函数调用语句等。

例如：

```
x = 6;                  赋值语句
x == 6;                 关系表达式语句
x = x == 6;             赋值语句
printf("C Program" );   函数调用语句,输出字符串"C program"
i -- ;                  自减 1 语句,i 值减 1
```

3.1.3　空语句

空语句仅由一个分号“;”组成，不做任何操作。在程序中空语句可用来作空循环体。

例如：

```
while((getchar())!= '\n');
```

本循环语句的功能是，只要从键盘输入的字符不是回车则重新输入。这里的循环体为空语句。

又如：

```
if (a % 3 == 0) ;
    i++;
```

如果 a 是 3 的倍数，则 i 加 1。但由于 if (a%3==0)后多加了分号，则 if 语句到此结束，程序将继续执行语句“i++;”，不论 3 是否整除 a，i 都将自动加 1。

3.1.4 复合语句

复合语句是由花括号{}将多条语句组合在一起而成的，语法上应把复合语句看成是一条语句，而不是多条语句。

其一般格式为：

```
{
 [说明部分]
  语句部分
}
```

说明部分可以任选。语句部分可以是一条或多条语句，也可以嵌套复合语句。

例如，要把 a 和 b 中大数放 a 中，小数放 b 中，可用如下程序片段实现。

```
int a = 5,b = 6;                    定义变量
if(a < b)                           if 语句
{
  int t;
  t = a;
  a = b;                            复合语句中包含了变量 t 说明和多条执行语句
  b = t;
}
printf(" %d%d\n",a,b);              函数调用语句
```

复合语句内的各语句都必须以分号结尾，在花括号}后不能再加分号。

3.1.5 顺序结构程序设计举例

顺序结构是最简单、最常用的基本结构。顺序结构的程序是自上而下顺序执行各条语句。下面介绍几个顺序结构程序设计的例子。

【例题 3.2】 键盘输入三角形的三边长 a、b、c，求三角形面积。

面积公式为 area$=\sqrt{s(s-a)(s-b)(s-c)}$其中，$s=(a+b+c)/2$

```
#include <stdio.h>
#include <math.h>              //使用求平方根函数 sqrt(),要包含数学库函数文件 math.h
void main()
{
 float a,b,c,s,area;
 scanf(" %f%f%f",&a,&b,&c);         //默认以空格、Tab 键或回车间隔输入数据
 s = 1.0/2 * (a + b + c);
 area = sqrt(s * (s - a) * (s - b) * (s - c));   //调用函数 sqrt()
 printf("a = %7.2f,b = %7.2f,c = %7.2f,s = %7.2f\n",a,b,c,s);
 printf("area = %7.2f\n",area);
}
```

运行结果：

```
3 4 5↙
a=3.00,b=4.00,c=5.00,s=6.00
area=6.00
```

思考：语句“s=1.0/2*(a+b+c);”中为什么是1.0?

【例题3.3】　输入3个系数a、b、c，求一元二次方程的根，设$b^2-4ac\geqslant 0$。

```
#include <stdio.h>
#include <math.h>
void main()
{ float a,b,c,disc,x1,x2,p,q;
  scanf("a=%f,b=%f,c=%f",&a,&b,&c);     //键盘输入 a=1,b=5,c=3↙
  //scanf("a=%fb=%fc=%f",&a,&b,&c);     //键盘输入 a=1 b=5 c=3↙
  disc=b*b-4*a*c;                       //求判别式的值
  p=-b/(2*a);
  q=sqrt(disc)/(2*a);
  x1=p+q;x2=p-q;
  printf("\nx1=%5.2f\nx2=%5.2f\n",x1,x2);
}
```

运行结果：

```
a=1,b=5,c=3↙

x1=-0.70
x2=0-4.30
```

【例题3.4】　输入圆的半径，求圆的周长和面积(保留4位小数)。

```
#include <stdio.h>                      //预处理命令,尾部不加分号
#define PI 3.14159                      //预处理命令,定义符号常量 PI
void main( )
{ float r,l,s;                          //定义半径 r、周长 l、面积 s
  printf("请输入圆的半径 r: \n");
  scanf("%f",&r);
  l=2*PI*r;
  s=PI*r*r;
  printf("l=%10.4f\ns=%10.4f\n",l,s);
}
```

运行结果：

```
请输入圆的半径 r:
1↙
l=    6.2832
s=    3.1416
```

3.2 常用的输入/输出库函数

为了让计算机处理各种数据，首先就应该把源数据输入到计算机中；计算机处理结束后，再将目标数据信息以能够识别的方式输出。C语言没有自己的输入/输出语句，输入输出操作是由C语言编译系统提供的库函数来实现。C语言在头文件 stdio.h 中提供了输入/输出函数：putchar()、getchar()、printf( )和 scanf( )。因此，在使用输入/输出函数前必须要用文件包含命令：

#include <stdio.h>表示要使用的函数，包含在标准输入/输出头文件 stdio.h 中。

或

```
#include"stdio.h"
```

3.2.1 字符输入/输出函数

1. putchar( )函数

putchar()函数是单个字符输出函数，其功能是在显示器上输出一个字符。

其一般格式为：

```
putchar(ch);
```

ch 可以是一个字符变量或整型变量或常量，也可以是一个转义字符。

例如：

```
putchar('a');          输出小写字母 a
putchar(c );           输出字符变量 c 的值
putchar('\101');       输出大写字母 A
putchar('\n');         输出转义字符换行
```

对控制字符则执行控制功能，不在屏幕上显示。

2. getchar()函数

getchar()函数的功能是从键盘上输入一个字符。它是一个无参函数，其一般格式为：

```
getchar( );
```

通常把输入的字符赋予一个字符变量，构成赋值语句，例如：

```
char c;
c = getchar( );
```

注意：getchar( )函数只能接受单个字符，输入的数字也按字符处理。输入多于一个字符时，只接收第一个字符。用 getchar( )函数得到的字符可以赋给一个字符变量或整型变量，也可以不赋值给任何变量，仅仅作为表达式的一部分。例如：

```
putchar(getchar( ));        输入一个字符并输出
```

【例题 3.5】 从键盘输入一个小写字母，要求用大写字母形式输出该字母及对应的 ASCII 码值。

```
# include "stdio.h"
void main()
{char c1,c2;
 printf("Input  a  lowercase  letter: ");
 c1 = getchar();
 putchar(c1); printf(", % d\n",c1);
 c2 = c1 - 32;            /* 将小写字母转换成对应的大写字母 */
 printf(" % c, % d\n",c2,c2);
}
```

运行结果：

```
Input  a  lowercase  letter: a↙
a,97
A,65
```

3.2.2 格式输入/输出函数

1. 格式输出函数 printf( )

printf( )函数称为格式输出函数，其功能是按用户指定的格式，把指定的一个或多个任意类型的数据输出到显示器屏幕上。

printf( )函数是一个标准库函数，它的函数原型在头文件“stdio. h”中。但作为一个特例，不要求在使用 printf( )函数之前必须包含“stdio. h”文件。

1) 一般格式：

```
printf("格式控制字符串" [,输出项表]);
```

其中，“格式控制字符串”用于指定输出格式。它包含格式字符串、普通字符及转义字符 3 种信息。输出项表是可选的。

(1) 格式字符串是以“%”开头的字符串。在“%”后面跟有各种格式字符，以说明输出数据的类型、形式、长度、小数位数等。例如，%d 表示按十进制整型输出；%ld 表示按十进制长整型输出；%c 表示按字符型输出等。

(2) 普通字符是需要原样输出的字符，在显示中起提示作用。例如：

```
printf(" % d, % c\n",a,c);
```

其中，双引号内的“,”就是普通字符，调用函数时会原样输出。

(3) 转义字符用于控制输出的样式，如常用到的\n、\t、\b 等。

输出项表中给出了各个输出项，要求格式字符串和各输出项在数量和类型上应该一一对应。如果要输出的数据不止 1 个，相邻 2 个之间用逗号分开。例如：

```
printf("a = % f,b = % 5d\n", a, b);
```

2）printf( )的格式字符

格式字符串的一般形式为：

```
%[标志][输出最小宽度][.精度][长度]类型
```

其中，方括号[ ]中的项为可选项。下面分别介绍各项的意义。

(1) 类型：类型字符用于表示输出数据的类型，其格式符和意义如表 3.1 所示。

表 3.1　printf()函数格式字符及举例

格式字符	意　义	举　例	输出结果
d	以十进制形式输出带符号整数(正数不输出符号)	int a=567; printf("%d",a) ;	567
o	以八进制形式输出无符号整数(不输出前缀 0)	int a=65; printf(" %o",a) ;	101
x,X	以十六进制形式输出无符号整数(不输出前缀 0x)	int a=255; printf(" % x",a) ;	ff
u	以十进制形式输出无符号整数	int a=567; printf("%u",a) ;	567
f	以小数形式输出单、双精度实数，系统默认输出 6 位小数	float a=567.789; printf("%f",a) ;	567.789000
e,E	以指数形式输出单、双精度实数	float a=567.789; printf("%e",a) ;	5.677890e+02
g,G	以%f 或%e 中较短的输出宽度输出单、双精度实数	float a=567.789; printf("%g",a) ;	567.789
c	输出单个字符	char a =65 printf("%c",a);	A
s	输出字符串	printf(" %s","ABC")	ABC

(2) 标志：常用标志字符有一、+、#、空格四种，其意义如表 3.2 所示。

表 3.2　printf()函数标志字符

标志字符	意　义
m	输出数据域宽。若数据长度小于 m，左边补空格，否则按实际输出
.n	对于实数，指定小数点后的位数(四舍五入)；对于字符串，指定实际输出位数
—	输出数据左对齐，右边填空格(默认则为右对齐)
+	指定在有符号数的正数前面显示正号(+)
0	输出数据时指定左边不使用的空位自动填 0
空格	输出值为正时冠以空格，为负时冠以负号
#	对 c.s.d、u 类无影响；对 0 类，在输出时加前缀 0；对 x 类，在输出时加前缀 0x；对 e、g、f 类，当结果有小数时才给出小数点
l 或 h	在 d.o.x、u 格式字符前，指定输出精度为 long 型；在 e、f.g 格式字符前，指定输出精度为 double 型

【例题 3.6】 输出函数举例。

```
#include<stdio.h>
```

```
void main()
{int a = 15;
 float b = 123.1234567;
 double c = 12345678.1234567;
 char d = 'p';
 printf("a = %d, %5d, %o, %x\n",a,a,a,a);
 printf("b = %f, %lf, %5.4lf, %e\n",b,b,b,b);
 printf("c = %lf, %f, %8.4lf\n",c,c,c);
 printf("d = %c, %8c\n",d,d);
 printf(" %f%%\n",1.0/5);  //输出字符'%',格式控制中连续出现两个%%
}
```

运行结果：

```
a = 15,   15,17,f
b = 123.123459,123.123459,123.1235,1.231235e+002
c = 12345678.123457,12345678.123457,12345678.1235
d = p,        p
0.200000%
```

2. 格式输入函数 scanf( )

1）scanf()的一般格式

```
scanf("格式控制字符串",地址表列);
```

(1) 格式控制字符串：与 printf()函数含义相同，但不能显示非格式字符串，也就是不能显示提示字符串。

(2) 地址表列：是由若干个地址组成的表列，可以是变量的地址，也可以是字符串首地址。变量的地址由地址运算符“&”后跟变量名组成。

例如，scanf("%d%d", &a,&b);中 &a、&b 分别表示变量 a 和变量 b 的地址。

至于地址表列为字符串首地址的示例，在介绍了字符数组后会用到。

2）scanf()的格式字符

格式字符串的一般形式为：

```
%[*][输入数据宽度][长度]类型
```

其中有方括号[ ]的项为任选项。各项的意义如表 3.3 所示。

表 3.3　scanf()函数格式字符

格式字符	字符意义
d	输入十进制整数
o	输入八进制整数(前缀 0 不输入)
X,x	输入十六进制整数(前缀 OX 不输入，大小写作用相同)
u	输入无符号十进制整数
f	输入实型数(用小数形式或指数形式)
e、E、g、G	与格式字符 f 作用相同，e 与 f、g 可以相互替换(大小写作用相同)
c	输入单个字符
s	输入字符串

有关 scanf()函数的使用有以下几点说明：

(1) 在例题 3.2 中，scanf("%f%f%f",&a,&b,&c)函数的格式控制串"%f%f%f "之间没有非格式字符，输入数据时，不应连续给出，应以空格、回车或 Tab 键来隔开这 3 个十进制数(键盘输入 3.0 4.0 5.0)，否则系统不知道应该怎样区分这三个数。

(2) 在例题 3.3 中 scanf("a=%f,b=%f ,c=%f",&a,&b,&c)函数的格式控制串"a=%f,b=%f,c=%f "中除了格式字符外还有其他非格式字符 a=,b=,c=，则在输入数据时，要在对应位置输入与这些字符相同的字符。键盘输入数据时应为：

```
a=1,b=5,c=3↙
```

(3) 输入数据时不能指定精度，如下面的写法是错误的。

```
scanf("%6.2f",&a);
```

(4) 可以指定输入数据所占的列数，系统将自动按指定列宽来截取所需数据。如下所示：

```
scanf("%2d%3d%2d",&a,&b,&c);
printf("%d, %d, %d\n",a,b,c);
```

若输入 123456789，则输出结果为 12,456,78，a 为 12，b 为 345，c 为 67。

(5) 赋值抑制字符“*”。

“*”表示本输入项对应的数据读入后，不赋给相应的变量(该变量由下一个格式指示符输入)。

例如，scanf("%2d%*2d%3d",&num1,&num2);
      printf("num1 = %d,num2 = %d\n",num1,num2);

假设输入 123456789，则系统将读取“12”并赋值给 num1；读取“34”但舍弃掉(“*”的作用)；读取“567”并赋值给 num2。所以，printf()函数的输出结果为：num1=12,num2=567。

(6) 在输入数值数据时，遇到字母等非数值符号，系统认为该数据结束。

【例题 3.7】 输入函数举例。

```
#include<stdio.h>
void main( )
{int a,b,c;
 scanf("%2d%3d%2d",&a,&b,&c);
 printf("%d, %d, %d\n",a,b,c);
 fflush(stdin);         //清空输入缓冲区
 scanf("%d",&a);
 printf("%d\n",a);
}
```

运行结果：

```
123456789↙
12,345, 67
123↙
123
```

3.2.3 C++中简单的输入/输出控制

C++中数据的输入输出是通过 I/O 流(stream)来实现的。所谓“流”,是指数据从一个位置流向另一个位置。流的操作包括建立流、删除流、提取(读操作/输入)、插入(写操作/输出)。流在使用前要被建立,使用后要被删除。从流中获取数据称为提取操作,向流中插入数据称为插入操作。cin 和 cout 是 C++中预定义的流类对象,cin 用来处理标准输入,cout 用来处理标准输出,有关流对象 cin、cout 和流运算符的定义等存放在 C++的输入输出流库(iostream.h)中。

1. 预定义的插入符“<<”

“<<”是预定义的流插入运算符,作用是将需要输出的数据插入到输出流中,默认的输出设备是显示器。一般的屏幕输出是将插入符作用在流类对象 cout 上。其语法形式为:

```
cout <<表达式 1 <<表达式 2 <<…<<表达式 n;
```

在上面的输出语句中,可以串联多个插入运算符,输出多个数据项。在插入运算符后面可以写任意复杂的表达式,系统自动计算出它的值并传给插入符。例如:

```
cout <"Hello the world! "<< endl;
```

将字符串"Hello the world!"输出到屏幕上并换行。

```
cout <<"2 + 8 = "<< 2 + 8 <<"\n";
```

将字符串"2+8="和表达式 2+8 的计算结果 10 显示在屏幕上并换行。

2. 预定义的提取符“>>”

“>>”是预定义的流提取运算符,作用是从默认的输入设备(一般为键盘)的输入流中提取若干字节送到计算机内存区中指定的变量。一般的键盘输入是将提取符作用在流类对象 cin 上。其语法形式为:

```
cin >>变量 1 >>变量 2 >>…>>变量 n;
```

在上面的输入语句中,提取符后边可以有多个,每个后面跟一个变量。例如:

```
int a,b;
cin >> a >> b;
```

先要求从键盘上输入两个整型数,两个数间用空格分隔。若键盘输入

```
5  6↙
```

这时变量 a 的值为 5,变量 b 的值为 6。
再执行语句 cout << a <<"+"<< b <<"="<< a+b << endl;
输出结果为:

```
5 + 6 = 11
```

3. 简单的 I/O 格式控制(iomanip.h)

C++中要实现输出数据的格式控制需要使用相关函数来实现,如表 3.4 所示。

表 3.4 常用的 I/O 流类库格式操纵符

操 纵 符	作 用
dec	设置数值数据的基数为 10
hex	设置数值数据的基数为 16
oct	设置数值数据的基数为 8
setfill(c)	设置填充字符 c,c 可以是字符常量或字符变量
setprecision(n)	设置浮点数的有效位数为 n(不包括小数点)
setw(n)	设置数据字段宽度为 n
endl	输出换行符,与转义字符'\n'等价

【例题 3.8】 要求输出浮点数 3.14159,占 6 个字符宽度,小数点后保留 3 位有效数字,空格用“0”填充。

```
#include <iostream.h>            // C++中也可使用命令#include <stdio.h>
#include <math.h>
#include <iomanip.h>             //包含格式控制头文件
#define M 9                      // C/C++中使用预处理命令定义符号常量
const double PI = 3.14159;       // C++中提供了符号常量声明语句
void main()
{  cout<<"M = "<<setfill('0')<<setw(6)<<setprecision(4)<<sqrt(M)<<endl;
   cout<<"PI = "<<setfill('0')<<setw(6)<<setprecision(4)<<PI<<"\n";
   cout<<"\nPI = "<<setfill('0')<<setw(6)<<setprecision(4)<<PI<<endl;
}
```

运行结果:

```
M = 000003
PI = 03.142

PI = 03.142
```

【例题 3.9】 C++中文件包含命令形式二。

```
#include <iostream>
#include <cmath>
#include <iomanip>
using namespace std;
#define M  9
const double PI = 3.14159;
int main()
{  cout<<"M = "<<setfill('0')<<setw(6)<<setprecision(4)<<sqrt(M)<<endl;
   cout<<"PI = "<<setfill('0')<<setw(6)<<setprecision(4)<<PI<<"\n";
   cout<<"\nPI = "<<setfill('0')<<setw(6)<<setprecision(4)<<PI<<endl;
   return 0;
}
```

3.3 编译预处理

编译预处理是C语言编译系统的一个组成部分。所谓编译预处理是指在对源程序进行编译之前，先由预处理程序对源程序中的编译预处理命令进行处理（例如，程序中用#include <stdio.h>命令包含一个文件stdio.h，则在预处理时将文件stdio.h中的实际内容代替该命令），然后再将处理的结果和源程序一起进行编译，生成目标代码。合理地使用预处理命令，可以改进程序的设计环境，提高编程效率。

所有预处理命令在程序中必须以#号开头，每一条预处理命令单独占一行。因为它不是C语言中的语句，不以"；"结束。预处理命令都放在函数之外，而且一般都放在源文件的前面，它们称为预处理部分。

C语言提供的预处理功能主要有三种：

- 文件包含
- 宏定义
- 条件编译

3.3.1 文件包含

文件包含是指一个源文件可以将另一个源文件的全部内容包含进来，即将另外的文件包含到本文件之中。C语言中提供了#include命令来实现文件包含操作。文件包含命令有两种格式：

```
#include <文件名>
```

或

```
#include "文件名"
```

说明：

(1) 被包含的文件一般指定为头文件(*.h)，也可为C程序等文件；文件包含允许嵌套，即在一个被包含的文件中又可以包含另一个文件。

(2) 两种格式的区别：使用尖括号表示直接在系统指定的"包含文件目录"(包含文件目录由用户在设置环境时设置)中去查找被包含文件，而不在源文件目录中去查找，这称为标准方式；使用双引号则表示系统先在当前源文件目录中查找被包含文件，若未找到，再到包含文件目录中去查找。

(3) 一个include指令只能指定一个被包含文件，若要包含n个文件，则要用n个指令。

(4) 一般系统提供的头文件，用尖括号。自定义的文件，用双引号。

(5) 被包含文件与当前文件，在预编译后变成同一个文件，而非两个文件。

3.3.2 宏定义

在C语言源程序中允许用一个标识符来表示一个字符串，称为"宏"。被定义为"宏"的标识符称为"宏名"。在编译预处理时，对程序中所有出现的"宏名"都用宏定义中的字符串去替换，这称为“宏代换”或“宏展开”。

宏定义是由源程序中的宏定义命令完成的。宏展开是由预处理程序自动完成的。

在C语言中，“宏”分为无参数的宏(简称无参宏)和有参数的宏(简称有参宏)两种。

1. 无参宏定义

一般格式为：

```
#define  标识符  字符串
```

在前面介绍过的符号常量的定义就是一种无参宏定义。

例如：

```
#define PI 3.14159
```

说明：

(1) 宏名通常用大写字母表示，以便与变量区别。

(2) 宏用“#define”来定义，宏名和它所代表的字符串之间用空格分隔开。

例如：

```
#define MAX(a,b)   a*b
```

(3) “字符串”可以是常量、表达式、格式串等。例如：

```
#define R 5
#define L 2*PI*R
#define S 3.14159*R*R
```

(4) 在编译预处理时把宏名替换成字符串(也称宏展开)。

下例中，用PI来代替3.14159，在预编译时先由预处理程序进行宏替换，即用3.14159代替所有的宏名PI，然后再进行编译。

【例题3.10】 输入圆的半径，求圆的周长和面积。

```
#include <stdio.h>          //预处理命令必须用#号开头,单独占用一个书写行,尾部无分号";"
#define PI 3.14159
void main( )
{ float r,l,s;              //定义半径r、周长l、面积s
  printf("输入圆的半径: ");
  scanf("%f",&r);
  l = 2.0*PI*r;
  s = PI*r*r;
  printf("l = %8.4f\ns = %8.4f\n",l,s);
}
```

运行结果：

```
输入圆的半径: 4↙
l = 25.1328
s = 50.2655
```

(5) 一个定义过的宏可以出现在其他新定义宏中，但应注意其中括号的使用，因为括号也是宏代替的一部分。

例如：

```
#define WIDTH 50
#define LENGTH (WIDTH + 20)
宏 LENGTH 等价于#define LENGTH (50 + 20)
```

有没有括号意义截然不同，例如

```
area = LENGTH * WIDTH;
```

若宏体中有括号，则宏展开后变成：

```
area = (50 + 20) * 50;
```

若宏体中没有括号，即#define LENGTH 50+20，则宏展开后变成：

```
area = 50 + 20 * 50;
```

显然二者的结果是不一样的。

(6) 在代替的字符串中可以出现数值、运算符、括号和已定义过的宏等。因为宏操作仅仅是替换字符串，不涉及其他数据类型，所以在其后面可以出现数值、运算符、已定义的宏等，宏把它们都作为字符串的一部分。

【例题 3.11】 求圆的周长和面积。

```
#include <stdio.h>
#define PI 3.14159
#define R 3.0
#define L 2 * PI * R          //宏 L 中就包含宏 PI 和 R
#define S PI * R * R          //宏 S 中就包含宏 PI 和 R
void main()
{
  printf("L = %f\nS = %f\n",L,S);
 //宏展开后为: printf("L = %f\nS = %f\n",2 * 3.144159 * 3.0,3.14159 * 3.0 * 3.0);
}
```

注意：程序中用双引号括起来的字符串"L=%f\nS=%f\n"内的字符 L、S，即使与宏名相同，也不进行置换。

运行结果：

```
L = 18.849540
S = 28.274310
```

2. 有参宏定义

C 语言允许宏带有参数。在宏定义中的参数称为形式参数，简称形参。在宏调用中的参数称为实际参数，简称实参。

对带参数的宏，在调用中不仅要宏展开，而且要用实参去替换形参。

定义有参宏的一般格式为：

```
#define 宏名(形参表)  字符串
```

这里的宏名和无参数宏定义一致的，也是一个标识符，形参表中可以有一个或多个参数，多个参数之间用逗号分隔。被替换的字符串称为宏体，含有多个形参。

带参宏调用的一般形式为：

```
宏名(实参表);
```

将程序中出现宏名的地方均用宏体替换，并用实参代替宏体中的形参。

例如：

```
#define MAX(a,b)  ((a)>(b)?(a):(b))   /*宏定义*/
```

其中(a,b)是宏 MAX 的参数表，如果有下面宏调用语句：

```
max = MAX(3,9);              /*宏调用*/
```

则在出现 MAX 处用宏体((a)>(b)？(a)：(b))替换，并用实参 3 和 9 代替形参 a 和 b。这里的 max 是一个变量的名称，用来接收宏 MAX 带过来的数值，宏展开如下：

```
max = (3 > 9?3:9);
```

语句运行的结果为 9。

使用带参的宏定义要注意以下几点。

(1) 在定义有参宏时，宏名与左边括号之间不能出现空格，否则系统将空格以后的所有字符均作为替代字符串，而将该宏视为无参宏。

例如：

```
#define MAX  (a,b)  ((a)>(b)?(a):(b))
```

可以看出，在宏名 MAX 和(a,b)之间存在一个空格，这时将把(a,b) ((a)>(b)？(a)：(b))作为宏名 MAX 的字符串。宏展开时，宏调用语句：

```
max = MAX(x,y);
```

将变为：

```
max = (a,b)(a > b)?a:b(x,y);
```

这样就不会实现原来的功能。正确的书写应该是：

```
#define MAX(a,b)  ((a)>(b)?(a):(b))
```

其中，MAX(a,b)是一个整体。

【例题 3.12】 计算两个整数之和。

```
#include <stdio.h>
#define SUM(a,b) a + b
//定义的宏带参数,并且宏名和右边括号是一体的
//宏的功能是实现两个数的求和
void main()
{
```

```
    int a,b;
    int k;
    printf("输入两个整型数据: ");
    scanf(" % d, % d",&a,&b);
    k = SUM(a,b);
    printf("两个整数之和是: % d\n",k);
}
```

运行结果：

```
输入两个整型数据:
3,5↙
两个整数之和是: 8
```

在这里，因为宏就是简单的替换，是没有数据类型的，所以这个宏即可以实现整数的运算，也适用于浮点数的运算。

(2) 由于运算符优先级的不同，定义带参宏时，宏体中与参数名相同的字符序列，带圆括号与不带圆括号的意义有可能不一样。

例如：

```
#define S(a,b) a * b
area = S(2,5);
```

宏展开后"area=2 * 5;"。如果"area=S(w,w+5);"，宏展开后为"area=w * w+5;"。由于乘法的优先级高于加法的优先级，显然得不到希望的值。

如果将宏定义改为：

```
#define S(a,b)  (a) * (b)
```

无论是"area=S(2,5);"，还是"area=S(w,w+5);"，都将得到希望的值。

由此可以看出宏体中适当加圆括号所起的作用。

【例题 3.13】 计算两个数相乘，体会括号的作用。

```
#include <stdio.h>
#define S(a,b)  a * b
#define S1(a,b) (a) * (b)
//定义两个宏,功能是实现两个整数相乘,一个宏体使用了括号,一个没有.
void main()
{
   int a,b;
   int w;
   printf("输入两个整型数据: \n");
   scanf(" % d, % d",&a,&b);
   w = S(a,b);
   printf("S 得到的结果是: % d\n",w);
   w = S1(a,b);
   printf("S1 得到的结果是 % d\n",w);
   //改变输入的参数形式,第二个参数不是一个数值,而是一个表达式.
   w = S(a,a + b);
   printf("S 得到的结果是 % d\n",w);
```

```
    w = S1(a,a + b);
    printf("S1 得到的结果是 % d\n",w);
}
```

运行结果：

```
输入两个整型数据：
2,3↙
S 得到的结果是 6
S1 得到的结果是 6
S 得到的结果是 7
S1 得到的结果是 10
```

【例题 3.14】 输出数据，体会括号的用途。

```
#include < stdio.h >
#define P1(a,b)   a * b
#define P2(a,b)   (a) * (b)//括号的使用
#define P3(a,b)   (a * b)
#define P4(a,b)   ((a) * (b))
void main()
{
    int x = 2,y = 6;
    //输出运算结果,比较各自的不同
    printf(" % 5d, % 5d\n",P1(x,y),P1(x + y,x - y));
    printf(" % 5d, % 5d\n",P2(x,y),P2(x + y,x - y));
    printf(" % 5d, % 5d\n",P3(x,y),P3(x + y,x - y));
    printf(" % 5d, % 5d\n",P4(x,y),P4(x + y,x - y));
}
```

运行结果：

```
12,     8
12,   - 32
12,     8
12,   - 32
```

3.3.3 条件编译

预处理程序提供了条件编译的功能。可以按不同的条件去编译不同的程序部分，因而产生不同的目标代码文件。这对于程序的移植和调试是很有用的。

常用的条件编译命令有下列三种形式。

1. 形式一

```
#ifdef 标识符
    程序段 1
#else
    程序段 2
#endif
```

它的功能是，如果标识符已被＃define命令定义过，则对程序段1进行编译；否则对程序段2进行编译。如果没有程序段2(它为空)，本格式中的＃else可以没有，即可以写为：

```
#ifdef 标识符
      程序段 1
#endif
```

2. 形式二：

```
#ifndef 标识符
      程序段 1
#else
      程序段 2
#endif
```

与第一种形式的区别是将ifdef改为ifndef。它的功能是，如果标识符未被＃define命令定义过，则对程序段1进行编译，否则对程序段2进行编译。这与第一种形式的功能正相反。

3. 形式三：

```
#if 常量表达式
      程序段 1
#else
      程序段 2
#endif
```

它的功能是，如常量表达式的值为真(非0)，则对程序段1进行编译，否则对程序段2进行编译。因此可以使程序在不同条件下，完成不同的功能。

3.4　本章知识要点和常见错误列表

(1) 结构化程序设计是面向过程程序设计的基本原则。其观点是采用“自顶向下、逐步细化、模块化”的程序设计方法，任何程序设计都由顺序、分支、循环三种基本程序构造而成。

(2) 本章主要介绍了顺序结构程序设计的基本语句(数据定义和赋值语句等)，常用输入/输出库函数，重点掌握printf()、scanf()函数和赋值语句，要理解赋值符“＝”将右边的值赋给左边变量的实质。

(3) C语言提供了3种预处理命令：文件包含、宏定义和条件编译。重点掌握文件包含、宏定义的方法以及预处理的应用。

(4) 在顺序结构程序中，一般包括以下几部分：

- 程序开头的编译预处理命令

在程序中要使用标准函数(又称库函数)，除printf()和scanf()外，其他的都必须使用编译预处理命令，将相应的头文件包含进来。

- 顺序结构程序的函数体中，是完成具体功能的各条语句和运算，主要包括：

① 定义需要的变量或常量

② 输入数据或变量赋初值

③ 完成具体的数据处理

④ 输出结果(尽量放在程序的最后)

(5) “缩进式”是良好的代码书写习惯,应正确反映计算机执行的逻辑关系。

本章知识常见错误如表3.5所示。

表3.5 本章知识常见错误列表

序号	错误类型	错误举例	分析
1	变量使用前没定义	n=a+b	变量必须先定义后使用,否则出现语法错误
2	赋值语句写错	n+1=n	赋值号左边只能是变量,不能是表达式,这一点和数学上的等号是不同的
3	变量没有赋值就使用	int n,a,b; n=a+b;	变量a、b在使用之前一定要有明确的值,否则会出现一个随机数
4	语句结尾少了分号“;”	int n,i n=1	分号“;”在C/C++语句中表示一个语句的结束,在单独的语句中一定要加“;”
5	输出变量的格式描述要与变量类型一致	float a; printf("%d",a);	变量a类型为float,描述有误,输出0
6	输入语句中变量之间的分隔符	scanf("%d%d",&a,&b)	输入数据时空格或回车分隔
7	输入变量没有加地址符号值就使用	scanf(“%d”,num)	变量输入列表里,变量名前有地址符&
8	输入控制字符串错误	scanf("%6.2f",num)	输入语句中不能指定精度
9	运行程序一次正确后误以为程序正确	程序只运行一次得到正确结果就以为完成一个题目了	专门设计一些输入数据(如分支程序要检查每个分支、循环程序要检查循环边界等),要多次运行均能得到正确结果
10	输入文件包含命令时拼写错误	# include < stdio. h > void mian() { }	#后不该有空格,include之后该有空格
11	预处理命令后多了分号“;”	#include < stdio. h >; #include < iostream. h >;	#include包含命令不是语句,后面不该有分号;

实训3 格式输入与输出函数的应用

一、实训目的

(1) 掌握printf函数的用法。

(2) 掌握scanf函数的用法。

(3) 熟悉C/C++程序中输入/输出控制的用法。

二、实训任务

（1）给出程序中 printf()函数的输出结果。

（2）用 scanf()函数输入数据，使 a=3，b=7，x=8.5，y=71.82，c1='A'，c2='a'，在键盘上应如何输入？

（3）用 C++语言实现【例题 3.3】，假设 $b^2-4ac>0$，$a\neq0$。

三、实训步骤

（1）参考源程序代码如下：

```
#include <stdio.h>
void main( )
{ int a = 5,b = 7;
  float x = 6738564,y =- 789.124;
  char c = 'A';
  long n = 1234567;
  unsigned u =  65535;
  printf("%d%d\n",a,b);
  printf("%3d%  3d\n",a,b);
  printf("%  f, %f\n",x,y);
  printf("% -10f, % -10f\n",x,y);
  printf("%8.2f, %8.2f, %.4f, %.4f, %3f\n",x,y,x,y,x,y);
  printf("%e, %10.2e\n",x,y);
  printf("%c, %d, %o, %x\n",c,c,c,c);
  printf("%ld, %lo, %x\n",n,n,n) ;
  printf("%u, %o, %x, %d\n",u,u,u,u);
  printf("%s, %5.3s\n","COMPUTER","COMPUTER");
}
```

运行结果：

```
57
5  7
6738564.000000, -789.124023
6738564.000000, -789.124023
6738564.00,   -789.12, 6738564.0000, -789.1240, 6738564.000000
6.738564e+006, -7.89e+002
A, 65, 101, 41
1234567,4553207, 12d687
65535, 177777, ffff,65535
COMPUTER,   COM
```

（2）

参考源程序代码如下：

```
#include <stdio.h>
void main()
{ int a,b;
  float x,y;
```

```
  char c1,c2;
  scanf("a = %db = %d",&a,&b);
  scanf(" %f %e",&x,&y);
  scanf(" %c %c",&c1,&c2);  //第一个 % 前为空格
  printf("a = %d,b = %d, x = %f,y = %e,c1 = %c,c2 = %c ",a,b,x,y,c1,c2);
}
```

运行结果：

```
a = 3b = 7↙
8.5 71.82↙
Aa↙
a = 3,b = 7, x = 8.500000,y = 7.182000e + 001,c1 = A,c2 = a
```

思考：上例中第 3 个 scanf()函数双引号中第一个字符为空格。请上机验证：若没有这个空格字符，输出结果会怎样？为什么？

（3）参考 C++源程序代码如下：

```
#include <iostream>
#include <cmath>
#include <iomanip>        // 包含格式控制头文件 iomanip.h
using name space std
void main()
{
 float a,b,c,disc,x1,x2,p,q;
 cout <<"a = " ;cin >> a;
 cout <<"b = " ;cin >> b;
 cout <<"c = " ;cin >> c;
 //cout <<"请输入系数 a、b、c" ;
 //cin >> a >> b >> c;          //以空格、Tab 键或回车间隔输入
 disc = b * b - 4 * a * c;
 p =- b/(2 * a);
 q = sqrt(disc)/(2 * a);
 x1 = p + q; x2 = p - q;
 cout << fixed;
 cout <<"\nx1 = "<< setfill('0')<< setw(8)<< setprecision(3)<< x1;
 cout <<"\nx2 = "<< setfill('0')<< setw(8)<< setprecision(3)<< x2 << endl;
}
```

运行结果：

```
a = 1↙
b = 5↙
c = 3↙

x1 = 00 - 0.697
x2 = 00 - 4.303
```

习题 3

一、选择题

1. 以下不符合 C 语言语法的赋值语句是(　　)。

A. a=1,b=2
B. ++j;
C. a=b=5;
D. y=(a=3,6*5);

2. 结构化程序设计的三种基本结构是(　　)。
A. 输入、处理、输出
B. 树形、网形、环形
C. 顺序、选择、循环
D. 主程序、子程序、函数

3. 语句 printf("a\bre\'hi\'y\\\bou\n");的输出结果是(　　)。说明：'\b'是退格符
A. a\bre\'hi\'y\\\bou
B. a\bre\'hi\'y\bou
C. re'hi'you
D. abre'hi'y\bou

4. 若 int k, g;均为整型变量,则下列语句的输出为(　　)。

```
k = 017;  g = 111;  printf(" % d\t", ++k);  printf(" % x\n", g++);
```

A. 15　6f　B. 16　70　C. 15　71　D. 16　6f

5. 若 a 是 float 型变量,b 是 unsigned 型变量,以下输入语句中合法的是(　　)。
A. scanf("%6.2f%d",&a,&b);
B. scanf("%f%n",&a,&b);
C. scanf("%f%3o",&a,&b);
D. scanf("%f%f",&a,&b);

6. 在宏定义#define A 3.897678 中,宏名 A 代替一个(　　)。
A. 单精度数　B. 双精度数　C. 常量　D. 字符串

7. 以下叙述中正确的是(　　)。
A. 预处理命令行必须位于源文件的开头
B. 在源文件的一行上可以有多条预处理命令
C. 宏名必须用大写字母表示
D. 宏替换不占用程序的运行时间

8. C 语言的编译系统对宏命令的处理是(　　)。
A. 在程序运行时进行的
B. 在程序连接时进行的
C. 和 C 程序中的其他语句同时进行的
D. 在对源程序中其他语句正式编译之前进行的

9. 在文件包含命令中,被包含文件名用“<>”括起时,寻找被包含文件的方式是(　　)。
A. 直接按系统设定的标准方式搜索目录
B. 先在源程序所在目录搜索,再按系统设定的标准方式搜索
C. 仅仅在源程序所在目录搜索
D. 仅仅搜索当前目录

10. 以下说法中正确的是(　　)。
A. #define 和 printf 都是 C 语句
B. #define 是 C 语句,而 printf 不是
C. printf 是 C 语句,但#define 不是
D. #define 和 printf 都不是 C 语句

11. 阅读下面程序:

```
#include <stdio.h>
#define A 3.897678
void main( )
```

```
{
 printf("A = %f",A);
}
```

程序运行结果为(　　)。

A. 3.897678=3.897678　　B. 3.897678=A

C. A=3.897678　　D. 无结果

12. 有宏定义：

```
#define  LI(a,b)   a*b
#define  LJ(a,b)   (a)*(b)
```

在后面的程序中有宏引用：

```
x = LI(3 + 2,5 + 8);
y = LJ(3 + 2,5 + 8);
```

则 x、y 的值是(　　)。

A. x=65,y=65　　B. x=21,y=65

C. x=65,y=21　　D. x=21,y=21

13. 有以下程序：

```
#define f(x) (x*x)
void main()
{
 int i1, i2;
 i1 = f(8)/f(4);
 i2 = f(4 + 4)/f(2 + 2);
 printf("%d, %d\n",i1,i2);
}
```

程序运行后的输出结果是(　　)。

A. 64, 28　　B. 4, 4　　C. 4, 3　　D. 64, 64

14. 以下程序的输出结果是(　　)。

```
#define M(x,y,z)   x*y+z
void main()
{ int a = 1,b = 2, c = 3;
 printf("%d\n", M(a + b,b + c, c + a));
}
```

A. 19　　B. 17　　C. 15　　D. 12

15. 有以下程序：

```
#define N 5
#define M1 N*3
#define M2 N*2
void main()
{ int i;
 i = M1 + M2; printf("%d\n",i);
```

```
}
```

程序运行后输出结果是(　　)。

A. 10　　B. 20　　C. 25　　D. 30

16. 以下有关宏的不正确叙述是(　　)。

A. 宏名无类型　　B. 宏替换只是字符替换

C. 宏名必须用大写字母表示　　D. 宏替换不占用时间运行

17. 以下正确的叙述是(　　)。

A. 在程序的一行中可以出现多个有效的预处理命令行

B. 使用带参宏时,参数的类型应与宏定义时的一致

C. 宏替换不占用运行时间,只占编译时间

D. 宏定义不能出现在函数内部

18. 下列程序运行结果为(　　)。

```
#define P  3
#define S(a)  P*a*a
void main()
{int ar;
   ar = S(3 + 5);
   printf("\n%d",ar);
 }
```

A. 192　　B. 29　　C. 27　　D. 25

19. C 语言中,宏定义有效范围从定义处开始,到源文件结束处结束,但可以用(　　)来提前解除宏定义的作用。

A. #ifndef　　B. endif　　C. #undefine　　D. #undef

20. 以下叙述中正确的是(　　)。

A. 在程序的一行上可以出现多个有效的预处理命令行

B. 使用带参的宏时,参数的类型应与宏定义时的一致

C. 宏替换不占用运行时间,只占编译时间

D. 在定义中 CR 是称为"宏名"的标识符,如#define CR 045

21. 以下叙述中不正确的是(　　)。

A. 预处理命令行都必须以#号开头

B. 在程序中凡是以#号开始的语句行都是预处理命令行

C. C 程序在执行过程中对预处理命令行进行处理

D. 以下是正确的宏定义　#define IBM_PC

二、填空题

1. 语句:x++; ++x; x=x+1; x=1+x;

执行后都使变量 x 中的值增 1,请写出一条同一功能的赋值语句________。

2. 写出语句 b=a=6,a*3;执行后整型变量 b 的值是________。

3. 写出语句 b=(a=6,a*3);执行后整型变量 b 的值是________。

4. getchar( )函数只能接收一个________。

5. 已知 i=5,写出语句 a=(i>5)? 0:1.6;执行后整型变量 a 的值是________。

6. C 语言的三种基本结构是________结构、选择结构、循环结构。

7. C 语言提供的预处理功能主要有________、________、________三种。

8. C 语言规定预处理命令必须以________开头。

9. 在预编译时将宏名替换成________的过程称为宏展开。

10. 预处理命令不是 C 语句,不必在行末加________。

11. 以头文件 stdio.h 为例,文件包含的两种格式为________、________。

12. 定义宏的关键字是________。

13. 若在程序中用到 strlen( )函数时,应在程序开头写上包含命令#include "________"。

14. 设有宏定义:#define MYSWAP(z,x,y) {z=x;x=y;y=z;}

以下程序段通过宏调用实现变量 a、b 内容交换,请填空。

```
float a = 5,b = 16,c;  MYSWAP(________,a,b);
```

15. 下面程序的输出结果是________。

```
#define  CIR(r)  r*r
void main()
{ int a = 1, b = 2, t;
 t = CIR(a + b);
 printf(" %d\n",t);
}
```

三、判断题

1. C 语言本身不提供输入输出语句,输入和输出操作是由函数来实现的。 ( )

2. 语句 scanf("%7.2f",&a);是一个合法的 scanf 函数。 ( )

3. 若 int i =3;,则 printf("%d",-i++);输出的值为-4。 ( )

4. 语句 printf("%f%%",1.0/3);输出为 0.333333。 ( )

5. 若有以下变量定义和语句:

```
int a;
char c;
float f;
scanf(" %d, %c, %f",&a,&c,&f);
```

若通过键盘输入 10,A,12.5,则 a=10,c='A',f=12.5。 ( )

6. 若有宏定义:#define S(a,b,t) t=a;a=b;b=t,由于变量 t 没定义,则此宏定义是错误的。 ( )

7. 一个 include 命令可以指定多个被包含的文件。 ( )

四、阅读程序题

1. 以下程序输出结果是( )。

```
#include<stdio.h>
```

```
#define  MAX(x,y)  (x)>(y)?(x):(y)
void main()
{ int I,z,k;
 z = 15;
 i = z - 5;
 k = 10 * (MAX(i,z));
 printf(" %d\n"",k);
}
```

2. 以下程序输出结果是(　　)。

```
#include<stdio.h>
#define ADD(y)  3.54 + y
#define PR(a) printf(" %d",(int)(a))
#define PR1(a) PR(a); putchar('\n')
void main()
{
 int i = 4;
 PR1(ADD(5) * i);
}
```

3. 下列程序的输出结果是(　　)。

```
#define N 10
#define s(x)  x * x
#define f(x)  (x * x)
void main()
{
 int i1,i2;
 i1 = 1000/s(N);
 i2 = 1000/f(N);
 printf(" %d, %d\n",i1,i2);
}
```

五、程序设计题

1. 输入矩形的长和宽,求其周长和面积。

要求：矩形的长、宽、周长和面积均为 float 型或 double 型数据。

2. 已知将华氏温度 F 转换为摄氏温度 C 的公式为：C=5÷9×(F－32),请编写程序,将输入的华氏温度转换为摄氏温度,温度保留 1 位小数。

3. 输入圆的半径,求其周长和面积。

要求：用 C++语言实现。

第4章 选择结构程序设计

在上一章计算三角形面积和求解二元一次方程根时，如果三条边不能构成三角形，方程的求根公式值小于0，就不能正常计算了，所以计算前需要判断。选择结构体现了程序的判断能力。在执行程序过程中，根据给定的条件是否满足来确定是否执行若干个操作之一，或者确定若干个操作中选择哪个操作执行，这种程序结构称为选择结构，又称为分支结构。选择结构有三种，即单分支、双分支和多分支结构。本章主要介绍实现选择结构的三种控制语句(if语句、switch语句和break语句)及其程序设计方法。

本章学习目标与要求

- 熟练掌握if语句三种形式的结构、特点及用法
- 掌握switch语句的结构、特点及用法
- 理解break语句在switch语句中的作用
- 掌握选择结构程序设计的基本方法，能熟练设计选择结构程序

4.1 单分支选择结构

if语句是根据给定的条件是否满足来确定是否执行给出的若干个操作之一。在C语言中，if语句有三种形式：if、if…else和if…else if。

单分支if语句格式如下：

```
if (表达式) 语句
```

功能：先计算表达式的值，若条件表达式的值为真(非0)，则执行语句，否则不执行语句。

说明：

(1) 表达式可为任何类型，常用的是关系表达式或逻辑表达式，且条件表达式必须用圆括号括起来。

(2) 在if语句的三种形式中，语法上所有的语句只能是一条语句，可以是表达式语句、空语句，也可以内嵌简单的if语句。若想在满足条件时执行一组语句，则必须把这一组语句用{}括起来组成一条复合语句，详见【例题4.1】。

其执行过程如图 4.1 所示。

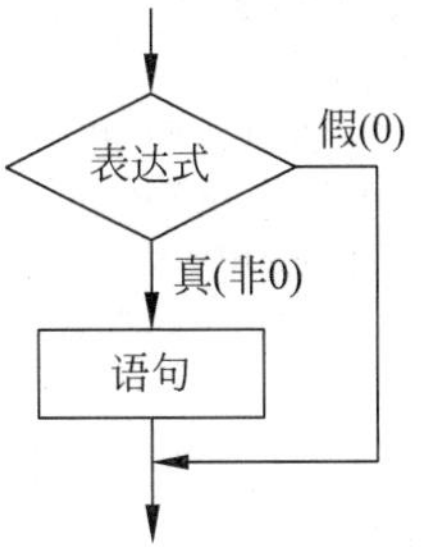

图 4.1　单分支选择结构

【例题 4.1】　将两个整数 a 和 b 中的大数存入 a 中，小数存入 b 中。

分析：首先将 a、b 进行比较，如果 a 已经为大数则无须变动，否则将两个数交换，即将 a 存入 b 中，将 b 存入 a 中。

```
#include <stdio.h>
void main( )
{
 int a,b,temp;
 printf("\n input two numbers:");
 scanf("%d%d",&a,&b);                  // scanf("a=%db=%d",&a,&b);
 if (a<b)                              //若 a<b,交换 a、b
     {                                 //复合语句由 3 条语句组成
      temp=a;
      a=b;
      b=temp;
     }                                 //注意在复合语句}之后不能再加分号
  printf("a=%d,b=%d\n",a,b);
}
```

思考：上例中 if 语句改为“if (a< b) temp=a，　a=b，　b=temp;”或“if (a< b) temp=a；　a=b；　b=temp;”可否？

4.2　双分支选择结构

4.2.1　if…else 语句

其一般格式如下：

```
if (表达式) 语句 1   else 语句 2
```

或

```
if (表达式)
   语句 1
else
   语句 2
```

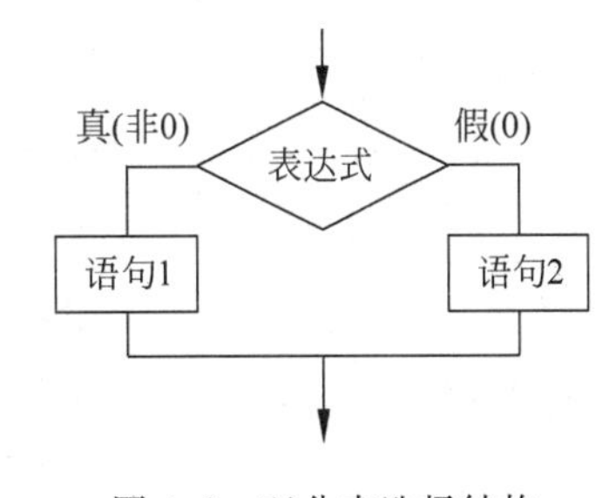

图 4.2　双分支选择结构

功能：计算表达式的值，如果为真(非 0)，则执行语句 1，否则执行语句 2，其执行过程如图 4.2 所示。

说明：

(1) if 和 else 之后都只能有一条语句，多条语句时一定要用复合语句。

(2) 表达式可以是任何类型，常用的是关系表达式或逻辑表达式。

(3) else 是 if 的子句，与 if 配对，不能单独出现。

【例题 4.2】 输入一个字符,判断是否是英文字母。

```
#include <stdio.h>
void main()
{char ch;
 scanf("%ch",&ch);
 if (ch>='a' && c<='z'||ch>='A'&& ch<='Z')
        printf("YES!\n");
 else
        printf("NO!\n");
}
```

运行结果:

```
a↙
YES
```

【例题 4.3】 键盘输入三角形的三边长,计算并输出三角形面积(保留 3 位小数)。要求用 C++语言实现。

```
#include <iostream>                          //C++中包含头文件 iostream.h
#include <cmath>
#include <iomainip>                          //C++中包含格式控制头文件 iomanip.h
using namespace std;
main( )
{ double a,b,c ,area;
 cout <<"please input a,b,c:";
 cin >> a >> b >> c;
 if (a + b > c && b + c > a && a + c > b)     //判断是否构成三角形
    {
        double s;
        s = 1.0/2 * (a + b + c);
        area = sqrt(s * (s - a) * (s - b) * (s - c));
        cout <<"area = "<< setw(5)<< fixed << setprecision(3)<< area << endl;
    }
 else
        cout <<"it is no a trilateral!"<< endl;
 return 0;
}
```

运行结果:

```
please input a,b,c:3.1 4.1 5.0↙
area = 6.345
```

4.2.2 条件运算符和条件表达式

条件运算符“?:”是 C 语言中唯一的三目运算符,即有三个操作数,它可以用于条件表达式中,以简化程序代码,实现双分支 if…else 语句的功能。

条件表达式形式如下:

```
(表达式 1) ? (表达式 2) : (表达式 3)
```

功能：先求解表达式 1，若为真(非 0)，则求解表达式 2，并把它作为整个条件表达式的值，否则，计算求解表达式 3，并把它作为整个条件表达式的值。

例如，求一个数的绝对值，可用语句“y=(x>0)?x:-x;”实现。该条件表达式语句相当于双分支 if…else 语句，其等价代码如下：

```
if(x>0)
      { y=x; }                       //单条语句时可去掉{ }
else
      y=-x;
```

说明：

(1) 条件运算符的优先级低于关系运算符和算术运算符，但高于赋值运算符。

因此 y=(x>0)?x:-x 可以去掉括号而写为 y=x>0?x:-x

(2) 条件运算符的结合方向是自右至左。

例如，a>b?a:c>d?c:d 等价于 a>b?a:(c>d? c:d)

这也就是条件表达式嵌套的情形，即其中的表达式 3 又是一个条件表达式。

(3) 三个表达式的类型没有限制，可以互不相同，此时条件表达式的值取两者中较高的类型。如 x>y?2:5.5，若 x≤y，则条件表达式的值为 5.5，否则值为 2.0 而不是 2。

【例 4.4】 输入一个字符，如果它是小写字母，则把它转换成大写字母输出，否则直接输出。

```
//源程序代码如下:
#include <stdio.h>
void main()
{char ch;
 printf("Input a character:);
 ch = getchar();
 ch = (ch >= 'a'&& ch <= 'z') ?(ch - 32):ch;   // ch = (ch >= 97 && ch <= 122) ?(ch - 32):ch;
 printf (" % c\n" , ch);
}
```

运行结果：

```
a↙
A
```

思考：语句“ch=getchar();”和“scanf("%ch",&ch);”有何区别？

4.3 多分支选择结构

程序流程多于两个分支称为多分支，多分支选择结构可使用 if…else if 语句或 switch 语句实现。

4.3.1 if…else if 语句

其一般格式如下：

```
if (表达式 1)        语句 1
else if (表达式 2)   语句 2
else if (表达式 3)   语句 3
…
else                 语句 n
```

功能：依次判断表达式的值，当出现某个值为真(非0)时，则执行其对应的语句，然后跳到整个if语句之外继续执行后续程序，如果所有的表达式均为假，则执行语句n。

【例题4.5】 求如下所示分段函数的y值。

$$y=\begin{cases}-1 & x<0 \\ 0 & 0\leqslant x\leqslant 10 \\ 1 & x>10\end{cases}$$

分析：y的值存在3种可能，若x<0，则y=-1；否则，若x>=0且x<=10，则y=0；否则，y=1。

```
#include <stdio.h>
void main()
{ int x,y;
 scanf("%d",&x);
 if(x<0)
     y=-1;
 else if(x<=10)
     y=0;
 else
     y=1;
 printf("x=%d,y=%d\n",x,y);
}
```

程序运行(3次)结果：

```
-2↙
x=-2,y=-1
11↙
x=11,y=1
0↙
x=0,y=0
```

说明：在3种形式if语句中，if关键字之后均为条件表达式。该表达式通常是逻辑表达式或关系表达式，但也可以是其他表达式，如赋值表达式等，甚至也可以是一个变量或常量。

例如：

```
int a=0,b,c;
if(a=0)      printf("a 等于 0");
if(b==0)     printf("a 等于 0");
if(c)        printf("c 非 0");
```

都是允许的。只要条件表达式的值为0，即为假；非0，即为真。

第一条if语句的语义是：把0赋予a，表达式的值永远为0，所以其后的语句不可能执行，这种情况在编程调试中经常出现，但在语法上是合法的。第二条 if 语句的语义是：测试 b 是否为 0，而不要误用赋值运算符=。

【例题 4.6】 输入一学生的百分制成绩，根据成绩划分五个等级：90 分以上为 A，80～89 为 B，70～79 为 C，60～69 为 D，60 分以下为 E。

```
#include <stdio.h>
void main( )
{
 int score;
 printf("Input a score(0～100):");
 scanf("%d",&score);
 if(score>=90)
        printf("grade= A\n");
 else if (score>=80)                //else if (score>=80 && score<90)
        printf("grade= B \n");
 else if (score>=70)                //else if (score>=70 && score<80)
        printf("grade= C \n");
 else if (score>=60)                //else if (score>=60 && score<70)
        printf("grade= D \n");
 else
        printf("grade= E \n");
}
```

运行结果：

```
Input a score(0～100):80↙
grade= B
```

思考：上例中条件(score>=80)和(score>=70)互换后，键盘输入 80，程序运行结果如何？如何解决？

4.3.2　switch 语句

在 if 语句的第三种形式中，采用 if…else if 形式可以实现多分支，但是它的的执行过程是自顶向下，执行效率较低，而且在分支较多时，很容易混淆各个分支条件，而 switch 语句则是处理多分支的有效途径。

其一般格式为：

```
switch(表达式)
{
  case 常量表达式 1: 语句序列 1   [break;]
  case 常量表达式 2: 语句序列 2   [break;]
     ……
  case 常量表达式 n: 语句序列 n   [break;]
  [default :          语句序列 n+1]
}
```

switch 语句的执行过程是：

当表达式的值与某个 case 后面的常量表达式的值相等时，执行此 case 分支中的语句序列，如果此语句后有 break 语句，则跳出 switch 语句；如果没有 break 语句，则继续执行下一个 case 分支中的语句序列。若所有的 case 中的常量表达式的值都不能与表达式中的值相匹配，则执行 default 分支中的语句。

说明：

(1) ANSI 标准允许 switch 后的表达式和 case 后的常量表达式可以为整型、字符型和枚举型，但新的 ANSI 标准表达式可以为任何类型。

(2) 各 case 后的常量表达式值必须互不相同。

(3) 各 case 和 default 子句的先后顺序可以变动，而不会影响程序执行结果。

(4) 在 case 后，允许有多个语句，可以不用{}括起来。

(5) default 子句可以省略。

(6) switch 语句可以嵌套。

【例题 4.7】 采用 switch 语句编程实现【例题 4.6】的功能。

```
#include <stdio.h>
void main( )
{ int score,grade;
  printf("Input a score(0～100):");
  scanf(" %d",&score);
  grade = score/10;                        //将成绩整除 10,转化成 switch 语句中的 case 标号
  switch(grade)
   {
    case 10:
    case 9: printf("grade = A\n"); break;   // 2 个 case 分支共用同一操作
    case 8: printf("grade = B\n"); break;
    case 7: printf("grade = C\n"); break;
    case 6: printf("grade = D\n"); break;
    case 5:
    case 4:
    case 3:
    case 2:
    case 1:
    case 0:printf("grade = E\n"); break;    // 6 个分支共用同一操作
    default:printf("Input error!\n");
   }
}
```

4.4 选择结构的嵌套

当一个 if 语句的语句块中内嵌一个或多个 if 语句时，称为 if 语句的嵌套。同样，switch 语句与 if 语句也可相互嵌套。

其一般格式为：

```
if (表达式 )
      if (表达式)   语句 1  }
      else          语句 2  }  内嵌 if…else、if 语句或 switch 语句
```

```
else
      if (表达式)   语句 1  }
      else          语句 2  }  内嵌 if…else、if 语句或 switch 语句
```

在嵌套内的 if 语句可能又是 if…else 型的，将会出现多个 if 和多个 else 重叠的情况，这时要特别注意 if 和 else 的配对问题。为了避免这种二义性，C 语言规定，else 总是与同一层最近的且尚未配对的 if 配对。

【例题 4.8】 采用 if 语句的嵌套结构实现【例题 4.5】的功能。

```
#include <stdio.h>
void main()
{int x,y;
 scanf("%d",&x);
 if(x<0)
      y=-1;
 else                                      //这个 else 子句是与上面的 if (x<0)配对
      if(x<=10)
            y=0;
      else                                 //这个 else 子句是与最近的 if(x<=10)配对
            y=1;
 printf("\nx=%d,y=%d\n",x,y);
}
```

上例是在 if…else 语句的 else 分支内嵌一个双分支 if…else 语句的情形；也可在另一个分支中嵌套，代码如下：

```
#include <stdio.h>
void main()
{int x,y;
 scanf("%d",&x);
 if(x>=0)
      if(x>10)   y=1;
      else       y=0;                      //与上面的 if(x>10)配对
  else                                     //与最近的未被匹配的 if(x>=0)配对
      y=-1;
 printf("\nx=%d,y=%d\n",x,y);
}
```

注意：

(1) C 语言不限制嵌套层数。在嵌套结构中，如果在书写程序时不熟练，嵌入的 if 语句最好放在一对大花括号{}中以复合语句的形式出现，这样在逻辑上更清晰，避免出现 else 对应错误。需要时，还可通过使用{}来改变 else 子句的配对规则。比如，

```
#include <stdio.h>
void main()
{int x,y;
 scanf("%d",&x);
 if(x>=0)
     {
       if(x>10)   y=1;                     //if 单分支
```

```
        if(x<=10)  y=0;                    //if 单分支
      }
    else                                   //与同层最近的未被匹配的 if(x>=0)配对
       y=-1;
  printf("\nx=%d,y=%d\n",x,y);
 }
```

显然，上例变为 if…else 语句内嵌两个单分支 if 语句情形。如果去掉程序中的{}，if 语句的逻辑结构发生变化，虽无编译错误，但运行结果会有问题。

(2) 采用 if 语句的嵌套结构实质上是为了进行多分支选择，这种问题尽量用 if…else if 或 switch 语句来完成，以使程序更易于阅读理解。

4.5 本章知识要点和常见错误列表

(1) 本章主要介绍了选择结构程序设计的基本方法。选择结构在编程中很常见，主要进行不同情况的不同处理，要掌握 if…else 语句的基本用法：如果条件满足，就执行 if 后的语句，否则执行 else 后的语句。

(2) 各种类型的常量、变量和表达式均可当成逻辑值：非 0 为真，0 为假。

(3) 选择结构中用到的条件可以是任意表达式、变量或常量，其值为非 0，即条件满足；为 0，条件就不满足。逻辑运算和关系运算的结果只有两个值：1 代表真，0 代表假。

(4) 选择结构的嵌套经常会用到，它的结构只能是内外嵌套，用 if(…){if(…){…}else{…}}else{…}。多层次嵌套时的配对规则是：从内层开始，else 总是与它上面最近的未曾配对的 if 配对(就近原则)。

(5) 多层次嵌套时，宜采用 if…else if 语句形式，即嵌套在 else 中，不易出错。

(6) 多分支结构 switch 是对多个条件的一种简化模式，称为开关语句，在使用时要注意 break 和 default 的用法。同时也要注意，switch 语句中的 case 只是匹配一个确定的整型或字符型变量，不能判断一个条件范围，case 后是一组语句，不需要复合成一条语句。

(7) "缩进式"是良好的代码书写习惯，应正确反映计算机执行的逻辑关系。

本章知识常见错误列表如表 4.1 所示。

表 4.1 本章知识常见错误列表

序号	错误类型	错误举例	分析

1	if 语句少了大花括号"{}"	if (x>y)
		{ x++;
		 y=4;
		}
		if(x>y)
		 x++;
		 y=4;
			这两个语句在编译时都能通过，但是由于前一条语句有"{}"，所以 y=4 在 if 的分支之内，而后一条语句 y=4 则在 if 语句之外，表面缩进不改变计算机的运行逻辑，编程时缩进应表示真实的语法关系。当满足条件后要执行多条语句时，一定要用"{}"将多条语句合成一条复合语句。

2	if 语句的条件要用大括号"()"括起来	if x>0 a++;	if (x>0) a++;

续表

序号	错 误 类 型	错 误 举 例	分　　析

3	if…else…格式写错	if(x>=0)
		　y=y+1;z=z-1;
		else
		…
			按语法要求,if 和 else 之后都只能有一条语句,多条时一定要用复合语句,此处缺了"{}",z=z-1;语句搁在 if…else 中间,else 没有配对的 if,编译时出现错误提示 illegal else without matching if。

		if(x>=0) … else(x<0)	else 的意思是"否则",就是 if 后条件的否定,不需要再写条件。
4	简单 if 语句用错	if(score>=60.0)printf("及格");printf("不及格");	简单 if 语句,每句都要写自己的条件,不像 else 之后可以不写条件。 左侧不管 score 是多少,都会输出"不及格",不合理。

5	在不该加分号的位置加了分号	情况 1:
		if(a>b)　;
		printf("a 比 b 大");
		情况 2:
		if(x>=0);
		　…
		else
		　…
			";"是一条语句的结束符不能加在语句中间,否则如情况 2 的分号";"割断了完整的语句,会出错。
			";"是一条空语句,有时加错可能不给任何错误提示,而是按计算机"认为"的逻辑来执行,如:
			情况 1,如果满足 a>b,执行空语句";",然后不管 a、b 大小如何,都输出"a 比 b 大",计算机的运行实质是将 printf 和 if 看成并列的两条语句。相当于 if 没有起到作用就结束了,这种错误不容易被发现。

6	if 语句条件不正确	if(score=100) n++;
		本意是统计得 100 分的同学的个数
		if(score>60)
		printf("及格");
		else
		printf("不及格");
			错用赋值运算符"="代替了相等比较运算符"==",编译系统不会"错想",它是忠实地将 100 先赋给 score,然后判断它不是 0,就执行其后的 n++,不管原来的 score 是多少,都被冲掉了,并使 n 值加了 1,这是学习者常犯的错误。
			条件应该写成 if(score>=60),否则 60 分的同学就被统计成不及格的了。

7	运行程序一次正确后误以为程序正确	程序只运行一次得到正确结果就以为完成一个题目了	专门设计一些输入数据(如分支程序要检查每个分支、循环程序要检查循环边界等),多次运行均能得到正确结果。

实训 4　单分支和双分支结构程序设计

一、实训目的

(1) 掌握单分支和双分支选择结构。

(2) 掌握条件运算符“?:”和条件表达式的用法。

二、实训任务

从键盘输入三个整数a、b、c,输出最大值,分别用if语句和条件运算符来实现。

三、实训步骤

分析:从键盘输入三个整数a、b、c。先把a赋予变量max(作为擂主),再用if语句判别max和b的大小,如max小于b,则把b赋予max;再用if语句判别max和c的大小,如max小于c,则把c赋予max。因此,max中总是最大值,最后输出max的值。

参考源程序a代码如下:

```
#include <stdio.h>
void main()
{
 int a,b,c,max;
 printf("\n input three numbers:");
 scanf(" %d, %d, %d ",&a,&b,&c);
 max = a;
 if (max < b)   max = b;
 if (max < c)   max = c;
 printf("max = %d\n",max);
}
```

参考源程序b代码如下:

```
#include <stdio.h>
void main()
{
 int a,b,c,max;
 printf("\n input three numbers:");
 scanf(" %d, %d, %d ",&a,&b,&c);
 max = a < b?b:a;
 max = max < c?c:max;
 printf("max = %d\n",max);
}
```

运行结果:

```
input three numbers:3,4,5 ↙
max = 5
```

实训5　多分支选择结构程序设计

一、实训目的

(1) 掌握多分支选择结构。
(2) 熟悉长整型数据的定义形式。

(3) 掌握switch语句和break语句用法。

二、实训任务

(1) 企业发放的奖金根据利润提成。利润(p)低于或等于10万元时,奖金可提10%;利润高于10万元,低于20万元时,低于10万元的部分按10%提成,高于10万元的部分可提成7.5%;20万元到40万元之间时,高于20万元的部分可提成5%;40万元到60万元之间时,高于40万元的部分可提成3%;60万元到100万元之间时,高于60万元的部分可提成1.5%;高于100万元时,超过100万元的部分按1%提成,从键盘输入当月利润p,求应发放奖金总数。

(2) 键盘输入年号和月份,输出这一年该月的天数(要判断年份是否闰年)。

(3) 编程实现某公司职工的工资发放系统。

具体情况如下:

- 实发工资=基本工资+奖金;
- 基本工资:根据工资基数和工龄确定基本工资,具体情况如下:

公司新入职工工资基数为800元,公司根据工龄调整基本工资幅度,工龄满20年基本工资为1800,否则每满3年调整一级,每上调一级,基本工资上调100元,计算公式为:

$$\text{基本工资}=\begin{cases}1800 & \text{工龄}\geqslant 20\\ \text{工资基数}+(\text{工龄}\div 3)\times 100 & \text{工龄}<20\end{cases}$$

奖金:根据职工级别(分A、B、C、D、E五级)发放奖金,各级别的奖金系数k分别为0.45、0.35、0.25、0.15和0,计算公式为:

奖金=基本工资×奖金系数k。

三、实训步骤

(1) 从键盘接收利润值p,将奖金分段列出计算式;再利用多分支选择结构计算奖金数。

参考源程序如下:

```
#include <stdio.h>
void main()
{long p;
 long bonus,bonus1,bonus2,bonus4,bonus6,bonus10;
 scanf("%ld",&p);
 bonus1 = 100000 * 0.1;
 bonus2 = bonus1 + 100000 * 0.075;
 bonus4 = bonus2 + 200000 * 0.05;
 bonus6 = bonus4 + 200000 * 0.03;
 bonus10 = bonus6 + 400000 * 0.015;
 if (p<=100000)
      bonus = p * 0.1;
   else if(p<=200000)
          bonus = bonus1 + (p - 100000) * 0.075;
       else if(p<=400000)
              bonus = bonus2 + (p - 200000) * 0.05;
```

```
            else if(p<=600000)
                    bonus=bonus4+(p-400000)*0.03;
                else if(p<=1000000)
                        bonus=bonus6+(p-600000)*0.015;
                    else
                        bonus=bonus10+(p-1000000)*0.01;
 printf("bonus=%ld",bonus);
}
```

运行结果：

```
100000↙
bonus=10000
```

思考：利用 switch 语句如何实现？

(2) 先从键盘输入年号 year、月份 month，利用 if…else 语句嵌套判断是否为闰年，并利用 switch 语句判断并输出该月天数。

参考源程序如下：

```
#include<stdio.h>
void main()
{int year, month;
 printf("请输入年/月:\n");
 scanf("%d/%d",&year,&month);
 switch(month)
    {    case 4:
         case 6:
         case 9:
         case 11:
              printf("该月天数为30.\n");
              break;
         case 1:
         case 3:
         case 5:
         case 7:
         case 8:
         case 10:
         case 12:
              printf("该月天数为31.\n");
              break;
         case 2:
              if (year%4==0&&year%100!=0||year%400==0)
                  printf("该月天数为29.\n");
              else
                  printf("该月天数为28.\n");
              break;
         default:
              printf("错误输入!\n");
    }
}
```

运行结果：

```
请输入年/月：
2000/ 2↙
该月天数为 29。、
```

(3) 分析：从键盘输入职工的工龄(workage)和级别(grade)。先利用 if…else 语句，根据工龄计算基本工资(salary)。然后，利用多分支选择结构计算奖金数(bonus)。最后，计算实发工资并输出职工的基本工资、奖金和实发工资。

参考源程序如下：

```
#include<stdio.h>
void main()
{
 float salary;                              //基本工资
 int workage;                               //工作工龄
 char grade;                                //级别
 float bonus;                               //奖金
 printf("请输入职工的工龄：");
 scanf("%d",&workage);
 fflush(stdin);                             //清空输入缓冲区,stdin为输入流
 printf("请输入职工的级别：");
 scanf("%c",&grade);
 //以下代码根据工龄,计算基本工资。
 if (workage>=20)
    {
        salary = 1800.0;
    }
 else
    {  //复合语句仅包含一条语句时才可以去掉{ }
        salary = 800.0 + (workage/3 ) * 100.0;
    }
//以下代码根据不同等级,计算奖金。
 switch(grade)
 {
    case 'A':  bonus = salary * 0.45; break;
    case 'B':  bonus = salary * 0.35; break;
    case 'C':  bonus = salary * 0.25; break;
    case 'D':  bonus = salary * 0.15; break;
    default:   bonus = 0;
 }
 printf("该职工的基本工资为：%.2f\n", salary );
 printf("该职工的奖金为：%.2f\n", bonus );
 printf("该职工的实发工资为：%.2f\n", salary+ bonus );
}
```

对于左侧 if…else 语句，还可使用条件运算符来实现，代码如下：

```
salary=(workage>=20)?1800.0:800.0 + workage/3 )*100.0;
```

对于左侧switch语句，还可用if…elseif语句来实现，代码如下：

```
If(grade=='A')        bonus= salary*0.45;
elseif (grade=='B')   bonus= salary*0.35;
elseif (grade=='C')   bonus= salary*0.25;
elseif (grade=='D')   bonus= salary*0.15;
else                  bonus= 0;
```

运行结果：

```
请输入职工的工龄：16↙
请输入职工的级别：A↙
该员工的基本工资为：1300.00
```

该员工的奖金为：585.00
该员工的实发工资为：1885.00

习题 4

一、选择题

1. C语言对嵌套if语句的规定是：else总是与(　　)。

A. 其之前最近的if配对　　B. 第一个if配对
C. 缩进位置相同的if配对　　D. 其之前最近的且尚未配对的if配对

2. 以下程序片段(　　)。

```
void main ( )
{ int x = 0,y = 0,z = 0;
 if (x = y + z)   printf(" *** ");     else   printf("###");
}
```

A. 有语法错误，不能通过编译
B. 输出：***
C. 可以编译，但不能通过连接，所以不能运行
D. 输出：###

3. 以下程序输出结果是(　　)。

```
void main ( )
{ int x = 1,y = 0,a = 0,b = 0;
 switch(x)
   {
      case 1:
          switch (y) {
                   case 0 : a++; break ;
                   case 1 : b++; break ;
                 }
      case 2:a++; b++; break;
      case 3:a++; b++;
  }
   printf("a = %d,b = %d",a,b);
}
```

A. a=1,b=0　　B. a=2,b=1　　C. a=1,b=1　　D. a=2,b=2

4. 在下面的条件语句中(其中S1和S2表示C语言语句)，只有一个在功能上与其他三个语句不等价(　　)。

A. if (a) S1;　　else S2;　　B. if (a==0) S2; else S1;
C. if (a! =0) S1; else S2;　　D. if (a==0) S1; else S2;

5. 下面程序片段的功能是将两个整数a和b中的大数存入a中，小数存入b中，错误的是(　　)。

A. if (a<b){ temp=a;　a=b;　b=temp; }

B. if (a<b) temp=a,　a=b,　b=temp;

C. if (a<b) temp=a;　a=b;　b=temp;

D. if (a<b){ temp=a,　a=b,　b=temp; }

6. 在C语言中,if语句后的一对圆括号中,用以决定分支流程的表达式(　　)。

A. 只能用逻辑表达式　　B. 只能用关系表达式

C. 只能用逻辑表达式或关系表达式　　D. 可用任意表达式

7. 以下程序输出结果是(　　)。

```
void main( )
{ int x = 1,a = 0,b = 0;
 switch (x)
   {  case  0: b++;
      case  1: a++;
      case  2: a++;b++;
   }
  printf("a = %d,b = %d",a,b);
}
```

A. 2,1　　B. 1,1　　C. 1,0　　D. 2,2

8. C语言的switch语句中case后(　　)。

A. 只能为常量

B. 只能为常量或常量表达式

C. 可为常量或表达式或有确定值的变量及表达式

D. 可为任何量或表达式

9. 执行下列程序段后的输出结果为(　　)。

```
int i = 15;
switch(i/10){
    case 2:printf("A");
    case 1:printf("B");
    case 0:printf("C");
}
```

A. ABC　　B. BC　　C. B　　D. A

10. 若有int i, j=0; ,则执行语句if (j=0)i++; else i--;后i的值为(　　)。

A. 不确定　　B. 1　　C. 0　　D. −1

11. 以下不正确的if语句形式是(　　)。

A. if(x>y&&x!=y);

B. if(x==y) x+=y;

C. if(x!=y) scanf("%d",&x) else scanf("%d",&y);

D. if(x<y) {x++;y++;}

12. 执行下列程序段后,m的值是(　　)。

```
int w = 2,x = 3,y = 4,z = 5,m;
```

```
m = (w < x)?w:x;
m = (m < y)?m:y;
m = (m < z)?m:z;
```

A. 4　　B. 3　　C. 5　　D. 2

13. 若 int x=0，y=0;不正确的 if 语句是(　　)。

A. if (x=0) ; else　y++；

B. if (x)　y++；

C. if (x==0) ;else　y++；

D. if x! =0　y++；

二、程序填空

1. 以下程序输出 x、y、z 三个数中的最小值，请填空使程序完整。

```
#include <stdio.h>
void main ( )
{ int x = 4,y = 5,z = 8 ;
 int u,v;
 u = x<y ? _______;
 v = u<z ? _______;
 printf (" %d",v);
}
```

2. 当 a=3,b=2,c=1;时，执行以下程序段后 c=________。

```
if(a > b) a = b;
if(b > c) b = c;
else c = b;c = a;
```

3. 当 a=1,b=2,c=3 时，执行以下程序段后 c=________。

```
if (a>c)     b = a;   a = c;   c = b;
```

4. 当 a=1,b=2,c=3 时，执行以下程序段后 c=________。

```
if (a>c)   ;  b = a;   a = c;   c = b;
```

三、改错题

以下程序的功能是求两个非 0 整数相除的商和余数(要求：被除数大于除数)。

```
#include <stdio.h>
void main()
{ int x ,y ,r1, r2 ;
 scanf(" %d%d ",&x, &y);
 if(x = 0||y = 0)
      printf("输入错误!\n");
 else
    {
      if(x > y)
```

```
            r1 = x/y; r2 = x % y;
        else
            r1 = y/x;r2 = y % x;
    }
  printf("\nx = %d,y = %d\n",x,y);
}
```

四、程序设计题

1. 给一个不多于5位的正整数,要求:

(1) 求出它是几位数;

(2) 分别打印出每一位数字;

(3) 按逆序打印出各位数字,例如原数是321,应输出123。

2. 写程序,判断某一年是否闰年。

要求:分别使用if语句的第二种形式和第三种形式实现。

3. 从键盘输入三个整数a、b、c,输出最大值。

要求:用条件运算符"?:"实现。

4. 输入一个字符,判断其是否为元音字母。

5. 输入一个由两个数据和一个算数运算符组成的表达式,根据运算符完成相应的运算,并将结果输出。

6. 从键盘输入年、月、日,编写程序输出该日是该年的第几天。

7. 企业发放的奖金根据利润提成。利润(p)低于或等于10万元时,奖金可提10%;利润高于10万元,低于20万元时,低于10万元的部分按10%提成,高于10万元的部分可提成7.5%;20万元到40万元之间时,高于20万元的部分可提成5%;40万元到60万元之间时,高于40万元的部分可提成3%;60万元到100万元之间时,高于60万元的部分可提成1.5%;高于100万元时,超过100万元的部分按1%提成,从键盘输入当月利润p,求应发放奖金总数?

要求:

(1) 使用if语句实现(分别使用if语句的第一种形式和第二种形式来实现)。

(2) 使用switch语句来实现。

8. 编程实现某公司职工的工资发放系统。

具体情况如下:

(1) 实发工资=基本工资+奖金;

(2) 基本工资:根据工资基数和工龄确定基本工资,具体情况如下:

公司新入职工工资基数为800元,公司根据工龄确定调整基本工资幅度,工龄满20年基本工资为1800,否则每满3年调整一级,每上调一级,基本工资上调100元,计算公式为:

$$\text{基本工资}=\begin{cases}1800 & \text{工龄}\geq 20\\ \text{工资基数}+(\text{工龄}\div 3)\times 100 & \text{工龄}<20\end{cases}$$

(3) 奖金:根据职工级别(分为A、B、C、D、E五级)发放奖金,各级别的奖金系数k分别为0.45、0.35、0.25、0.15和0,计算公式为:奖金=基本工资×奖金系数k。

循环结构程序设计

循环结构是结构化程序设计的3种基本结构之一，在数值计算和很多问题的处理中都需要用到循环结构。例如，迭代法求方程的根，计算全班同学的平均分等。几乎所有的程序，都包含循环结构，它和顺序结构、选择结构共同作为各种复杂结构程序的基本构造单元。因此熟练掌握这3种结构的概念及应用，是程序设计最基本的要求。

本章学习目标与要求

- 掌握利用while语句、do-while语句及for语句进行循环程序设计。
- 理解break及continue语句对循环控制的影响。
- 掌握多重循环的嵌套使用。

如果要计算1～100的累加sum。根据已学的知识，可以用sum＝1＋2＋3＋…＋100来计算，但需要累加次数过多，显得烦琐。如果设置一个累加器sum，初值为0，利用sum＝sum＋i来计算(i依次取1,2,3,…100)，此时只需要解决以下三个问题即可：

将i的初值设置为1；

每执行一次sum＝sum＋i后，i值增1；

当i增到101时，停止计算。

此时，sum中存放的值就是1～100的累加和。这种重复计算的结构被称为循环结构，C语言提供了while、do…while和for三种循环语句。下面分别介绍这三种循环结构。

5.1 当循环while

while循环语句的语法形式为：

```
while(表达式)
{循环体语句; }
```

执行顺序：首先计算表达式的值，如果值为真(非0)，则执行循环体语句(循环体，通常是一个复合语句)，执行流程如图5.1所示。其特点是：先判断表达式，后执行语句。

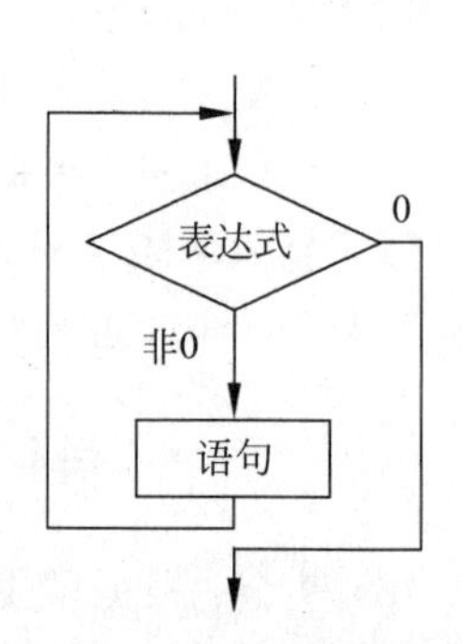

图5.1 当循环结构流程图

注意：

(1) 表达式可为任何类型，常用关系表达式或逻辑表达式。

(2) 循环条件或循环体内必须设置一些操作改变循环条件

表达式，避免出现死循环。

(3) 重复执行的操作称为“循环体”。

(4) 在循环体中还可以包含“循环语句”，构成多重循环。如循环体为多条语句须使用花括号括起。

【例题 5.1】 用 while 语句求 sum=1+2+3+…+100 的值。

```
#include <stdio.h>
void main()
{   int i,sum = 0;                        //计数器,累加器
    i = 1;
    while (i <= 100)
      {   sum += i;                       //累加
          i++;                            // 计数器加 1
      }
    printf("sum = %d\n",sum);
}
```

程序运行结果：

```
sum = 5050
```

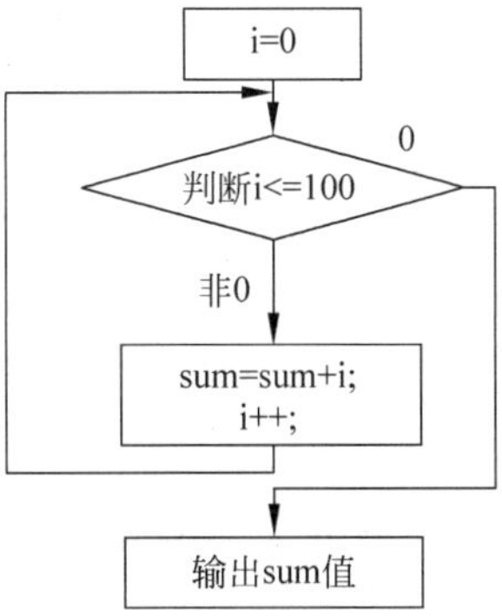

算法分析：设变量 i 为加数，i 按规定规律变化，即自增 1，变化的 i 累加到 sum 中(称为累加器，不断累加加数)。这是重复运算问题，构成循环结构。程序流程如图 5.2 所示。

图 5.2 例题 5.1 程序流程图

5.2 直到循环 do…while

do…while 循环语句的语法形式为：

```
do {
循环体语句;
}while(表达式);
```

执行顺序：先执行循环体语句，然后计算表达式值，当表达式为真时，继续执行循环体，如此反复，直到表达式的值为假时结束循环。执行流程如图 5.3 所示。其特点是先执行循环体，然后判断循环条件是否成立。

注意：

(1) do…while 与 while 语句不同，总是以分号结尾。

(2) 当循环体语句为单条语句时可不使用花括号。

(3) 循环体内一定要有使表达式的值变为 0(假)的操作，否则循环将无限进行。

(4) do…while 循环是先执行，后判断。因此循环体至少被执行一次。

【例题 5.2】 用 do…while 语句求 sum=1+2+3+…+100 的值。执行流程如图 5.4 所示。

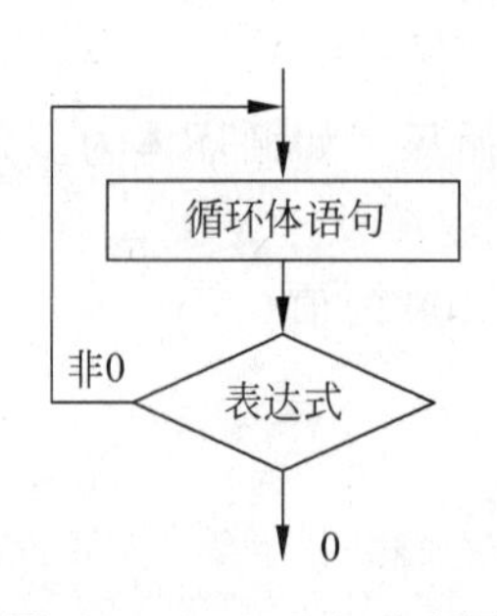

图 5.3 do…while 流程图

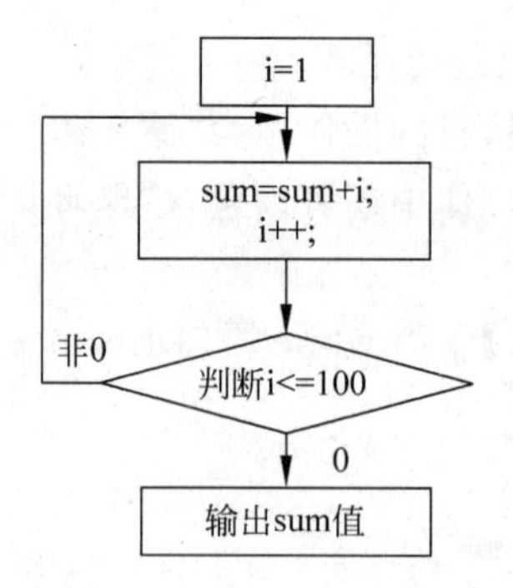

图 5.4 例题 5.2 程序流程图

```
#include <stdio.h>
void main()
{   int i,sum = 0;
    i = 1;
    do{   sum = sum + i;
          i++;
      }
    while(i <= 100);
    printf("sum = %d\n",sum);
}
```

程序运行结果：

```
sum = 5050
```

5.3 次数循环 for

for 循环语句的语法形式为：

```
for(表达式 1;表达式 2; 表达式 3)
语句;
```

执行顺序：

(1) 先求解表达式 1。

(2) 判断表达式 2 的真假。若为真(非 0)则执行循环体，若为假(0)则结束循环。

(3) 计算表达式 3。

(4) 转回第 2 步继续执行。

执行流程如图 5.5 所示。其特点是：设计循环时，已确定循环体执行次数，在执行循环过程中，根据控制变量的变化使程序完成反复操作。

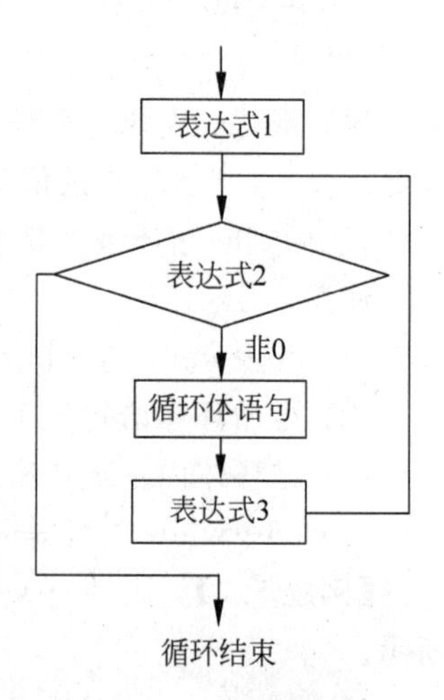

图 5.5 for 循环流程图

注意：

(1) for 语句中的表达式可以部分或全部省略，但两个“;”不可省略。

(2) 省略表达式 1,缺少循环变量初始值,则应在 for 语句之前给循环变量赋初值。

(3) 省略表达式 2,即缺少循环判断条件,循环将无限进行。

(4) 省略表达式 3,则可以将循环变量的修改部分放在循环体中进行。

(5) 三个表达式全部省略,则 for(;;)相当于 while(1)。

【例题 5.3】 用 for 语句求 sum＝1＋2＋3＋…＋100 的值。程序流程图如图 5.6 所示

```
#include <stdio.h>
void main()
{   int sum = 0,i;
  for(i = 1;i <= 100;i++)
    sum = sum + i;
  printf("sum = %d\n",sum);
}
```

程序运行结果:

```
sum = 5050
```

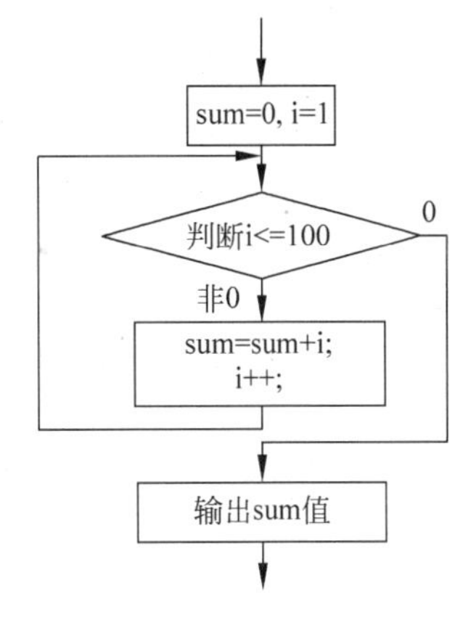

图 5.6　例题 5.3 程序流程图

5.4 各类循环的比较和中断

为了使循环控制更加灵活,C 语言允许在特定条件成立时,使用 break 语句强制结束循环或使用 continue 语句跳过循环体其余语句,转向循环条件的判断语句。

1. break 语句

break 语句的一般形式为:

```
break;
```

break 语句有两个作用,用于 switch 语句时,退出 switch 语句,程序转至 switch 语句下面的语句;用于循环语句时,退出包含它的循环体,程序转至循环体下面的语句。

【例题 5.4】 找出 n～100 内,能被 9 整除的第一个自然数。

算法分析:利用 for 语句,找出 n～100 内第一个能整除 9 的自然数,并输出该数值,结束循环。程序流程图如图 5.7 所示。

```
#include <stdio.h>
void main()
{ int i,n;
  printf("请输入 n 的值: ")                //提示用户输入起始值
  scanf("%d",&n )                          //用户从键盘输入 n 值
  for(i = n;i <= 100;i++)
  {   if(i%9 == 0)                         //判断 i 是否能被 9 整除
   {  printf("第一个被整除数字为: %d.\n",i);
        break;
        //能被 9 整除则输出数字,并提前退出循环
    }
  }
}
```

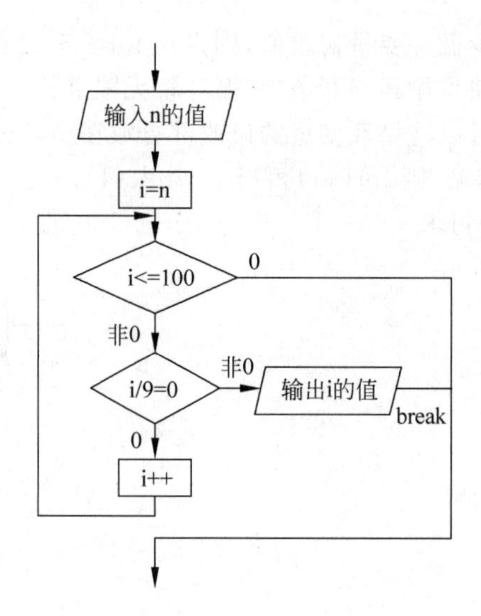

图 5.7 例题 5.4 程序流程图

程序运行结果

请输入 n 的值：1↙
第一个被整除数字为：9。

2. continue 语句

continue 语句的一般形式为：

```
continue;
```

continue 语句作用是：结束本次循环，跳过循环体中尚未执行的语句，接着进行下一次是否执行循环的判断。在 while 和 do…while 语句中，continue 语句把程序控制转到 while 后面的表达式处；在 for 语句中，continue 语句把程序控制转到表达式 3 处。

【例题 5.5】 找出 n～100 内，能被 9 整除的所有数。程序流程图如图 5.8 所示。

```
#include <stdio.h>
void main()
{ int i,n;
  printf("请输入 n 的值：")                    //提示用户输入其实值
  scanf("%d",&n )                              //用户从键盘输入 n 值
  for(i = n;i <= 100;i++)
 { if(i % 9 == 0)                              //判断 i 是否能被 9 整除
    { printf("能被 9 整除的数字为：%4d。\n",i);
    //输出能被 9 整除的 i 值
     continue;                                 //结束此次循环跳至下一次循环起始处
    }
  }
}
```

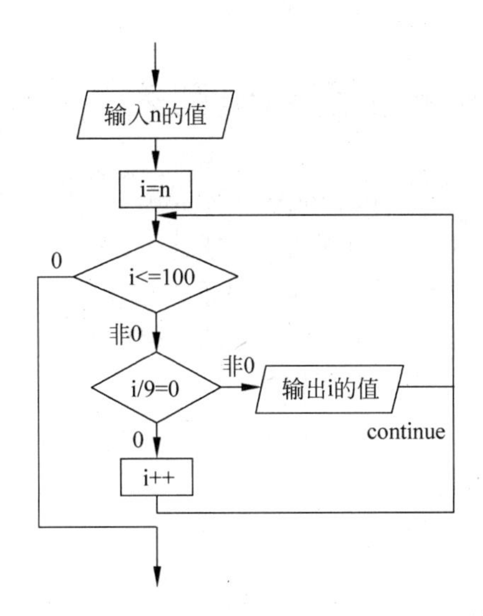

图 5.8　例题 5.5 程序流程图

程序运行结果：

```
请输入 n 的值: 65↙
能被 9 整除的数字为:   72   81   90   99
```

【例题 5.6】 分析下面程序的执行结果。

```
#include <stdio.h>
void main()
{ int k,b = 1;
  for(k = 1;k < 100;k++)
    {  printf("k = %d,b = %d\n",k,b);   //输出 k,b 的值
       if(b > 5)                        //如果 b>5 则结束整个循环,否则执行下一条 if 语句
       break;
       if(b % 2 == 1)            //如果 b 与 2 取模值等于 1,则执行 b = b + 3,并结束此次循环,k++
        {  b += 3;
           continue;
        }
       b -- ;
    }
}
```

程序运行结果：

```
k = 1,b = 1
k = 2,b = 4
k = 3,b = 3
k = 4,b = 6
```

5.5 本章知识要点和常见错误列表

(1) 循环结构有三种语句：while、do…while、for。

(2) 本章先介绍了前两种，形式比较单调，难点在于循环条件的使用和循环体的编写：当 while 后的条件满足时执行循环体，不满足时退出循环。

(3) for 语句是循环结构的第三种语句，也经常被称作定数循环。一般来说，在循环次数已知或可确定的情况下，使用 for 循环较好。

(4) 简单的 C 语言主程序设计有 4 个基本步骤。

第一步：定义需要的变量。

第二步：输入数据或变量赋初值。

第三步：完成具体的处理。

第四步：输出结果(尽量放在程序的最后)。

(5) "缩进式"是良好的代码书写习惯，应正确反映计算机执行的逻辑关系。

常见错误列表如表 5.1 所示。

表 5.1 本章知识常见错误列表

序号	错误类型	错误举例	分析
1	在不该加分号的位置加了分号	while(t<0.001); (…)	";"是一条语句的结束符不能加在语句中间，否则割断了完整的语句，会出错。 ";"也是一条空语句，有时加错可能不给任何错误提示，而是按计算机"认为"的逻辑来执行，如： 无错误提示，while 后若 t 满足条件，直接循环无数次的空语句(形成死循环)

2	while 语句循环体内缺少循环控制变量修改语句	int i=1;
		while(i<=3)
		{ sum=sum+i;
		}
			i 值为 1，i<=3 进入循环后，加到 sum 变量上，然后又判断 1<=3，又进入死循环……
			左例运行后，会进入死循环，即程序无法正常结束，"死"在循环执行中

3	while 语句或 do…while 语句条件设置不合理	while(e<0.0001)
		{
		…
		e=fabs(x1～x2);
		}
		i=1;
		do
		{
		…
		}while(i>10)
			while 的条件是继续循环的条件，不能当作结束循环的条件，如本例中本想判断是否满足误差精度，但写成了退出循环的条件，无法进入循环体。本想从 1 加到 10，却因条件写错执行一次就退出循环了。
			按字面理解记住 while 的意思就可以避免这种错误

续表

序号	错误类型	错误举例	分析
4	do…while 结构少了分号";"	do { … }while(条件)	这里的 while(条件)已经是这个结构的最后部分,表示了结束,因此一定要加分号";"

5	do … while 结构少了 while	do
		{
		…
		}
			do 必须要有 while 进行条件的判断

6	运行程序一次正确后误以为程序正确	程序只运行一次得到正确结果就以为完成一个题目了	专门设计一些输入数据(如分支程序要检查每个分支、循环程序要检查循环边界等),要多次运行均能得到正确结果
7	for 循环内部";"使用错误	for(i=1,i>10,i++)	这是初学者常犯的一个错误,for 语句里由三部分组成,他们之间一定要用分号";"间隔

8	for 循环内部条件控制不够	for(i=1;i<10)
		或
		for(i<10;i++)
			for 循环里的三个部分一个都不能少,若没有可以空,但是";"不能省

9	for 循环后加";"	for(i=1;i<10;i++);	for 和 if、while 等结构一样,不能在语句中间随便加";",否则 for 循环体就不能被正常执行

10	for 循环控制条件不正确	for(i=1;i>10;i++)
		或
		for(i=1;i<10;i--)
			由于控制循环的条件设计不正确,导致循环不能正常执行

实训6 双重循环结构程序设计

一、实训目的

(1) 掌握利用双重循环结构编程。

(2) 熟悉在屏幕上进行格式输出。

二、实训任务

【实训 6-1】实现在屏幕上输出指定格式九九乘法表。

【实训 6-2】计算 1! +2! +3! +…+n! 的值。

【实训 6-3】从键盘上输入一个大于 2 的整数 m,判断 m 是否为素数。

三、实训步骤

实训 6-1 算法分析:使用两层 for 循环结构实现。

for(i=1;i<=9;i++)控制被乘数

for(j=1;j<=i;j++)控制乘数

第一个 for 语句称为外循环，i 表示被乘数。第二个 for 语句称为内循环，j 表示乘数。嵌套重复循环结构总是先完整地执行内循环后，再执行一次外循环。如：

在外循环 i=1 时，内循环 j 从 1 变化到 1，执行 1 次，求出第一行的积：1*1=1；

内循环完整执行后，返回到外循环，此时 i=2，内循环执行从 1 变化到 2，执行 2 次，求出第二行：2*1=2　2*2=4；

内循环完整执行后，返回到外循环，此时 i=3，内循环执行从 1 变化到 3，执行 3 次，求出第三行：3*1=3　3*2=6　3*3=9；

如此反复执行，外层循环重复 9 次，得到 9 行数据。

参考源程序 sx6-1.cpp

```
#include<stdio.h>
#include<math.h>
void main()
{  int i,j;
   for(i=1;i<=9;i++)
    {   for(j=1;j<=i;j++)
            printf("%d*%d=%d ",i,j,i*j);
         printf("\n");
         }
        }
```

程序运行结果：

```
1*1=1
2*1=2 2*2=4
3*1=3 3*2=6  3*3=9
4*1=4 4*2=8  4*3=12 4*4=16
5*1=5 5*2=10  5*3=15 5*4=20 5*5=25
6*1=6 6*2=12  6*3=18 6*4=24 6*5=30 6*6=36
7*1=7 7*2=14  7*3=21 7*4=28 7*5=35 7*6=42 7*7=49
8*1=8 8*2=16  8*3=24 8*4=32 8*5=40 8*6=48 8*7=56 8*8=64
9*1=9 9*2=18  9*3=27 9*4=36 9*5=45 9*6=54 9*7=63 9*8=72 9*9=81
```

实训 6-2 算法分析：在程序中，求累加和的 for 循环体语句中，每次计算 n! 之前，都要重新设置 t 的初值为 1，以保证每次计算阶乘，都从 1 开始连乘。

参考源程序 sx6-2.cpp

```
#include<stdio.h>
void main()
  {  int i,j,n;
     long t,sum=0;
     printf("请输入n的值:");
     scanf("%d",&n);
     for(i=1;i<=n;i++)                  //外层循环重复n次,求累加和
       {   t=1;                         //每次重置t值为1,保证每次求阶乘都从1开始连乘
           for(j=1;j<=i;j++)            //内层循环重复1次,计算t=i!
               t=t*j;
```

```
            sum = sum + t;
        }
    printf("sum = % ld\n", sum);
}
```

程序运行结果：

```
请输入 n 的值:4↙
sum = 33
```

实训 6-3 算法分析：素数是指除了 1 和它本身以外，不能被任何整数整除的数。因此判断 m 是否为素数，只需将 m 与 2 到 m-1 之间每个整数进行除法运算，如不能被整除 m 为素数。本例设置 flag 变量为素数标记。如能被整除则将 flag 值记为 0，若不能被整除则记为 1。

参考源程序 sx6-3.cpp

```
#include <stdio.h>
void main()
{   int m,i, flag = 1;                    //将素数标记 flag 值设为 1
    do
    {   printf("请输入 m 的值: ");
        scanf(" % d",&m);
    }while(m <= 2);
    for(i = 2;i <= m - 1;i++)
      if(m % i == 0)                       //若 m 不是素数,则将素数标记 flag 值设为 0
        {   flag = 0;
            break;
    }
    if(flag)
        printf(" % d 是素数。\n",m);
    else
        printf(" % d 不是素数。\n",m);
}
```

程序运行结果：

```
请输入 m 的值: 66↙
66 不是素数。
```

实训 7　多重循环结构程序设计

一、实训目的

掌握利用多重循环结构编程。

二、实训任务

公元前五世纪，我国古代数学家张丘建在《算经》一书中提出了“百鸡问题”：鸡翁一值钱五，鸡母一值钱三，鸡雏三值钱一。百钱买百鸡，问鸡翁、鸡母、鸡雏各几何？

三、实训步骤

分析：可以采用穷举法来实现，就是将可能出现的各种情况一一测试，判断是否满足条件。

参考源程序 sx7.cpp

```
#include <stdio.h>
void main()
 {    int a,b,c;
      for(a=1;a<20;a++)
         for(b=1;b<33;b++)
              for(c=3;c<100;c+=3)
                   { if((a+b+c==100)&&(a*5+b*3+c/3==100))
                        printf("a=%d,b=%d,c=%d",a,b,c);
                   }
 }
```

习题 5

一、选择题

1. 下面程序运行后输出的结果是（　　）

```
main( )
{    static int a[7];
     int i;
     for(i=1;i<=5;i++)
         a[i]=i;
     printf("%d\n",a[i ]);
}
```

A. 0　　B. 1　　C. 5　　D. 出错

2. 若有如下程序段，其中 s、a、b、c 均已定义为整型变量，且 a、c 均已赋值(c 大于 0)

```
s=a;
for(b=1;b<=c;b++) s=s+1;
```

则与上述程序段功能等价的赋值语句是（　　）

A. s=a+b;　　B. s=a+c;　　C. s=s+c;　　D. s=b+c;

3. 要求以下程序的功能是计算：$s=1+\frac{1}{2}+\frac{1}{3}+\cdots+\frac{1}{10}$

```
main ()
{ int   n;   float   s;
  s=1.0;
  for(n=10;n>1;n--)
  s=s+1/n;
  print("%6.4f\n",s);
}
```

程序运行后输出结果错误，导致错误结果的程序行是(　　)

A. s=1.0;　　B. for(n=10;n>1;n--)

C. s=s+1/n;　　D. printf("%6.4f\n",s);

4. 若k为整型，则while循环(　　)

```
k = 10;
while(k = 0) k = k - 1;
```

A. 执行10次　　B. 无限循环

C. 一次也不执行　　D. 执行一次

5. t为int类型，进入下面的循环之前，t的值为0

```
while( t = 1 )
{ …… }
```

则以下叙述中正确的是(　　)

A. 循环控制表达式的值为0　　B. 循环控制表达式的值为1

C. 循环控制表达式不合法　　D. 以上说法都不对

6. 下面程序的输出结果是(　　)

```
main()
{ int a, b;
  for(a = 1, b = 1; a <= 100; a++)
    { if(b >= 10) break;
       if (b % 3 =  = 1)
        { b += 3; continue; }
    }
  printf(" % d\n",a);
}
```

A. 101　　B. 6　　C. 5　　D. 4

7. 有如下程序

```
main()
{ int     i,sum;
 for(i = 1;i <= 3;sum++)    sum += i;
 printf(" % d\n",sum);
}
```

该程序的执行结果是(　　)

A. 6　　B. 3　　C. 死循环　　D. 0

8. 有如下程序

```
main()
{ int x = 23;
  do
    { printf(" % d",x -- );}
  while(!x);
}
```

该程序的执行结果是(　　)

A. 321　　B. 23

C. 不输出任何内容　　D. 陷入死循环

9. 有如下程序(　　)

```
main()
{ int n = 9;
 while(n > 6)   {n -- ;printf(" % d",n);}
}
```

该程序段的输出结果是(　　)

A. 987　　B. 876　　C. 8765　　D. 9876

二、填空题

1. 以下程序运行后输出的结果是________。

```
main()
{ int    i;
 for(i = 0;i < 3;i++)
    switch(i)
       {   case     1:     printf(" % d",i); break;
           case     2:     printf(" % d",i);
           default:    printf(" % d",i);
       }
}
```

2. 以下程序运行后输出的结果是________。

```
main( )
{ int j, sum = 0;
  for(j = 1;j < 10;j++)
      { sum = 0;
        sum = sum + j;
      }
  printf("sum = % 2d", sum);
}
```

3. 以下程序运行后,输出'#'号的个数是________。

```
#include
main()
{ int i,j;
 for(i = 1; i < 5; i++)
 for(j = 2; j <= i; j++) putchar('#');
}
```

4. 以下程序运行后的输出结果是________。

```
main()
{ int i = 10, j = 0;
  do
```

```
  { j = j + i; i - ;}
  while(i > 2);
 printf(" % d\n", j);
}
```

5. 设有以下程序：

```
main()
{ int n1, n2;
 scanf(" % d", &n2);
 while(n2!= 0)
  { n1 = n2 % 10;
    n2 = n2/10;
  printf(" % d", n1);
  }
 }
```

程序运行后，如果从键盘上输入 1298；则输出结果为________。

6. 要使以下程序段输出 10 个整数，请填入一个整数。

```
for(i = 0; i <= ________; printf(" % d\n", i += 2));
```

7. 若输入字符串：abcde <回车>，则以下 while 循环体将执行________次。

```
While((ch = getchar()) == 'e') printf(" * ");
```

三、编程题

1. 输入两个正整数 m 和 n，求其最大公约数和最小公倍数。

2. 输入一行字符，分别统计出其中英文字母、空格、数字和其他字符的个数。

3. 打印出所有的“水仙花数”，所谓“水仙花数”是指一个 3 位数，其各位数字立方和等于该数本身。例如，153 是一水仙花数，因为 $153=1^3+5^3+3^3$。

程序的调试和算法的选择

本章学习目标与要求

- 掌握源程序的语法错误和语义错误
- 熟悉常见语法错误提示信息
- 积累语法错误类别和修正方法
- 掌握单步执行程序调试方法
- 熟悉语义错误的调试技能

调试程序是学习编程必须掌握的基本技巧，对于编写高质量程序非常重要。“我的程序跟书上一样，怎么就不出结果呢?”，“我的程序没错呀，怎么输出结果不对呢?”，“我的程序运行结果不正确，如何找到错误?”。

程序没有语法错误，但运行结果不符合期望时，采用适当的工具或方法，反复找出程序中存在的问题，进行修改，最终使程序符合要求的过程就是程序的调试。

6.1 源程序错误

源程序在编译、链接和运行的各个阶段都可能会出现问题。编译器只能检查编译和链接阶段出现的问题，而可执行程序已经脱离了编译器，运行阶段出现问题编译器是无能为力的。如果我们编写的代码正确，运行时会提示没有错误(Error)和警告(Warning)，如图 6.1 所示。

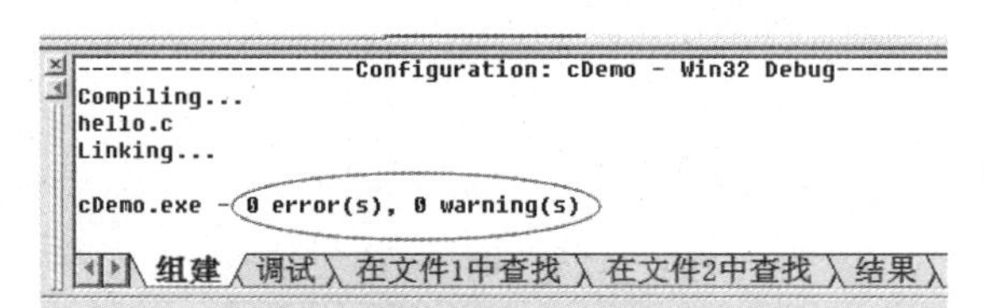

图 6.1 VC6.0 编译提示

Error 表示程序不正确，不能正常编译、链接或运行，必须要纠正。

Warning 表示可能会发生错误(实际上未发生)或者代码不规范，但是程序能够正常运行，有的警告可以忽略，有的要引起注意。

错误和警告可能发生在编译、链接、运行的任何时候。

6.1.1　语法错误

如果不遵循C语言的语法规则就会犯语法错误，类似于英语中的语法错误。C语言的语法错误主要是指正确的符号放在了错误的位置，或者丢失某些符号或定义。例如，在语句“flag=1；”后忘记写分号，写成“flag=1 ”，就会出现错误提示；如果没有包含 math.h 头文件，就不能识别 sqrt 函数等。图 6.2 所示的提示信息就是针对这样的语法错误。

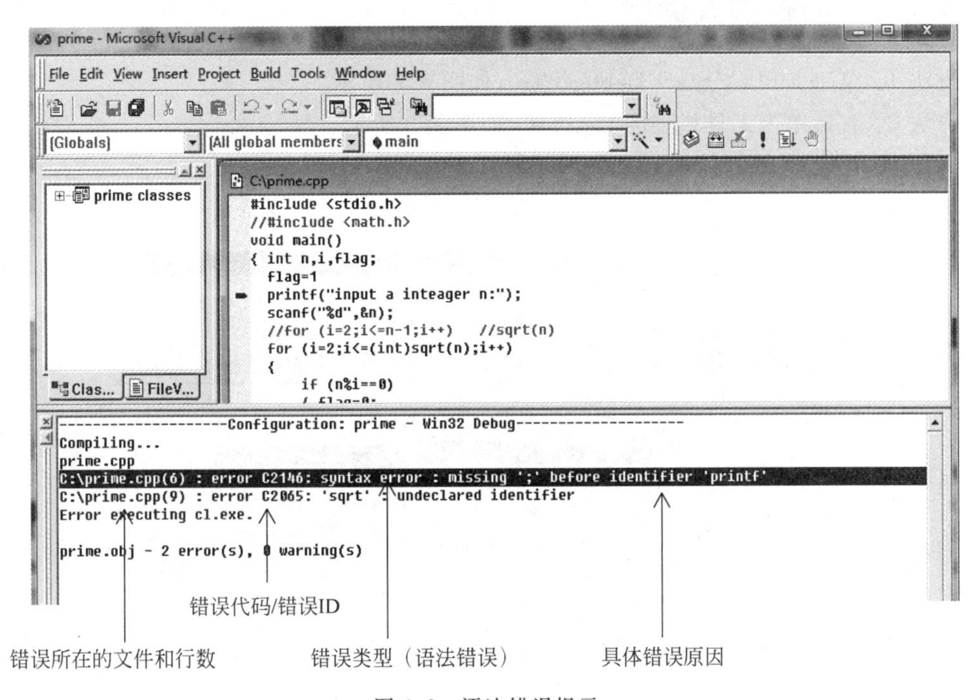

图 6.2　语法错误提示

提示信息的大概意思是：源文件 prime.cpp 第 6 行发生了语法错误，错误代码是 C2146，原因是标识符“printf”前面丢失了分号“;”，第 9 行错误代码 C2065，“sqrt”未声明的标识符。

那么如何检测程序的语法错误呢？

首先，在编译前浏览程序的源代码看看是否有明显的错误。

其次，利用编译器发现的错误排错(编译器的工作之一就是检查语法错误)。双击错误提示行，代码窗口就会出现蓝色箭头指向错误语句行，如图 6.2 所示。

6.1.2　语义错误

程序没有语法错误，不等于没有语义错误，如果编译没错，有时可能出现链接错误。如将 main()函数写成 mian()函数就出现 link 错误，这就是犯了语义错误。语义错误编译器检测不到，就需要借助工具和输出中间结果，通过比较程序实际得到的结果和你预期的结果来判断哪里出现了错误。

当然还可以通过一行一行看程序，根据实验数据在脑子里或纸上模拟程序运行过程，记录程序运行结果,过程中发现错误和修正错误,这就是我们说的“走程序”。

6.2 Debug 调试程序

VC6.0 提供的 debug 工具可以帮助我们调试程序,找出语义错误。

6.2.1 如何进入调试

方法 1:菜单 Build-> Start Debug-> Go,如图 6.3 所示。

方法 2:直接单击工具栏上的 Go 按钮,如图 6.3 所示。

方法 3:按热键 F5。

一般想让程序在某个重要语句或者感觉有错误的语句之前停下来,需要设置断点。

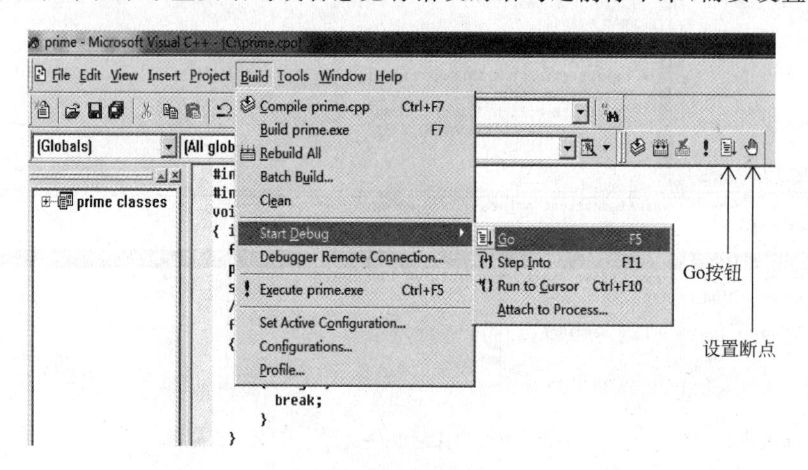

图 6.3 启动 debug 菜单

6.2.2 设置断点

断点是调试器设置的一个代码位置,当程序运行到断点时,程序中断执行,回到调试器,实现程序的在线调试。

设置断点的最简单方法:把光标移动到需要设置断点的代码行,然后按下热键 F9,或者单击工具栏上的手形按钮,如图 6.3 所示。再次按键可以取消断点。

6.2.3 单步执行

(1) Step Into:快捷键 F11。单步执行程序,并在遇到函数调用语句时,进入此函数内部,并从头单步执行(与 Build→Start Debug→Step Into 选项的功能相同)。

(2) Step Over:快捷键 F10。单步执行程序,但当执行到函数调用语句时,不进入那一函数内部,而是一步直接执行完该函数后,接着再执行函数调用语句后面的语句。

(3) Stop Debugging:快捷键 Shift+F5。中断当前的调试过程并返回正常的编辑状态。注意,系统将自动关闭调试器,并重新使用 Build 菜单来取代 Debug 菜单。

(4) Restart：快捷键 Ctrl＋Shift＋F5。从头开始对程序进行调试执行（当对程序做过某些修改后往往需要这样做）。选择该项后，系统将重新装载程序到内存，并放弃所有变量的当前值（而重新开始）。

(5) Step Out：快捷键 Shift＋F11。与 Step Into 配合使用，当执行进入到函数内部，单步执行若干步之后，若发现不再需要进行单步调试的话，通过该选项可以从函数内部返回到函数调用语句的下一语句处停止。

(6) Run to Cursor：快捷键 Ctrl＋F10。使程序运行到当前鼠标光标所在行时暂停其执行。注意，使用该选项前，要先将鼠标光标设置到某一个你希望暂停的程序行处。事实上，相当于设置了一个临时断点，与 Build→Start Debug→Run to Cursor 选项的功能相同。

【例题 6.1】 判断数 n 是否是素数。

源程序 lt6-1.cpp 的代码如下：

```
#include <stdio.h>
#include <math.h>
void main()
{ int n,i,flag;
  flag = 1;                          //假定是素数标识为 1
  printf("input a inteager n:");
  scanf("%d",&n);
  //for (i = 2;i <= n - 1;i++)       //sqrt(n)
  for (i = 2;i <= (int)sqrt(n);i++)
  {   if (n % i == 0)                // 设置断点
       { flag = 0;                   //能被整除不是素数,错写成 flag = 1,单步执行寻找错误
         break;   }
  }
  if (flag)
     printf("%d is a prime\n",n);
  else
     printf("%d is not a prime\n",n);
}
```

第一步，编译链接源程序 lt6-1.cpp，生成 EXE 可执行文件。

第二步，在 if 语句行设置断点（按 F9 键）。

第三步，按下 F10 或 F11 热键单步执行，每按下 F10 逐条执行语句。

提示：当运行输入语句时，输出窗口显示状态，此时 F10 不起作用，需将输出窗口最小化后，继续单步执行。如果需要进入函数内部执行，使用 F11 热键。

如图 6.4 是单步执行的中间结果显示界面，通过观察中间结果值可以找到语义错误。例如，如果错把 if 判断语句里的“flag＝0;”错写成“flag＝1;”，就会输出“12 是素数”的错误结果，此时单步执行“12%2＝＝0;”，理论上应该改写 flag 的初值为 0，界面显示没有改写（因为 flag＝1）就会找到错误语句。

在判断一个数是否是素数的算法中，如果按照素数定义，循环应该从 2 到 n－1，但是算法优化后，仅仅判断从 2 到 sqrt(n)，大大减少循环次数。那么什么样的程序是好的程序呢？

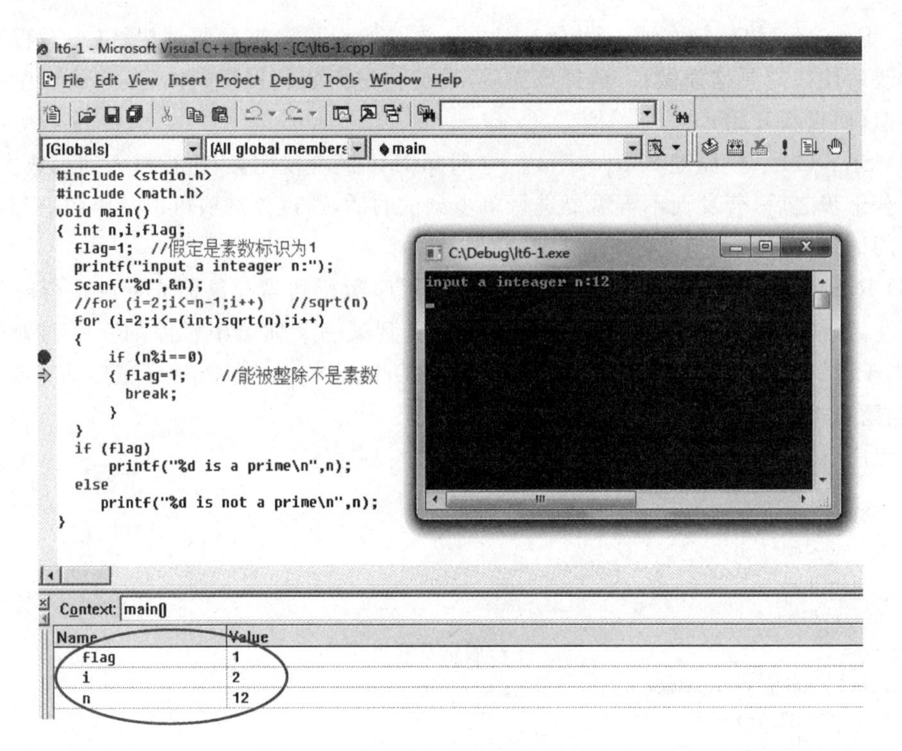

图 6.4 单步执行中间结果显示界面

6.3 良好的程序风格与算法的选择

程序是最复杂的东西(虽然开始写的程序很简单,但会逐渐变得复杂起来),是需要用智力去把握的智力产品。良好的格式能使程序结构一目了然,帮助你和别人理解它,帮助你的思维,也帮助你发现程序中不正常的地方,使程序中的错误更容易被发现。

简单地说,一个程序,如果能够做到功能正确,性能好,同时具有很好的易维护性、可扩展性、可移植性的程序就可以说是一个好的程序。

我们可以通过如下问题来判别某个程序是否是个好程序。

- 它正确吗?
- 它容易读懂吗?
- 它有完善的文档吗?
- 它容易修改吗?
- 它在运行时需要多大内存?
- 它的运行时间有多长?
- 它的通用性如何?能不能不加修改就可以用它来解决更大范围的问题?
- 它可以在多种机器上编译和运行吗?

6.3.1　好程序标准

（1）命名原则

全局变量用具有描述意义的名字，局部变量用短名字；函数采用动作性的名字；保持一致性。

（2）缩进格式

缩进形式显示程序结构，使用一致的缩行和加括号风格；使用空行显示模块。

（3）添加注释

充分而合理地使用程序注释，给函数和全局数据加注释。友好的程序界面，程序界面的方便性及有效性。

（4）避免歧义

不要滥用语言技巧，使用表达式的自然形式；利用括号排除歧义；分解复杂的表达式；当心副作用，像＋＋这一类运算符具有副作用。

（5）程序的健壮性

健壮性又称鲁棒性，是指程序对于规范要求以外的输入情况的处理能力。所谓健壮的系统是指对于规范要求以外的输入能够判断出这个输入不符合规范要求，并能有合理的处理方式，具有容错性，即所谓的高手写的程序不容易死。

（6）模块化编程

简单地说就是程序的编写不是开始就逐条录入计算机语句和指令，而是首先用主程序、子程序、子过程等框架把软件的主要结构和流程描述出来，并定义和调试好各个框架之间的输入、输出链接关系。也就是把复杂的问题分解为若干独立问题，将独立的功能或算法设计为函数，从而提高代码重用率。

6.3.2　如何选择算法

算法就是解决问题的方法，一系列的计算步骤，用来将输入数据转化成输出结果。计算机可以做到很快，但是不能做到无限快，存储也可以很便宜但是不能做到免费。那么问题就来了——效率，解决同一个问题的不同算法的效率常常相差非常大，这种效率上的差距往往比硬件和软件方面的差距还要大。那么，如何选择算法？

1. 保证算法的正确性

一个算法对其每一个输入的实例，都能输出正确的结果并停止，则称为正确的，一个正确的算法能解决给定的计算问题。不正确的算法对于某些输入来说，可能根本不会停止，或者停止时给出的不是预期的结果。

2. 分析算法的时间复杂度

算法的时间复杂度反映了程序执行时间随输入规模增长而增长的量级，在很大程度上能很好反映出算法的好坏。

一个算法花费的时间与算法中语句的执行次数成正比例，哪个算法中语句执行次数多，花费时间就越多。一个算法中的语句执行次数称为语句频度或时间频度,记为 T(n)。

一般情况下,算法中基本操作重复执行的次数是问题规模 n 的某个函数,用 T(n)表示,若有某个辅助函数 f(n),使得当 n 趋近于无穷大时,T(n)/f(n)的极限值为不等于零的常数,则称 f(n)是 T(n)的同数量级函数,记作 T(n)=O(f(n)),称 O(f(n))为算法的渐进时间复杂度,简称时间复杂度。

在计算时间复杂度的时候,先找出算法的基本操作,然后根据相应的各语句确定它的执行次数,再找出 T(n)的同数量级(同数量级有:1、log2n、n、nlog2n、n 的平方、n 的三次方、2 的 n 次方、n!),找出后,f(n)=该数量级,若 T(n)/f(n)求极限可得到一常数 c,则时间复杂度 T(n)=O(f(n))。常见的算法时间复杂度由小到大依次为:

O(1)<O(log2n)<O(n)<O(nlog2n)<O(n2)<O(n3)<…<O(2n)<O(n!)

6.3.3 枚举法

枚举法又称穷举法和暴力破解法,利用计算机运算速度快、精确度高的特点,对要解决问题的所有可能情况,一个不漏地进行检验,从中找出符合要求的答案,因此枚举法是通过牺牲时间来换取答案的全面性。

【例题 6.2】 根据算式算出汉字所代表的数字如图 6.5 所示。

算法分析:设"我"为 n1,"是"为 n2,"程"为 n3,"序"为 n4,"员"为 n5,则根据算式满足:(n1 * 10000+n2 * 1000+n3 * 100+n4 * 10+n5) * n1=n5 * 100000+n5 * 10000+n5 * 1000+n5 * 100+n5 * 10+n5

n1∈[1,10), n2,n3,n4,n5∈[0,10)

```
    我是程序员
×           我
——————————
  员员员员员员
```

图 6.5 汉字算式

源程序 lt6-2.cpp 代码:

```
#include <stdio.h>
void main()
{ int n1,n2,n3,n4,n5;
 int multi,result;
 for (n1 = 1;n1 <= 9;n1++)
     for (n2 = 0;n2 <= 9;n2++)
         for (n3 = 0;n3 <= 9;n3++)
             for (n4 = 0;n4 <= 9;n4++)
                 for (n5 = 0;n5 <= 9;n5++)
                  { multi = n1 * 10000 + n2 * 1000 + n3 * 100 + n4 * 10 + n5;
                   result = n5 * 100000 + n5 * 10000 + n5 * 1000 + n5 * 100 + n5 * 10 + n5;
                   if (multi * n1 == result)
                    { printf("我:%d  ",n1);
                      printf("是:%d  ",n2);
                      printf("程:%d  ",n3);
                      printf("序:%d  ",n4);
                      printf("员:%d",n5);
                    }                 //if
                 }                    //for
  printf("\n");
}
```

程序运行结果:

```
我:7  是:9  程:3  序:6  员:5
```

枚举法是一种常用的算法，判断素数、百钱买百鸡、寻找水仙花数、寻找完数等都是枚举法典型的应用。

6.3.4 递推法

递推算法是一种简单的算法，即通过已知条件，利用特定关系得出中间推论，直至得到结果的算法。递推算法分为顺推和逆推两种，如斐波那契数列就是一种顺推法。

【例题 6.3】 利用递推法计算下列公式：y=1+1/(1*2)+1/(2*3)+1/(3*4)+... 要求精确到 10^{-6}。(精确计算问题)

算法分析：这种题目的关键是每一个累加项的表示，通过认真观察第 i 项表示为 1/(i*(i+1))。

源程序 lt6-3.cpp 主要代码：

```
#include <stdio.h>
void main()
{   double b = 1.0, sum = 1.0, i = 1;
    do
    {
      b = 1/(i * (i + 1));                // 中间递推项
      sum += b;
      i++;
    }while(b >= 0.000001);                // 计算精度
    printf("y = %lf\n", sum);
}
```

程序运行结果：

```
y = 1.999001
```

【例题 6.4】 猴子吃桃子：猴子第一天摘下若干个桃子，当即吃了一半，还不过瘾，又多吃了一个。第二天早上又将剩下的桃子吃掉一半，又多吃一个。以后每天早上都吃了前一天剩下的一半零一个。到第 10 天早上想再吃时，见只剩下一个桃子了。求第一天共摘多少桃子。

算法分析：设第 n 天的桃子为 x_n，它是前一天的桃子数的一半少 1 个，即 $x_{n-1}/2-1=x_n$，则得到递推公式：$x_{n-1}=(x_n+1)\times 2$

源程序 lt6-4.cpp 主要代码：

```
#include <stdio.h>
main()
{
    int n, i, x;
     n = 1;
     for(i = 9; i >= 1; i -- )
    { x = 2 * (n + 1);
     n = x;
    printf("猴子第 %d 天有 %d 个桃子\n", I, x);
```

```
    }
    printf("猴子第一天共摘 % d 个桃子\n",x);
}
```

程序运行结果：

```
猴子第 9 天有 4 个桃子
猴子第 8 天有 10 个桃子
猴子第 7 天有 22 个桃子
猴子第 6 天有 46 个桃子
猴子第 5 天有 94 个桃子
猴子第 4 天有 190 个桃子
猴子第 3 天有 382 个桃子
猴子第 2 天有 766 个桃子
猴子第 1 天有 1534 个桃子
猴子第一天共摘 1534 个桃子
```

6.3.5 迭代法

迭代法也称辗转法，是一种不断用变量的旧值递推新值的过程。

【例题 6.5】 求高次方程根：$x=\sqrt[3]{a}$的近似解，精度 ε 为 10^{-5}，迭代公式为：

$$x_{i+1}=\frac{2}{3}x_i+\frac{a}{3x_i^2}$$

算法步骤为：

(1) 选择方程的近似根作为初值赋值给 x_1。

(2) 将 x_1 的值保存于 x_0，通过迭代公式求得新近似根 x_1。

(3) 若 x_1 与 x_0 的差绝对值大于指定的精度 ε 时，继续执行步骤②迭代；否则 x_1 就是方程的近似解。

源程序 lt6-5.cpp 主要代码：

```
#include <stdio.h>
#include <math.h>
void main()
{   double x0,x1;
    int a;
    printf("please input a:");
    scanf(" % d",&a);
    x0 = 1.0;
    do
     {   x1 = x0;
         x0 = 2.0/3 * x1 + a/(3 * x1 * x1);
     }while (fabs(x0 - x1) > 1e - 5);
    printf(" % d 的立方根 % f\n",a,x0);
}
```

程序运行结果：

```
please input a:27 ↙
```

```
27 的立方根 3.000000
```

常用算法还有排序查找算法（第 7 章讲述）和递归算法（第 8 章讲述）。

习题 6

一、程序调试题（通过 debug 调试功能将下列代码中的语法错误和运行错误改正）。

```
const int Max_N = 5;                    //有错,注意中英文符号
main()
{ int N;                                //总人数
  int i;                                //循环变量
  float Mark[Max_N];                    //学生成绩
  float MaxMark;                        //最高分
  float MinMark;                        //最低分
  float AvgMark;                        //平均成绩
  int Num90 = 0;                        //90～100 分人数
  int Num80 = 0;                        //80～89 分人数
  int Num70 = 0;                        //70～79 分人数
  int Num60 = 0;                        //60～69 分人数
  int Num0 = 0;                         //60 分以下人数
  printf(" 请输入总人数 N = ");
  scanf(" % d",N);                      //有错,注意变量地址
   for(i = 0;i < N;i++)
   { printf("Mark[ % d] = ",i);
     scanf(" % f",Mark[i]);
   }
  for(i = 0;i < N;j++)                  //有错
  { if (Mark[i]> MaxMark)               //运行错误
        MaxMark = Mark[i];
    if (Mark[i]< MinMark)               //运行错误
        MinMark = Mark[i];
    switch (Mark[i]/10)                 //运行错误
    { case 9,10: Num90++;               //运行错误
      case 8: Num80++;
      case 7: Num70++;
      case 6: Num60++;
      default: Num0++;
    }
  }
 printf("最高分 MaxMark = % f\n",MaxMark);
 printf("最低分 MinMark = % f\n",MinMark);
 printf("平均分 AvgMark = % f\n",AvgMark);
 printf("90～100 分人数:df\n",Num90);
 printf("80～89 分人数:df\n",Num80);
 printf("70～79 分人数:df\n",Num70);
 printf("60～69 分人数:df\n",Num60);
 printf("60 分以下人数:df\n",Num0);
}
```

二、编程题

1. 求 e=1+1/1!+2/2!+…+n/n!,输入 n=10。

2. 一球从 100 米高度自由下落,每次落地后返回原高度的一半,再落下。求它在第 10 次落地时共经过多少米?第 10 次反弹多高?

3. 用牛顿迭代法求方程 $2x^3-4x^2+3x-6=0$ 的根。

(提示:牛顿迭代法一般形式是:$x=x_0-f(x_0)/f'(x_0)$)

4. 一个数如果恰好等于它的因子之和,这个数就称为“完数”。例如,6 的因子为 1、2、3,而 6=1+2+3,因此 6 是“完数”。编程序找出 1000 之内的所有完数,并按下面格式输出其因子:6　its　factors　are　1、2、3。

第7章 数组

数组就是一组有序的元素序列。在C语言程序设计中,为了处理问题的方便,把具有相同数据类型的若干个变量按有序的形式组织起来,称为数组。在C语言中,数组属于构造数据类型。一个数组包括多个数组元素,这些数组元素可以是基本数据类型,也可以是构造类型。数组可以分为数值数组、字符数组、指针数组、结构数组等各种类别。本章重点介绍数值数组和字符数组。

本章学习目标与要求

- 掌握数组的概念
- 掌握一维数组的定义和引用
- 掌握二维数组的定义和引用
- 掌握字符数组和字符串的定义和引用

7.1 一维数组

在C语言中,数组同变量一样,要想使用数组,必须先定义。

7.1.1 一维数组的定义

只有一个下标的数组叫作一维数组。一维数组的定义形式如下:

```
数据类型 数组名[常量表达式][, 数组名2[常量表达式2]……];
```

例如:

```
int x[10];
```

定义整型数组x,有x[0]、x[1]、x[2]、……x[9],10个元素。

```
float y[10],z[20];
```

定义实型数组y,有y[0]、y[1]、y[2]、……y[9],10个元素;实型数组z,有20个元素。

```
char c[10];
```

定义字符数组c,有c[0]、c[1]、c[2]、……c[9],10个元素。

关于一维数组定义的几点说明。

(1) 数据类型是符合C语言语法的任一种基本数据类型或构造数据类型。

(2) 数组名是用户自定义的标识符,与变量名一样遵循C语言标识符的命名规则。

(3) 方括号中的常量表达式表示数组元素的个数,是一个整数,又称为数组长度。

(4) 数据类型实际上是指数组元素的类型。对于同一个数组,所有元素的数据类型都是相同的。

(5) 在相同作用域内,数组名不能和与程序中其他变量名相同。

例如:

```
main()
{
  int b;
  float b[20];
  ……
}
```

这样定义一维数组是错误的。

(6) 方括号中常量表达式表示数组元素的个数,如int x[5]表示数组x有5个元素。但是数组元素的下标,是元素相对于数组起始地址的偏移量,所以从0开始顺序编号,因此5个元素分别为x[0]、x[1]、x[2]、x[3]、x[4]。

(7) 方括号中常量表达式不能用变量来表示元素的个数,但是可以是符号常量或常量表达式。

例如:

```
#define D 1
main()
{
   int x[8+6],y[5+D];
        ……
}
```

这样写是合法的。

但是下面是非法的。

```
main()
{
   int m=10;
   int x[m];
   ……
}
```

(8) 允许在同一个数据类型下,定义多个数组和多个变量。

例如:

```
float a,b,c,d,x1[100],x2[200];
```

(9) 在C语言中,数组名中存放的是一个地址常量,它代表整个数组的首地址。同一个数组中所有元素,按其下标的顺序占用一段连续的存储单元。

7.1.2 一维数组元素的引用

数组元素是组成数组的基本单元。数组元素等同于一般变量,数组中的各个元素又称下标变量,引用数组元素的方法一般就是采用下标方法。

数组元素引用的一般形式为:

```
数组名[下标表达式]
```

关于一维数组元素引用的几点说明。

(1)“下标表达式”是任何非负整型数据,如整型常量或整型表达式,取值范围是0~(元素个数-1)。C语言中,编译系统不会自动检验数组元素下标是否越界,用户在编写程序时一定要保证数组下标不越界。

(2) 1个数组元素,就相当于1个普通变量,它具有和相同类型普通变量一样的属性,可以对它进行各种运算。

(3) 在C语言中,数组作为1个整体,不能整体参与运算,只能对单个的数组元素进行处理。

例如,输出数组中的各个元素必须使用循环语句逐个输出:

```
for(i = 0; i < 10; i++)
    printf(" % d",a[i]);
```

而不能用一个输出语句整个数组,如printf("%d",a);。

【例题7.1】 一维数组元素的输入输出。

```
#include < stdio.h >
void main()
{
  int i,a[10];
  for(i = 0;i <= 9;i++)
      scanf(" % d",&a[i]);
  for(i = 0;i <= 9;i++)
      printf(" % d",a[i]);
}
```

本例中用一个循环语句给a数组各元素赋值,然后用第二个循环语句输出各个元素的值。可以将第二个for语句写作for(i=9;i>=0;i--),这样数组就会反序输出。

7.1.3 一维数组元素的初始化

数组初始化是指在数组定义时给数组元素赋予初值。数组初始化是在编译阶段进行的,可以减少运行时间,提高执行效率。

给数组赋值的方式有多种,除了用初始化赋值外,还可以用赋值语句对数组元素逐个赋值。

数组初始化赋值的一般形式为:

```
类型说明符 数组名[常量表达式] = {初值表};
```

在{ }中的值为各数组元素的初值,各值之间用逗号间隔。

例如:

```
int a[10] = { 10,1,2,3,4,5,6,7,8,19 };
```

等价于 a[0]=10;a[1]=1;…;a[9]=19;。

C 语言对数组初始化赋值有以下几点说明。

(1) 如果给全部元素赋初值,可以省略“数组长度”。

例如:

```
int a[5] = {1,2,3,4,5};
```

也可写作:

```
int a[] = {1,2,3,4,5};
```

(2) 可以只给部分元素赋初值,不可以省略“数组长度”。当值的个数少于数组长度时,只给前面部分元素赋值。

例如:

```
int a[10] = {0,1,2,3,4};
```

该语句表示只给 a[0]~a[4]这 5 个元素赋值,而后 5 个元素自动赋 0 值。

(3) 不能给数组整体赋值,只能逐个元素赋值。

例如,给 10 个元素全部赋 1 值,只能写为:

```
int a[10] = {1,1,1,1,1,1,1,1,1,1};
```

而不能写为:

```
int a[10] = 1;
```

7.1.4 一维数组程序举例

【例题 7.2】 从键盘上任意输入 10 个整数,要求采用冒泡法按从小到大的顺序输出。

所谓冒泡法就是通过相邻两个数之间的比较和交换,使数值较小的数逐渐从底部移向顶部,数值较大的数逐渐从顶部移向底部,就像水底的气泡一样逐渐向上冒。

本题中假设 a[0]~a[9]组成的 10 个数据,进行冒泡排序的过程可以描述为:

(1) 首先 a[9]与 a[8]进行比较,如果 a[9]的值小于 a[8]的值,则交换两元素的数值,使小的上浮,大的下沉;接着比较 a[8]与 a[7],同样使小的上浮,大的下沉。依此类推,直到比较完 a[1]和 a[0]后,a[0]为具有最小数值的元素,第一趟排序结束。

(2) 在 a[9]~a[1]区间内,进行第二趟排序,使剩余元素中数值最小的元素上浮到 a[1]。重复进行 9 趟后,整个排序过程结束。

```
#include "stdio.h"
void main()
{
    int a[10];
```

```
    int i,j,temp;
    printf("Please input 10 numbers:\n");
    for(i = 0;i < 10;i++)
        scanf(" % d", &a[i]);
    for(i = 0;i < 9;i++)
        for(j = 9;j > i; j -- )
            if(a[j]< a[j - 1])
               {
                 temp = a[j];
                 a[j] = a[j - 1];
                 a[j - 1] = temp;
               }
     printf("\nthe  result of sort:\n");
     for(i = 0;i < 10;i++)
        printf(" % d ",a[i]);
}
```

【例题 7.3】 求 Fibonacci 数列的前 10 项,输出它们。

Fibonacci 数列定义为：1,1,2,3,5,8,13……,通式表示为 F(0)＝1,F(1)＝1,F(n)＝F(n－1)＋F(n－2)。

```
# include < stdio.h >
void main()
{
   int f[10] = {1,1};
   for(int i = 2;i < 10;i++)
      f[i] = f[i - 1] + f[i - 2];
   for(i = 0;i < 10;i++)
      printf(" % d\n",f[i]);
}
```

7.2 二维数组

所谓二维数组,就是采用两个下标标识数组元素在数组中的位置。如果把一维数组看成向量的话,二维数组就是一个平面。

7.2.1 二维数组的定义

与一维数组类似,二维数组的定义方式如下：

数据类型　数组名[行常量表达式][列常量表达式][数组名 2[行常量表达式 2][列常量表达式 2]……];

二维数组通常可与二维表对应。其中“第 1 维的长度”表达了行数,“第 2 维的长度”表达了列数。因此,二维数组可以表达一个矩阵。

例如：int a[3][4];

它说明了一个 3 行 4 列的整型数组,数组名为 a。该数组共有 3×4＝12 个数组元素，即：

```
a[0][0],a[0][1],a[0][2],a[0][3]
a[1][0],a[1][1],a[1][2],a[1][3]
a[2][0],a[2][1],a[2][2],a[2][3]
```

二维数组在概念上是二维的。但是，实际的硬件存储器却是连续编址的，也就是说存储器单元是按一维线性排列的。在C语言中，二维数组是按行存放的。二维数组中的各个数组元素“按行存放”于一片连续的内存空间中。即依次存放完第1行的各个元素之后，再顺次存放第2行的各个元素。

例如 int a[3][4];，其数组元素的存放顺序依次为：a[0][0]、a[0][1]、a[0][2]、a[0][3]、a[1][0]、a[1][1]、a[1][2]、a[1][3]、a[2][0]、a[2][1]、a[2][2]、a[2][3]。

假设一个 m×n 的数组 x[m][n]，则第 i 行第 j 列的元素 x[i][j]在数组中的位置为：i×n+j(行号、列号均从0开始)。

7.2.2 二维数组元素的引用

二维数组的元素也称为双下标变量，其表示的形式为：

数组名[下标1][下标2]

这里“下标1”“下标2”均为整型常量或整型表达式，也称“行下标”“列下标”，它们都是从0开始计数，且增量为1。例如 int a[3][4];，表示 a 数组的第3行第4列的元素(存在第0行和第0列)。

【例题 7.4】 二维数组元素的输入输出。

```
#include<stdio.h>
void main()
{
  int i,j,a[3][4];
  for(i=0;i<3;i++)
    for(j=0;j<4;j++)
      scanf("%d",&a[i][j]);
  for(i=0;i<3;i++)
  {
    for(j=0;j<4;j++)
      printf("%d,",a[i][j]);
    printf("\n");
  }
}
```

与一维数组不同，二维数组的输入输出需要双重 for 循环，外循环控制行，内循环控制列。

7.2.3 二维数组元素的初始化

二维数组元素初始化也是在定义时给各数组元素赋予初值。对二维数组初始化可按行进行，也可按数组元素排列顺序进行。

例如数组 a[3][4]：

(1) 按行初始化：int a[3][4]={{8,7,9,2},{1,5,11,12},{4,6,10,13}};。

(2) 按数组元素排列顺序初始化：int a[3][4]={ 8,7,9,2,1,5,11,12,4,6,10,13};。

这两种赋初值的结果是完全相同的。

二维数组初始化赋值有以下几点说明。

(1) 可以只对部分元素赋初值，未赋初值的元素自动取 0 值。

例如：

int a[3][4]={{1},{2},{3}};，对每一行的第一列元素赋值，未赋值的元素取 0 值。赋值后各元素的值为：

```
1 0 0 0
2 0 0 0
3 0 0 0
```

(2) 如对全部元素赋初值，则第一维的长度可以省略。

例如：

```
int a[3][4] = {1,2,3,4,5,6,7,8,9,10,11,12};
```

可以写为：

```
int a[][4] = {1,2,3,4,5,6,7,8,9,10,11,12};
```

(3) 二维数组可以看作是由多个一维数组的嵌套构成的。假设一维数组的每个元素又是一个一维数组，就组成了二维数组。一个二维数组也可以分解为多个一维数组。

例如二维数组 a[3][4]，可分解为三个一维数组，其数组名分别为：a[0]、a[1]、a[2]。这三个一维数组都有 4 个元素组成，例如一维数组 a[0]的元素为 a[0][0]、a[0][1]、a[0][2]、a[0][3]。a[0]、a[1]、a[2]是数组名，不能当作下标变量使用，它们不是一个单纯的下标变量。

7.2.4 二维数组程序举例

【例题 7.5】 求一个 3×3 的整型矩阵对角线元素之和。

```
#include <stdio.h>
void main()
{
  int a[3][3],i,j,sum = 0;
  printf("请输入 3*3 数组元素：\n");
  for(i = 0;i < 3;i++)
      for(j = 0;j < 3;j++)
          scanf("%d",&a[i][j]);
  printf("显示数组为：\n");
  for(i = 0;i < 3;i++)
  {
    for(j = 0;j < 3;j++)
      printf("%4d",a[i][j]);
    printf("\n");
```

```
    }
    for(i = 0;i < 3;i++)
      for(j = 0;j < 3;j++)
        if(i == j||i + j == 2)
          sum += a[i][j];
    printf("对角线的和 = %d\n",sum);
}
```

本例题重点在语句 if(i==j||i+j==2) sum+=a[i][j];,如果简单地将两条对角线相加,a[1][1]会被多加一次,使用此 if 语句算法设计可以解决这个问题。

【例题 7.6】 矩阵 A 如下,编程输出矩阵 A 中最小元素以及所在的行号和列号。

$$A=\begin{bmatrix} 11 & 2 & 13 & 4 \\ 9 & -12 & 6 & 5 \\ -8 & 7 & 10 & 10 \end{bmatrix}$$

```
#include < stdio.h >
void main()
{
    int A[3][4] = {11,2,13,4,9, - 12,6,5, - 8,7,10,10};
    int min,x,y,i,j;
    min = A[0][0];
    x = 0;
    y = 0;
    for(i = 0;i < 3;i++)
      for(j = 0;j < 4;j++)
    if(A[i][j]< min)
      {
          min = A[i][j];
          x = i;
          y = j;
      }
    printf("矩阵 A 的最小值为: A[ %d][ %d] = %d\n",x,y,min);
}
```

7.3 字符数组与字符串

C 语言中没有为字符串变量专门定义数据类型,通常用字符数组来表示字符串。

7.3.1 字符数组的定义

用来存放字符型数据的数组称为字符数组。

(1) 一维字符数组,用于存储和处理一个字符串,其定义格式与一维数值数组一样。例如:

```
char ch[10];
```

(2) 二维字符数组,用于存储和处理多个字符串,其定义格式与二维数值数组一样。

例如:

```
char ch[5][10];
```

7.3.2 字符数组的初始化

与前面介绍的数值数组一样,字符数组也允许在定义时进行初始化赋值。

例如:

```
char ch[10] = {'c', ' ', 'p', 'r', 'o', 'g', 'r', 'a','m'};
```

等价于:

```
char ch[10] = {"c program"};
```

也等价于:

```
char ch[10] = "c program";
```

赋值后各元素的值为:ch[0]='c',ch[1]=' ',ch[2]='p',ch[3]='r',ch[4]='o',ch[5]='g',ch[6]='r',ch[7]='a',ch[8]='m',ch[9]='\0'。

数组 ch 在内存中的实际存放情况为:

c		p	r	o	g	r	a	m	\0

当对全体元素赋初值时也可以省去长度说明。

例如:

```
char ch[ ] = "c program";
```

ch 数组的长度自动定为 9。'\0'是由 C 语言编译系统自动加上的,在用字符串赋初值时一般无须指定数组的长度,而由系统自行处理。

基础知识介绍字符串常量时,已经说明字符串总是以'\0'作为结束标志。因此一个字符串存入一个数组,同时把结束标志'\0'存入数组,并以此作为该字符串的结束标志。有了这个结束标志,就可以不用字符数组的长度来判断字符串的长度。

例如:

```
char ch[100] = "c program";
```

通过'\0'判断字符串 ch 的长度为 9,而不是 100。

7.3.3 字符数组的引用

字符数组的逐个字符引用,与引用数值数组元素类似。

【例题 7.7】 字符数组的逐个字符引用。

```
#include<stdio.h>
```

```
void main()
{
  int i,j;
  char c[2][5]={{'a','b','c','d'},{'A','B','C','D'}};
  for(i=0;i<=1;i++)
    {
      for(j=0;j<=4;j++)
          printf("%c",c[i][j]);
      printf("\n");
    }
}
```

7.3.4 字符数组的输入输出

(1) 字符数组的输入

除了可以通过初始化的方式使字符数组各元素得到初值外,也可以使用 getchar()或 scanf()函数输入字符。

(2) 字符数组的输出

字符数组的输出,可以用 putchar()或 printf()函数。

【例题 7.8】 字符数组的输入输出,scanf()函数和 printf()函数。

```
#include<stdio.h>
void main()
{
  int j;
  char c[5];
  for(j=0;j<=4;j++)
     scanf("%c",&c[j]);
  for(j=0;j<=4;j++)
     printf("%c",c[j]);
}
```

输入 abcde↙,结果为 abcde。改用 getchar()函数,putchar()函数。

【例题 7.9】 字符数组的输入输出,getchar()函数,putchar()函数。

```
#include<stdio.h>
void main()
{
  int j=0;
  static char c[50];
  while((c[j]=getchar())!='#')
     j++;
  c[j]='\0';
  j=0;
  while(c[j]!='\0')
  {
     putchar(c[j]);
     j++;
  }
}
```

(3) 字符数组的整体输入输出

C 语言规定:'\0'作为字符串结束标志。因此可以对字符数组采用另一种方式进行操作,即字符数组的整体操作。

【例题 7.10】 字符数组的整体输入输出。

```
#include<stdio.h>
void main()
{
  int i;
  char name[5][20];
  for(i=0;i<5;i++)
  scanf("%s",name[i]);
  for(i=0;i<5;i++)
  printf("%s\n",name[i]);
}
```

7.3.5 常用的字符串处理函数

C 语言提供了丰富的字符串处理函数,包括字符串的输入、输出、连接、比较、转换、复制等。使用字符串函数可以简化程序设计。用于输入输出的字符串函数,在使用前包含头文件"stdio.h",其他字符串函数包含头文件"string.h"。

以下介绍几种最常用的字符串处理函数。

1. 字符串输入函数——gets()函数

格式:gets(字符数组)

功能:从标准输入设备——键盘上,读取 1 个字符串(可以包含空格),并将其存储到字符数组中。

使用 gets()读取的字符串,其长度没有限制,一定要保证字符数组有足够大的空间,存放输入的字符串。该函数输入的字符串中允许包含空格,而 scanf()函数不允许。

2. 字符串输出函数——puts()函数

格式:puts(字符数组)

功能:把字符数组中的字符串,输出到标准输出设备中,并用'\n'取代字符串的结束标志'\0'。所以用 puts()函数输出字符串时,不要另加换行符。

使用 puts()函数时,字符串中允许包含转义字符,输出时产生一个控制操作。该函数一次只能输出一个字符串,而 printf()函数也能用来输出字符串,且一次能输出多个。

【例题 7.11】 gets()函数和 puts()函数。

```
#include"stdio.h"
void main()
{
  char s[100];
  printf("input string:\n");
  gets(s);
  puts(s);
}
```

3. 字符串比较函数——strcmp()函数

格式：strcmp(字符串 1 ,字符串 2)

功能：比较两个字符串的大小。

返回值：字符串 1=字符串 2,函数返回值等于 0；

字符串 1<字符串 2,函数返回值负整数；

字符串 1>字符串 2,函数返回值正整数。

使用 strcmp()函数时,如果一个字符串是另一个字符串从头开始的子串,则母串为大。不能使用关系运算符"=="来比较两个字符串,只能用 strcmp()函数来处理。

【例题 7.12】 strcmp()函数。

```
#include"string.h"
#include"stdio.h"
void main()
{ int i;
  char s1[100],s2[] = "c yuyan";
  printf("input a string:\n");
  gets(s1);
  i = strcmp(s1,s2);
  if(i == 0) printf("s1 = s2\n");
  if(i > 0) printf("s1 > s2\n");
  if(i < 0) printf("s1 < s2\n");
}
```

4. 字符串拷贝函数——strcpy()函数

格式：strcpy(字符数组,字符串)

功能：将"字符串"完整地复制到"字符数组"中,字符数组原有内容被覆盖。

使用 strcpy()函数时,字符数组必须定义得足够大,以便容纳复制过来的字符串。复制时,连同结束标志'\0'一起复制。C 语言不能用赋值运算符"="将字符串直接赋值给字符数组,只能用 strcpy()函数来处理。

【例题 7.13】 strcpy()函数。

```
#include"string.h"
#include"stdio.h"
void main()
{
  char s1[100],s2[] = "c yuyan";
  strcpy(s1,s2);
  puts(s1);
}
```

5. 字符串连接函数——strcat()函数

格式：strcat(字符数组,字符串)

功能：把"字符串"连接到"字符数组"中的字符串尾端,并存储于"字符数组"中。"字符数组”中原来的结束标志，被“字符串”的第一个字符覆盖，而“字符串”在操作中未被修改。

使用 strcat()函数时，由于没有数组越界检查，要注意保证“字符数组”定义得足够大，以便容纳连接后的目标字符串；否则，会因字符数组长度不够而产生错误。连接前两个字符串都有结束标志'\0'，连接后“字符数组”中存储的字符串的结束标志'\0'被舍弃，最后保留一个'\0'，这个结束标志是“字符串”的。

【例题 7.14】 strcat()函数。

```
#include"string.h"
#include"stdio.h"
void main()
{
  char s1[100] = "wo shi ";
  char s2[100];
  printf("input your name:\n");
  gets(s2);
  strcat(s1,s2);
  puts(s1);
}
```

6. 求字符串长度函数——strlen()函数

格式：strlen(字符串)

功能：求字符串的实际长度(不包含'\0')。

【例题 7.15】 strlen()函数。

```
#include"string.h"
#include"stdio.h"
void main()
{
  int i;
  char s[] = "c yuyan";
  i = strlen(s);
  printf("The length of the string is %d\n",i);
}
```

7. 字符串中大写字母转换成小写字母函数——strlwr()函数

格式：strlwr(字符串)

功能：将字符串中的大写字母转换成小写字母，其他字符不转换。

【例题 7.16】 strlwr()函数。

```
#include"string.h"
#include"stdio.h"
void main()
{
  char s[] = "C Yuyan";
  strlwr(s);
  puts(s);
}
```

8. 字符串中小写字母转换成大写字母——strupr()函数

格式：strupr(字符串)

功能：将字符串中小写字母转换成大写字母，其他字符不转换。

【例题 7.17】 strupr()函数。

```
#include"string.h"
#include"stdio.h"
void main()
{
  char s[] = "C Yuyan";
  strupr(s);
  puts(s);
}
```

7.3.6 字符数组字符串程序举例

【例题 7.18】 使用 gets 函数、puts 函数、strcmp()函数、strcpy 函数对多个字符串进行排序。

```
#include<stdio.h>
#include<string.h>
void main()
{
  char s[5][100],t[100];
  int i,j;
  for(i=0;i<5;i++)
    gets(s[i]);
  for (i=0;i<4;i++)
    for(j=0;j<4-i;j++)
      if(strcmp(s[j],s[j+1])>0)
      {
        strcpy(t,s[j]);
        strcpy(s[j],s[j+1]);
        strcpy(s[j+1],t);
      }
  for(i=0;i<5;i++)
    puts(s[i]);
}
```

本程序的第一个 for 语句中，用 gets 函数输入五个字符串。前面说过 c 语言允许把二维数组按多个一维数组处理，本程序说明 s[5][100]为二维字符数组，可分为五个一维数组 s[0]，s[1]，s[2]，s[3]，s[4]。第二个 for 语句中又嵌套了一个 for 语句组成双重循环。这个双重循环完成按字母顺序排序，类似于冒泡法排序。

【例题 7.19】 简单密码检测程序。

```
#include"stdio.h"
#include"string.h"
#include"conio.h"
#include"stdlib.h"
void main()
{
    char password[100];
    int i = 0, j = 0;
    while(1)
    {
      printf("请输入密码(6 位数字):\n");
      for(i = 0; i < 100; i++)
      {
        password[i] = getch();
        printf(" * ");
        if(password[i] == '\x0d')
          break;
      }
    password[i] = '\0';
    if(strcmp(password, "123456") != 0)
      printf("\n 密码错误,还有 % 2d 次机会!按任意键继续输入!\n", 2 - j);
    else
    {
      printf("\n 密码正确,进入程序!\n");
      break;
    }
      getch();
      j++;
      if(j == 3)
      {
        printf("没机会了!\n");
        exit(0);
      }
    }
}
```

本程序第一个 for 语句完成密码输入的同时显示星号,而不显示输入内容,注意处理方式。三次密码输入错误退出程序,类似于一般的用户名密码验证程序。

7.4 本章知识要点和常见错误列表

数组是程序设计中最常用的数据结构。数组可分为数值数组,字符数组以及后面将要介绍的指针数组,结构数组等。

本章常见错误列表如表 7.1 所示。

表 7.1 本章常见错误列表

序号	错误程序示例	错 误 举 例	正 确 举 例
1	定义时没有给出数组长度	int a[]; 无法为数组 a 分配内存单元	int a[10]; 为数组 a 分配 10 整型存储单元
2	定义动态数组	int a[n]; scanf("%d",&n);	数组分配存储单元在编译阶段完成,先于程序运行,不能实现

3	数组引用越界	int a[10];
		scanf("%d",&a[10]);
		printf("%d",a[10]);
			定义数组时,数组下标从 0 到数组长度-1,其他下标的数组元素越界,编译器不检查,需要自己检查

4	字符串赋值操作	char s1[100],s2[]="abcd"; s1=s2;	字符串或字符数组不能整体赋值,只能使用 strcpy 函数。 strcpy(s1,s2);
5	字符串比较操作	char s1[]="asdf",s2[]="abcd"; s1 > s2;	两个字符串不能直接用关系运算符比较大小,只能使用 strcmp 函数。 strcmp(s1,s2);

实训 8 数组程序设计

一、实训目的

(1) 掌握一维数组和二维数组的定义、初始化、赋值和引用的用法。

(2) 能够运用数组解决问题。

二、实训任务

(1) 用数组实现杨辉三角的前二十行。

(2) 无序数组排序,在有序数组中插入一个数使数组仍有序。

(3) 无序数组排序,在有序数组中查找一个数,输出其下标。

三、实训步骤

(1) 用数组实现杨辉三角的前二十行。杨辉三角如下:

```
1
1  1
1  2  1
1  3  3  1
1  4  6  4  1
15  10  10  5  1
………………
```

其规律是第一列和对角线上的元素的值都是 1,其余元素的值是其上一行同一列与上一行前一列元素之和。

参考源程序 sx8-1.cpp 如下:

```
#include <stdio.h>
void main()
{
  int i,j,s[20][20];
  for(i=0;i<=19;i++)
  {
    s[i][0]=1;
    s[i][i]=1;
  }
  for(i=2;i<=19;i++)
    for(j=1;j<i;j++)
      s[i][j]=s[i-1][j]+s[i-1][j-1];
  for(i=0;i<=19;i++)
  {
    for(j=0;j<=i;j++)
      printf("%6d",s[i][j]);
    printf("\n");
  }
}
```

程序执行后可以在“属性”中调整“屏幕缓冲区”大小改变显示效果。

(2) 无序数组排序，在有序数组中插入一个数使数组仍有序。首先对无序数组(假设 10 个数)排序，前面介绍了冒泡法，这里用选择法。选择法就是从后面 9 个数的比较中选择一个最小的与第一个交换，再用第二个数与后面 8 个数进行比较并交换，以此类推。为了把一个数按顺序插入已排好序的数组中，假设排序是从小到大排序，则可把欲插入的数与数组中各数从前往后逐个比较，当找到第一个比插入数大时，即为插入位置。然后从数组最后一个数到该数为止，逐个后移一个位置。如果被插入数比所有的元素值都大则插入最后位置。

参考源程序 sx8-2.cpp 如下：

```
#include <stdio.h>
void main()
{
    int i,j,min,t,x;
    int a[11];
    printf("请输入 10 个整数: ");
    for(i=0;i<10;i++)
    {
      scanf("%d",&a[i]);
    }
    printf("排序之前: \n");
    for(i=0;i<10;i++)
    {
      printf("%6d",a[i]);
    }
    for(i=0;i<9;i++)
    {
      min=i;
      for(j=i+1;j<10;j++)
      if(a[min]>a[j])
```

```
    min = j;
    t = a[i];
    a[i] = a[min];
    a[min] = t;
  }
  printf("\n 排序之后: \n");
  for(i = 0;i < 10;i++)
  {
    printf(" % 6d",a[i]);
  }
  printf("\n 请输入要插入的整数: ");
  scanf(" % d",&x);
  for(i = 0;i < 10;i++)
    if(a[i]> x)
    {
      for(j = 9;j >= i;j -- )
      a[j + 1] = a[j];
      break;
    }
  a[i] = x;
  printf("\n 插入整数之后: \n");
  for(i = 0;i <= 10;i++)
  {
    printf(" % 6d",a[i]);
  }
}
```

(3) 无序数组排序,在有序数组中查找一个数,输出其下标。首先对无序数组(假设 10 个数)排序,这里不再介绍了,然后使用二分法查找元素。二分法查找也就是折半查找,每次把数组元素分成两半,因为已经排序,所以只需要和中间数比较就能确定在哪一半,然后不断分成两半,直到找到元素,或者没有找到元素,表示查找失败。

参考源程序 sx8-3.cpp 如下:

```
#include <stdio.h>
void main()
{
    int a[10] = {3,15,6,60,10,26,70,88,99,5};
    int y,n = 10,k,i,j,t,l = 0,mid,r;
    printf("排序前数据: \n");
    for (i = 0;i < n;i++)
         printf(" % 5d",a[i]);
    printf("\n");
    for (i = 0;i < n - 1;i++)
        for(j = i + 1;j < n;j++)
            if (a[i]> a[j])
            {
                t = a[i];
                a[i] = a[j];
                a[j] = t;
            }
```

```
    printf("排序后数据：\n");
    for (i=0;i<n;i++)
        printf("%5d",a[i]);
    printf("\n");
    printf("请输入要插入的数:");
    scanf("%d",&y);
    r=n-1;
    k=-1;
    while(l<=r)
    {
        mid=(l+r)/2;
        if(a[mid]==y)
        {
            k=mid;
            break;
        }
        else if(a[mid]>y)
                r=mid-1;
              else
                l=mid+1;
    }
    if (k>=0)
      printf("元素%d的下标是%d\n",y,k);
    else
        printf("没有找到元素%d\n",y);
}
```

实训9　字符数组程序设计

一、实训目的

(1) 掌握字符数组的定义、初始化、赋值和引用的用法。
(2) 掌握常用的字符串处理函数。
(3) 能够运用字符数组字符串解决问题。

二、实训任务

(1) 编写程序实现字符串复制功能(不能使用 strcpy)。
(2) 输入由若干单词组成的英文文本(最多500字符),统计单词数。

三、实训步骤

(1) 编写程序实现字符串复制功能(不能使用 strcpy)。字符串的结束标志可以作为循环判断条件,并且结束标志最后要赋值到字符串,否则出错。以此类推,其他字符串常用函数均可编程实现。

参考源程序 sx9-1.cpp 如下:

```
#include<stdio.h>
#include<string.h>
void main()
{
      char s1[100],s2[100];
      int i;
      printf("请输入一串字符(最长 100 个字符): ");
      gets(s2);
      for(i=0;s2[i]!='\0';i++)
        s1[i]=s2[i];
      s1[i]='\0';
      puts(s1);
}
```

(2) 输入由若干单词组成的英文文本(最多 500 字符),统计单词数。英文文本单词之间由若干个空格分隔,不能简单以检索文本中空格个数来确定单词个数。通过设置标志来实现,当遇到空格时标志为 0,标志为 0 时单词计数,过后标志为 1。

参考源程序 sx9-2.cpp 如下:

```
#include<stdio.h>
void main()
{
     int i,n=0,flag=0;
     char s[500];
     gets(s);
     for(i=0;s[i]!='\0';i++)
       if(s[i]==' ')
         flag=0;
       else if(flag==0)
            {
              flag=1;
              n++;
            }
     printf("%5d\n",n);
}
```

习题 7

一、选择题

1. 以下对一维整型数组 a 的正确说明是(　　)。

   A. int a(10);

   B. int n=10,a[n];

   C. int n; scanf("%d",&n); int a[n];

   D. #define SIZE 10
      int a[SIZE];

2. 已定义两个字符数组 a、b，则以下正确的输入格式是(　　)。

A. scanf("%s%s", a, b);　　　　B. get(a, b);

C. scanf("%s%s", &a, &b);　　　　D. gets("a"),gets("b");

3. 若有定义 int a[10];，则以下表达式中不能代表数组元素 a[1]的地址的是(　　)。

A. &a[0]+1　　B. &a[1]　　C. &a[0]++　　D. a+1

4. 下列数组说明中，正确的是(　　)。

A. int array[][10];　　　　B. int array[][];

C. int array[][][10];　　　　D. int array[10][];

5. 下列数据中，为字符串常量的是(　　)。

A. A　　　　B. "house"

C. How do you do.　　　　D. $abc

6. 已定义 char a[]="This is a program.";，输出前 5 个字符的正确语句是(　　)。

A. printf("%.5s",a);　　　　B. puts(a);

C. printf("%s",a);　　　　D. a[5*2]=0;puts(a);

7. 以下语句不能对二维数组 a 进行正确初始化的是(　　)。

A. int a[3][4]={1};

B. int a[][4]={{1,2},{3}};

C. int a[2][5]={{1,2},{3,4},{5,6}};

D. int a[][2]={1,2,3,4,5,6};

8. 以下数组定义中不正确的是(　　)。

A. int a[3][4];

B. int b[][4]={0,1,2,3};

C. int c[10][10]={1};

D. int d[4][]={{1,2},{1,2,3},{1,2,3,4},{1,2,3,4,5}};

9. 以下程序段的输出结果为(　　)。

```
char c[ ] = "defg";
int  i = 0;
do
;
while(c[i++]!= '\0');
printf(" % d",i + 1);
```

A. e　　B. d　　C. 2　　D. 6

10. 执行下面的程序：

```
char s[10];
strcpy(s,"123456");
scanf(" % s",s);
puts(s);
```

运行程序，输入 abc，结果为（ ）。

A. abc　　B. 123456　　C. abc456　　D. a

11. 执行下面的程序：

```
int a[3][3] = {1,0, - 3,4, - 5,6,7, - 8,9};
int i,j,s = 0;
for(i = 0;i < 3;i++)
{
    for(j = 0;j < 3;j++)
    {
        if(a[i][j]< 0) continue;
        if(a[i][j] == 0) break;
        s += a[i][j];
    }
}
printf(" % d\n",s);
```

运行程序，结果为（ ）。

A. 0　　B. 1　　C. 56　　D. 27

12. 执行下面的程序：

```
char a[100],b[100];
int i,j;
gets(a);
for(i = j = 0;a[i]!= '\0';i++)
    if(a[i]> = '0'&&a[i]< = '9')
    {
        b[j] = a[i];
        j++;
    }
b[j] = '\0';
puts(b);
```

运行程序，输入 ab12cd34，结果为（ ）。

A. ab　　B. 12　　C. abcd　　D. 1234

二、程序设计题

1. 用筛选法求 100 之内的素数。

2. 编一程序，将两个字符串连接起来，不要用 strcat 函数。

3. 求出二维数组 a[4][5]={{1,2,3,4,5},{6,7,8,9,10},{11,12,13,14,15},{16,17,18,19,20}};，周边元素之和。

4. 对长度为 n（n 为整数，由键盘输入）个字符的字符串，去掉首、尾字符，将其余 $n-2$ 个字符按升序排列。

5. 将一个数组逆序输出，用第一个与最后一个交换。

6. 输入数组，最小的与第一个元素交换，最大的与最后一个元素交换，输出数组。

7. 有 n 个整数，使其前面各数顺序向后移 m 个位置，最后 m 个数变成最前面的 m 个数，m 和 n 的值自定。

8. 数据加密问题，数据是六位整数，加密规则是每位数字都加上 6，然后用和除以 9 的余数代替该数字，再将第一位和第五位交换，第二位和第四位交换。

9. 统计一段英文中关键词出现的次数。

第8章 函数

本章学习目的和要求

- 掌握自定义函数的一般结构及函数的定义方法
- 掌握函数声明、函数调用的一般方法
- 熟悉函数嵌套、函数递归的概念
- 熟悉 auto 型和 static 型局部变量的特点和用法
- 了解局部变量、全局变量和变量的存储类型的概念

模块化程序设计是面向过程程序设计的重要方法，函数体现了这种模块化的思想。本章主要介绍模块化程序设计的实现方法、函数的定义及函数的调用方式、变量的存储类型与作用域等。

8.1 函数概述

8.1.1 模块化程序设计方法

前面章节中的程序都是规模相对较小的程序，实际应用中一些大型软件通常有几百、上千甚至上万行代码，为了降低开发大规模软件的复杂度，通常的做法是把大的问题分解成若干个比较容易求解的小问题逐个解决，最终把所有问题整合起来完成整个程序，从而达到所要求的目的。这种自顶向下、逐步分解、分而治之的策略，称为模块化程序设计方法。模块化程序设计方法不仅使程序更容易理解，也更容易调试和维护。

C语言是一种结构化程序设计语言，它采用"自顶向下"的模块化设计方法。在程序设计中，把常用的功能模块编写成一个个相对独立的函数，可以被主函数或其他函数随时调用。C程序的全部工作都是由各种不同功能的函数来完成的，利用函数不仅可以实现程序的模块化，避免大量的重复工作、简化程序、提高程序的易读性和可维护性，还可以提高开发效率，增强程序的可靠性。

【例题 8.1】 利用主函数调用 printstar()函数实现字符图案输出的程序。

```
#include<stdio.h>
void printstar()                    //定义函数
{   printf("******************\n");
```

```
}
void main()                     //主函数
{   printstar();                //调用 printstar 函数
    printf("Hello,world.\n");
    printstar();                //调用 printstar 函数
}
```

程序运行结果：

```
******************
Hello,world.
******************
```

上述程序中使用 printstar()函数，可以避免当需要重复打印 * 号行时，重复编写语句。

8.1.2 函数的分类

C 程序由函数组成，设计程序就是设计函数。一个 C 语言源程序文件所含函数个数没有限制，可以由一个主函数 main 函数和若干个子函数构成，并且 C 程序中必须有也只能有一个主函数。主函数是程序执行的开始点，由主函数调用子函数，子函数还可以调用除 main 函数外的其他函数，最终在 main 函数中结束整个程序的运行。在编译运行时，一个源程序文件就是一个编译单位，即以源程序为单位进行编译，而不是以函数为单位进行编译。

C 语言函数丰富，我们可以从不同的角度对函数进行分类。

1. 从函数定义的角度看，函数可分为库函数和用户自定义函数

库函数由 C 语言编译系统提供，用户无须定义，也不必在程序中作类型说明，只需在程序前包含有该函数原型的头文件即可在程序中直接调用。在前面各章例题中反复用到的 printf、scanf、getchar、putchar、gets、puts、strcat 等函数均属此类。

用户自定义函数是由用户根据自己的需求编写的函数，用于解决用户的专门需要。对于用户自定义函数，不仅要在程序中定义函数本身，而且在主调函数模块中还必须对该被调函数进行类型说明，然后才能使用。

2. 从函数是否有返回值的角度看，函数可分为有返回值函数和无返回值函数

有返回值函数被调用执行完后将向调用者返回一个执行结果，称为函数返回值。如数学函数即属于此类函数。由用户定义的这种要返回函数值的函数，必须在函数定义和函数说明中明确返回值的类型。

无返回值函数用于完成某项特定的处理任务，执行完成后不向调用者返回函数值。由于函数无返回值，用户在定义此类函数时可指定它的返回类型为空类型，空类型的说明符为 void。

3. 从函数是否有参数的角度看，函数可分为无参函数和有参函数

无参函数是在进行函数调用时，主调函数和被调函数之间不进行数据传递，此类函数通常用来完成一组指定的功能，可以返回或不返回函数值。

有参函数是在函数调用时主调函数必须向被调函数传递数据，供被调函数使用。

8.2 函数的定义和调用

函数的使用与变量的使用遵循相同的规则，即“先定义，后使用”。本节介绍函数的定义形式和函数的使用方法，即函数调用。

8.2.1 函数定义

每一个函数都是一个具有一定功能的语句模块，模块的结构和语句结构在C语言中有确定的形式，即函数定义，其一般格式为：

```
[<数据类型>] <函数名>([形式参数列表])      //函数头
{
函数体
}
```

下面通过一个简单的函数例子，具体说明函数定义的形式。

【例题8.2】 求两个数中的最大值。

```
#include<stdio.h>
int max(int x,int y)                    //函数定义
{   int z;
    z = (x>y)?x: y;
    return(z);
}
void main()
{  int a,b,c;
   printf("请输入两个整数: ");
   scanf("%d %d",&a,&b);
   c = max(a,b);                         // 函数调用
   printf("Max is %d\n",c);
}
```

程序运行结果：

```
请输入两个整数: 8  19↙
Max is 19
```

该程序由两个函数组成：主函数main()和自定义函数max()。程序从main()函数开始执行，当执行到程序第10行时，从键盘上输入8、19，分别赋给变量a、b，系统调用max()函数后，程序转到max()函数执行，max()函数的变量x、y接收主函数中变量a,b传来的数据8和19，经过条件表达式“(x>y)?x:y”运算，将较大的数值赋给变量z，通过return语句将z的值又返回到主函数的调用位置，赋给变量c，最后通过printf输出，整个程序结束。

下面对函数头和函数体分别进行概述。

1. 函数头

函数定义的首行被称为函数头，函数头的一般形式如下：

[<数据类型>] <函数名>([形式参数列表])

说明：

(1) <数据类型>规定了函数类型,也是函数返回值的类型。如 int max(int x,int y)表示函数 max 将返回一个 int 类型的值。一个函数可以有返回值也可以没有返回值,此时需要使用保留字 void 作为函数的类型名。如例题 8.2 中的 main 函数就定义为 void 类型,代表无返回值。若<数据类型>默认,表示函数返回值为整型或字符型。

(2) <函数名>是函数的标识,当函数定义之后,编程者可通过函数名调用函数。函数名是用户定义的标识符,要符合标识符的命名规则。函数名后面必须写上一对圆括号"()",用来将函数名与变量名或其他用户自定义的标识符区分开来,在小括号中可以没有任何信息,也可以包含形式参数表。C 程序通过使用这个函数名和参数表调用该函数。

(3) 形式参数列表(简称形参表)写在函数名后面的一对圆括号"()"内,它可以包含任意多个(含 0 个)参数说明项,各参数说明项之间用逗号分隔。

一般形式为:类型名 1 形式参数 1,类型名 2 形式参数 2,…,类型名 n 形式参数 n

其中,类型名是各形式参数(简称形参)的数据类型标识符,可以是任意一种已定义的数据类型,形式参数为各个形参的标识符,其命名规则同变量命名规则一样。需要注意的是,一个函数可以没有形参,即函数定义中的参数表可以被省略,表明该函数为无参函数,但圆括号"()"不能省略。另外,在函数定义时,系统并不为形参分配存储空间,只有当函数被调用时,向它传递了实际参数(简称实参),才为形参分配存储空间。如例题 8.2 中,变量 a、b 是实参,而变量 x、y 是形参。

2. 函数体

函数体是用一对花括号"{}"括起来的语句序列。它是实现函数功能的代码部分,分为说明性语句和可执行语句两部分。

说明性语句包括变量定义和函数声明等,除形参和全局变量(参见 8.4 节)外,所有在函数中用到的变量都要在大括号中先定义再使用。可执行语句是实现函数功能的核心部分,由 C 语言的基本语句组成。

函数体也可以为空,但花括号本身不能省略,这种函数被称为空函数。

例如:
```
float f(float a,float b)
{    }
```

若调用此函数,不做任何工作,只是说明有一个函数存在,函数的具体内容可在以后补充。使用空函数可以使程序的结构清楚,可读性好,以便以后扩充新功能。

当一个函数执行后需要将一个值返回给主调函数时,可以使用 return 语句。例题 8.2 第 5 行,使用"return(z);"语句将两数的最大值返回到 main 函数中调用函数位置"c=max(a,b);"语句,将最大值赋给变量 c。

另外,C 语言规定,不能在函数体内定义函数,即函数不能嵌套定义,函数(包括主函数)都是相对独立的。

8.2.2 函数的调用

在 C 语言中,除了主函数 main()外,其他任何函数都不能单独运行,函数功能的实现是通过被主函数直接或间接调用进行的。函数调用就是调用某函数以执行相应的程序段并得到处理结果或返回值。一个函数定义后可以被多次调用。

函数调用的一般形式为：

```
函数名(实际参数表);
```

说明：

(1) 实际参数表(简称实参表)是指用逗号分隔的常量、变量、表达式、数组、数组元素、指针及函数名等,无论实参是哪种类型的量,在进行函数调用时,都必须有确定值,各参数之间用逗号隔开。

(2) 函数的实参和形参是函数间传递数据的通道,两者在数量、次序和类型上必须一一对应。

(3) 对于无参函数,调用时实参表为空,但圆括号不能省略。

按照函数在程序中出现的位置来分,函数调用有以下三种方式。

1. 函数语句

函数的调用是一个单独的语句。例如：

```
printf("I am a girl.\n");
scanf("%d", &a);
```

这种方式不要求函数带返回值,函数仅完成一定的操作。

2. 函数表达式

在表达式中调用函数,使用函数的返回值参与相应的运算。例如：

```
c = 3 * max(a,b);
```

函数调用出现在赋值表达式中,把 max()函数的返回值乘以 3 赋予变量 c。

3. 函数参数

函数的调用出现在参数的位置。例如：

```
printf("Max = %d",max(a,b));
max(max(a, b),c);
```

前者把 max()函数的返回值作为 printf()函数的实参来使用,而后者把 max()函数的返回值作为 max()函数的实参来使用。

【例题 8.3】 编写一个函数,求一个整数的所有正因子。

```
#include <stdio.h>
void gene(int n)                                //定义函数 gene()
{ int m;
  for(m = 1;m <= n;m++)
    if(n % m = = 0)
      printf(" %5d",m);
  printf("\n");
```

```
}
void main()                              //主函数
{ int n;
  printf("Input integer n:");
  scanf("%d",&n);
  if(n<=0)
    printf("must be positive!\n");
  else
    gene(n);
}
```

程序运行结果：

```
Input integer n:24↙
    1  2  3  4  6  8  12  24
```

上述程序的执行过程如图 8.1 所示。程序由主函数 main()开始执行，当执行到函数调用语句“gene(n);”时，转去执行函数体语句，gene()函数是一个 void 类型函数，没有返回值，所以当执行到最后一条语句“printf("\n");”时，子函数执行结束，返回调用处，继续执行函数调用语句之后的语句，直至整个程序结束。

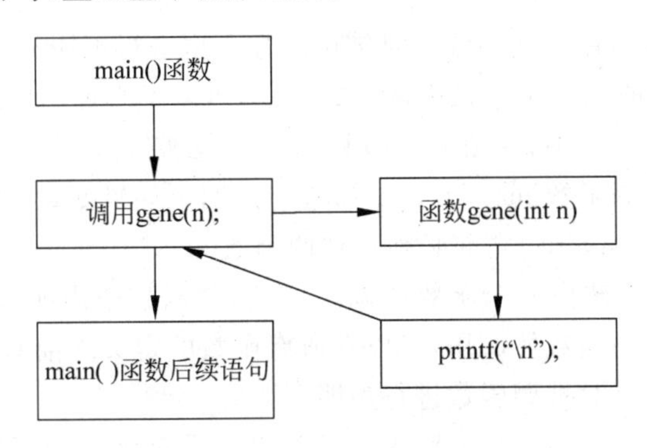

图 8.1 函数调用过程

8.2.3 函数的原型声明

C 语言程序中一个函数调用另一个函数需要具备的条件分为以下几点。

(1) 被调用的函数必须是已经存在的函数，是库函数或用户自定义函数。

(2) 如果调用库函数，必须要在程序文件的开头用“#include”命令将与被调用函数有关的库函数所在的头文件包含到文件中来。

例如在前面几章已经用过的文件包含宏命令：

```
#include <math.h>
```

说明被调用函数将要用到数学函数 math。

(3) 如果调用用户自定义函数，并且该函数与调用它的函数(即主调函数)在同一个程序文件中，一般还应该在主调函数中对被调函数进行声明，即向编译系统声明将要调用此函数，并将有关信息通知编译系统。

函数声明由函数类型、函数名和形参列表组成。这三个元素被称为函数原型(function prototype),所以函数声明也称为函数原型声明或函数原型说明。

函数声明的一般形式为:

```
<函数类型> <函数名>(<形参列表>);
```

函数声明与函数定义在函数类型、函数名和参数类型方面必须一致;函数声明是语句,必须以分号“;”结束,而函数定义时函数头之后不能有分号。

如要对例题 8.3 中被调用函数 void gene(int n)进行函数原型声明,只在其函数头后再加一个分号即可,即:

```
void gene(int n);
```

另外,在函数声明中,形参列表可以只列出形参类型而不写形参名,在例题 8.3 中的函数声明也可以写成:

```
void gene(int );
```

实际上,编译系统并不检查参数名,因此参数名是什么都无所谓,上面的函数声明写成“void gene(int p);”效果完全相同。

以下几种情况可以不在主调函数中对被调函数原型进行声明。

(1) 如果被调函数的定义出现在主调函数之前,可以不必加声明。

在例题 8.2 和例题 8.3 中,函数 max()和 gene()均被写在主函数 main()之前,在主函数的前面可以不必对被调函数 max()、gene()进行声明。如果函数 max()和 gene()均被写在主函数后,则在主函数 main()之前必须对被调函数 max()、gene()进行声明。

(2) 如果一个函数只被另一个函数所调用,在主调函数中声明和在函数外声明是等价的。如果一个函数被多个函数所调用,可以在所有函数的定义之前对被调函数进行声明,这样在主调函数中就不必再对被调函数进行声明了。

函数定义和函数原型声明不是一回事。函数定义是对函数功能的确定,包括指定函数名、函数值的类型、形式参数及其类型、函数体等,它是一个完整的、独立的程序函数单位。

函数原型声明的作用是把函数的名字、函数的类型及参数的类型、个数、顺序通知编译系统,以便在调用该函数时系统按此进行对照检查(函数名是否正确,实参和形参的个数、类型、顺序是否一致)。一个函数只能定义一次,但是可以声明多次。

8.3 函数间的数据传递

函数通常是实现一个具体功能的模块,因此函数必然要与程序中其他模块进行信息交换。函数可以从函数之外获得所需数据,也可以将处理的结果返回给函数的调用者。这些数据主要是通过函数的参数和返回值的传递实现的。下面就从函数的参数传递和函数返回值两方面来介绍函数间的数据传递。

8.3.1 函数的参数传递

函数的参数主要用于在主调函数和被调函数之间进行数据传递。前面已提到:在定义函数时，函数名后面圆括号中的参数称为形式参数，简称形参。在主调函数调用一个函数时，函数名后面圆括号中的参数称为实际参数，简称实参。函数调用时，主调函数把实参的值传送给被调函数的形参，从而实现主调函数向被调函数的数据传递。

在C语言中，参数的类型不同，其传递方式也不同，下面给出C语言中的参数传递方式。

1. 简单变量作为函数参数

简单变量作为函数参数时，主调函数把实参的值传送给被调函数的形参，从而实现主调函数向被调函数的数据传送。

进行数据传送时，形参和实参具有以下特点。

(1) 在定义函数时指定的形参变量，在未出现函数调用时，并不占内存的存储单元，只有在发生函数调用时，形参才被临时分配内存单元，在调用结束时形参所占的内存单元被立即释放。因此形参只有在函数内部使用，函数调用结束返回主调函数后则不能再使用该形参变量。

(2) 实参与形参的类型应相同或赋值兼容。当实参和形参的类型不匹配时，编译器将实参转化为与形参一致的类型再赋给形参。例如，实参值 a 为 3.5，而形参 b 为整型，则将实数 3.5 转换成整数 3，然后送到形参 b。字符型与整型可以互相通用。

(3) 函数调用中发生的数据传送是单向的(也被称为“值传递”方式)，即只能把实参的值送给形参，而不能把形参的值反向地传送给实参。在内存中，形参与实参各占独立的存储单元，因此在函数调用过程中，形参的值发生改变而实参中的值不会变化。

【例题 8.4】 函数参数间的值传递。

```
#include<stdio.h>
void change(int x,int y)          //简单变量作形参
{ int t;
  printf("x=%d,y=%d\n",x,y);
  t=x; x=y; y=t;                   //引入中间变量 t,实现两数交换
  printf("x=%d,y=%d\n",x,y);
}
void main()
{ int a=3,b=4;
  printf("a=%d,b=%d\n",a,b);
  change(a,b);                     //函数调用语句,简单变量 a、b 作实参
  printf("a=%d,b=%d\n",a,b);
}
```

程序运行结果：

```
a=3,b=4
x=3,y=4
x=4,y=3
a=3,b=4
```

在主函数中通过 change(a,b)语句调用 change()函数，此时给形参 x、y 分配存储单元，将实参 a、b 的值分别传递给形参 x、y，使得 x=3，y=4，程序转到 change()函数中执行，通

过中间变量 t，在 change()函数中交换 x 和 y 的值，因为形参和实参占不同的存储单元，因此形参的改变不会影响到实参，当调用结束后，形参 x、y 的内存单元被释放，程序返回主调函数的调用位置继续执行，实参单元仍保留并维持原值。因此，最后输出 a 的值仍为 3，b 的值仍为 4。

2. 数组作为函数参数

数组作为函数参数主要包括两种情况：一种是数组元素作为函数参数，另一种是数组名作为函数参数。下面分别进行介绍。

(1) 数组元素作为函数参数

数组元素作为函数的参数，与简单变量作为参数一样，遵循单向的“值传递”。即数组元素把它的值传递到系统为形参变量分配的临时存储单元中。

【例题 8.5】 用一维数组存储 10 个任意整数，求其中最大值并输出。

```
#include <stdio.h>
int max(int x,int y)                    //函数定义，简单变量 x，y 作形参
{ return(x>y?x:y); }
void main()
{ int a[10],i,m;
  printf("Input 10 integers: ");
  for(i=0;i<10;i++)
    scanf("%d",&a[i]);
  m=a[0];
  for(i=1;i<10;i++)
    m=max(m,a[i]);                      //调用函数 max()，数组元素 a[i]作实参
printf("Max is %d\n",m);
}
```

程序运行结果：

```
Input 10 integers:25 34 22 41 19 40 55 62 48 53 ↙
Max is 62
```

(2) 数组名作为函数参数

也可以用数组名作为函数参数，此时实参和形参都应采用数组名或指针变量(参见第 10 章)形式。

【例题 8.6】 数组 score 中存放了 10 个学生的成绩，求平均成绩。

```
#include <stdio.h>
#define N 10
float average(float cj[N])              //数组 cj 作为形参数组
{
  int i;
  float m,sum=cj[0];
  for(i=1;i<N;i++)
    sum=sum+cj[i];
  m=sum/N;
  return m;
}
```

```
void main()
{
  float score[N],av;
  int i;
  printf("Input 10 scores:\n");
  for(i = 0;i < N;i++)
    scanf(" % f",&score[i]);
  av = average(score);              //函数调用,score 作为实参数组
  printf("average score is % 5.2f\n",av);
}
```

程序运行结果：

```
Input 10 scores:
78 97 68 94.5 79.6 80 65 75.4 88.3 77 ↙
average score is 80.28
```

说明：

① 用数组名作为函数参数，实参和形参都应使用数组名或指针变量形式，且二者的数据类型应相同，如果不一致就会发生错误。例题 8.6 中 score 是实参数组，cj 是形参数组，二者都是 float 型数组。

② 在被调函数中，可以说明形参数组的大小，也可以省略不说。如上例中，average()函数可以写成：float average(float cj[])。因为 C 语言编译时对形参数组的大小不做作查，只是将实参数组的首地址传给形参数组，从而让形参数组和实参数组指向同一段内存单元。有时为了处理需要，可以设置另一个参数传递需要处理的数组元素的个数。如例题 8.6 可以改写成下面的形式。

【例题 8.7】 设置参数传递数组元素个数。

```
#include <stdio.h>
float average(float cj[],int b)     //不指定形参数组 cj 的长度,引入另一个参数 b
{
  int i;
  float m,sum = cj[0];
  for(i = 1;i < b;i++)
    sum = sum + cj[i];
  m = sum/b;
  return m;
}
void main()
{
  float score[10],av;
  int i;
  printf("\ninput 10 scores:\n");
  for(i = 0;i < 10;i++)
    scanf(" % f",&score[i]);
  printf("average score is % 5.2f\n",average(score,10));
                                          //函数调用,用另一个参数传递数据元素个数
}
```

例题 8.7 的运行结果与例题 8.6 一样，可以看出，定义函数 average()时，不指定形参数组 cj 的长度，而是设置了另一个参数 b，用来接收需要处理的数据个数，当发生函数调用时，通过一个实参 10 传递给形参 b，表示求 10 个学生的平均分。

③ 简单变量和数组元素作为函数的参数，遵循的是单向的“值传递”方式，形参和实参分别占不用的内存单元。而数组名作为函数的参数，遵循的是“地址传递”方式，函数调用时，实参传递给形参的是数组的首地址(数组名代表数组的首地址)，此时形参数组和实参数组使用相同的内存单元，在函数操作中对形参的改变会直接影响到实参，如图 8.2 所示。

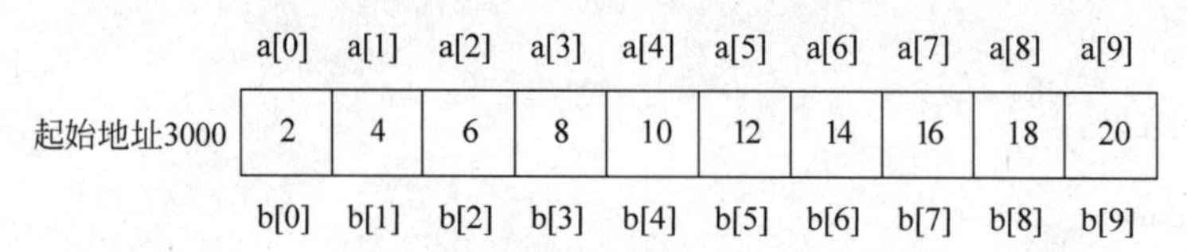

图 8.2 形参数组和实参数组所占内存单元示意图

假设实参数组 a 的起始地址为 3000，则形参 b 数组的起始地址也是 3000，显然 a 和 b 同占一段内存单元，a[0]与 b[0]同占一个单元……由此可以看到，形参数组中各元素的值如发生变化会使实参数组元素的值同时发生变化。

【例题 8.8】 用比较法对数组中 10 个整数按从大到小排序。

```
#include<stdio.h>
void sort(int x[],int n)
{ int i,j,k,t;
  for(i=0;i<n-1;i++)
    for(j=i+1;j<n;j++)
      if(x[i]<x[j])
      { t=x[i];x[i]=x[j];x[j]=t;}
  }
void main()
{ int a[10],i;
  printf("Input the array:\n");
  for(i=0;i<10;i++)
    scanf("%d",&a[i]);
  sort(a,10);
  printf("The sorted array:\n");
  for(i=0;i<10;i++)
    printf("%5d",a[i]);
      printf("\n");
}
```

程序运行结果：

```
Input the array:
12 15 22 31 17 20 19 35 11 28 ↙
The sorted array:
35 31 28 22 20 19 17 15 12 11
```

从上例中可以看到，执行函数调用语句“sort(a,10);”之前和之后，a 数组中元素的排列顺序是不同的。调用前，a 数组的元素是无序的，调用后，通过实参数组 a 传递给形参数组 x，使得形参数组和实参数组占用了同一段内存单元,因而对形参数组 x 使用比较法进行的排序,实际上就是对实参数组 a 的排序,即形参数组的改变也使实参数组发生了改变。

(3) 多维数组名作为函数参数

多维数组名作为函数的参数时,除第一维可以不指定长度外(也可以指定),其余各维都必须指定长度。因此,以下写法都是合法的:

int max(int x[3][5])

或 int max(int x[ ][5])

【例题 8.9】 求一个 3×4 矩阵的最大值和最小值。

```
#include<stdio.h>
void input(int c[3][4])                    //定义为矩阵各元素赋值的函数
{ int i,j;
  printf("please input 12 data of array:\n");
  for(i=0;i<3;i++)
   for(j=0;j<4;j++)
    scanf("%d",&c[i][j]);
}
void output(int c[][4])                    //定义输出矩阵的函数
{ int i,j;
  printf("array is:\n");
  for(i=0;i<3;i++)
  { for(j=0;j<4;j++)
      printf("%5d",c[i][j]);
    printf("\n");
}
  printf("\n");
}
void max(int a[][4],int b[])               //求矩阵元素中的最大值和最小值的函数
{ int i,j;
 b[0]=a[0][0];                             //假设矩阵第一行第一列元素为最大值
 b[1]=a[0][0];                             //假设矩阵第一行第一列元素为最小值
 for(i=0;i<3;i++)
  { for(j=0;j<4;j++)
   { if(a[i][j]>b[0])
          b[0]=a[i][j];                    //将矩阵中最大的元素存放在b[0]中
    if(a[i][j]<b[1])
          b[1]=a[i][j];                    //将矩阵中最小的元素存放在b[1]中
   }
  }
}
void main()
{ int b[2],a[3][4];
  input(a);
  output(a);
  max(a,b);
  printf("max value is:%5d\nmin value is:%5d\n",b[0],b[1]);
}
```

程序运行结果:

```
please input 12 data of array:
3 5 12 -9 15 -1 7 8 10 14 6 11↙
array is:
    3     5   12   -9
   15    -1    7    8
   10    14    6   11
max value is:  15
min value is:  -9
```

8.3.2 函数的返回值

函数的返回值是指函数被调用后，执行函数体中的语句序列后所取得的值。函数的返回值只能通过 return 语句返回主调函数。return 语句的一般形式为：

```
return(表达式);
或  return 表达式;
```

return 语句的作用是结束函数的执行，并将表达式的值带回给主调函数。

利用返回值的方式传递数据，需要注意下列几点。

(1) 使用返回方式传递数据，所传递的数据可以是整型、浮点型、字符型及结构体类型等，但不能传回整个数组。

(2) 当被调函数的数据类型与函数中的 return 后面表达式的类型不一致时，表达式的值将被自动转换成函数的类型后传递给主调函数。

(3) 一个函数中可以有一个以上的 return 语句，但不论执行到哪个 return 语句都将结束函数的调用，返回主调函数。

【例题 8.10】 求两数的最大值。

```
#include<stdio.h>
int max(float x,float y)
{ if(x>y) return x;
 return y;
}
void main()
{ float a,b;
  int c;
  printf("input a,b:\n");
  scanf("%f,%f",&a,&b);
  c=max(a,b);
  printf("Max is %d\n",c);
}
```

程序运行结果：

```
input a,b:
3.6 7.9↙
Max is 3
```

在例题 8.10 中，函数 max()定义为整型，而 return 语句中的 x、y 均为浮点型，二者不一致，返回值类型以函数类型为准，先将浮点型转换为整型，再由 return 语句带回主函数调用位置，赋给整型变量 c。

程序第 3、4 行 max()函数中有两条 return 语句，当 x > y 成立时，执行“return x;”语句，之后函数调用将立即结束，不再执行后续语句，直接返回主调函数。

(4) 如果一个函数有返回值，就必须使用 return 语句，如果不需要返回值，可以用 void 作为函数的类型说明。比如在例题 8.1 中：

```
void printstar()
{ printf(" ****************** \n");}
```

printstar()函数完成打印 * 号的操作，没有返回值，所以可以定义为 void 类型。

8.4 函数的嵌套调用和递归调用

8.4.1 函数的嵌套调用

C 语言中任何一个函数的定义都是独立的，不允许在一个函数的定义中再定义另一个函数，即不允许函数的嵌套定义，但在 C 语言中允许嵌套调用函数。所谓嵌套调用指的是在调用一个函数的过程中又调用了另一个函数，如图 8.3 所示。

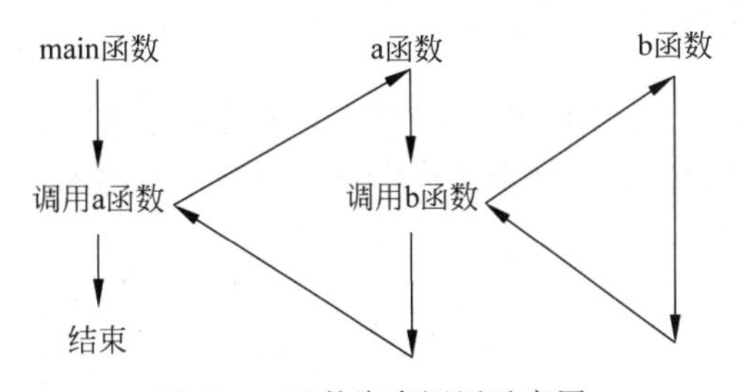

图 8.3　函数嵌套调用示意图

图 8.3 表示了两层嵌套的情形。其执行过程是：首先执行 main 函数，当遇到 main 函数中调用 a 函数的语句时，流程即转去执行 a 函数，在执行 a 函数过程中，当遇到调用 b 函数的语句时，流程又转去执行 b 函数，b 函数执行完毕后，流程返回 a 函数中调用 b 函数的断点处继续向后执行，当 a 函数执行完毕后，流程又返回到 main 函数中调用 a 函数的断点处继续向后执行，直至整个程序结束。

【例题 8.11】 编写程序计算 $1^k+2^k+3^k+\cdots+n^k$ 的值。

```
#include<stdio.h>
int sump(int,int);                    //函数原型声明
int powers(int,int);                  //函数原型声明
void main()                           //主函数
{ int k,n;
  printf("请输入 n 的值：");
  scanf("%d",&n);
  printf("请输入指数 k 的值：");
  scanf("%d",&k);
  printf("从 1 到 %d 的 %d 次幂之和为",n,k);
  printf("%d\n",sump(k,n));           //调用函数 sump
}
```

```
int powers(int n,int k)                  //函数定义,计算 nk
{ for(int i=1,p=1;i<=k;i++)
      p* =n;
  return p;
}
int sump(int k,int n)                    // 函数定义,求累加和 sum
{ for(int i=1,sum=0;i<=n;i++)
     sum+=powers(i,k);                   //嵌套调用函数 powers
  return sum;
}
```

程序运行结果：

```
请输入 n 的值：8 ↙
请输入指数 k 的值：4 ↙
从 1 到 8 的 4 次幂之和为 8772
```

在例题 8.11 第 11 行中，主函数通过调用函数 sump 来计算 $1^k+2^k+3^k+\cdots+n^k$ 的累加和。在调用 sump 函数过程中，嵌套调用了函数 powers 来计算每一项 n^k 的值，通过 for 循环把每次调用 powers 函数的返回值加到和变量 sum 中，当 i>n 时循环结束，sump 函数将最终结果 sum 的值返回主调函数 main，程序运行结束。这个过程就是函数的嵌套调用。

8.4.2 函数的递归调用

C 语言允许函数进行递归调用，即在调用一个函数的过程中，又直接或间接地调用该函数本身。前者称为直接递归，后者称为间接递归。递归调用的函数称为递归函数。

例如：

```
int f(int x)
{ int y,z;
  z=f(y);
  return(2*z);
}
```

上例中，f()就是递归函数，在 f()函数的函数体中直接调用了 f()函数本身。

一般来说，递归问题的求解可以分为两个阶段。

(1) 递推阶段：将一个原始问题逐步分解为对多个新问题的求解，而每一个新的问题的解决方法都与原始问题的解决方法相同，只是问题规模递减，并向已知推进，最终达到递归结束条件，这时递推过程结束。

(2) 回归阶段：从递归结束条件出发，沿递推的逆过程，逐一求值回归，直至递推的起始处，结束回归过程，完成递归调用。

值得注意的是，为了防止递归调用无终止地进行，必须在递归函数的函数体中给出递归终止条件，当条件满足时则结束递归调用返回上一层，从而逐层返回，直到返回最上一层而结束整个递归调用。

【例题 8.12】 有 5 个人坐在一起，问第 5 个人多少岁，他说比第 4 个人大 2 岁。问第 4 个人岁数，他说比第 3 个人大 2 岁。问第 3 个人，又说比第 2 个人大 2 岁。问第 2 个人，说比第 1 个人大 2 岁。最后问第 1 个人，他说是 10 岁。请问第 5 个人多少岁。

分析：从题意可知，除了第 1 个人的年龄已知外，求其余每个人的年龄的方法都一样，都是由其前一个人的年龄加 2 得来，这是一个递归问题，可以用一个函数来描述上述问题的求解：

$$\text{age}(n)=\begin{cases}10 & (n=1)\\ \text{age}(n-1)+2 & (n>1)\end{cases}$$

求解过程如下：

递推阶段：当 $n>1$ 时，age(n)=age(n−1)+2，因此求解 age(n)的问题转化为求 age(n−1)的问题，而求 age(n−1)的问题与求 age(n)的方法一样，只是求解的对象值缩小了，当 n 的值递减到 1 时，因 age(1)已知，就不必再向前递推了。

回归阶段：从已知出发，把 age(1)的值代入求得 age(2)的值，把 age(2)的值代入求得 age(3)的值……以此类推直至求得 age(n)的值，问题得解。

程序清单如下：

```
#include <stdio.h>
int age(int n)
{ int c;
  if(n == 1) c = 10;                    //终止递归调用的条件
  else c = age(n - 1) + 2;
  return c;
}
void main( )
{ printf(" %d",age(5));
}
```

程序运行结果：

```
18
```

上例中，main 函数只有一条语句，通过调用函数 age(5)来解决问题。age()函数在整个程序运行过程中共被调用了 5 次，第一次是由 main()函数调用，其余 4 次都在 age()函数中调用，即自己调用了自己，而且每次调用时，实参传递给形参 n 的值都在递减，直至当 n=1 时，age()函数的返回值为 10，然后再依次返回对应层的调用函数，最后一次返回主函数。这就是递归调用的全过程。

递归调用的具体过程如图 8.4 所示。

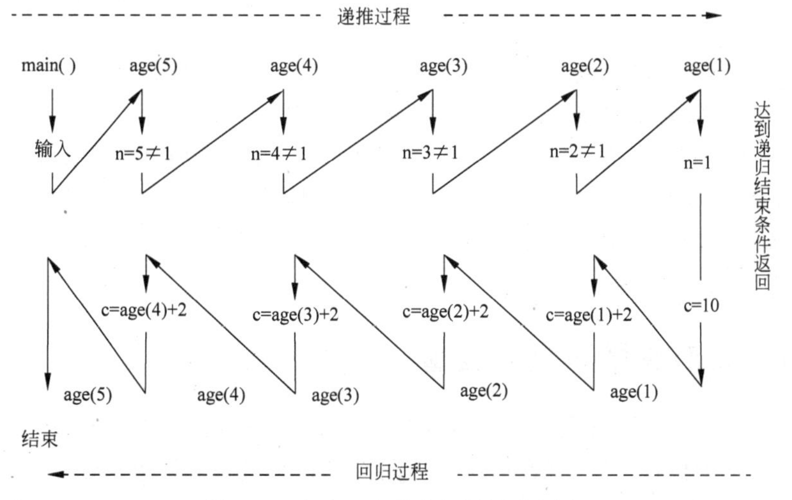

图 8.4 求 age(5)的递归调用示意图

【**例题 8.13**】 用递归方法求斐波那契(Fibonacci)数列的第 n 项。

分析：斐波那契数列(Fibonacci sequence)，又称黄金分割数列，指的是这样一个数列：1,1,2,3,5,8,13,21,34,55,89,144,233,377,610……这个数列从第 3 项开始，每一项都等于前两项之和，即斐波那契数列的第 n 项 $f(n)=f(n-1)+f(n-2)$，第 $n-1$ 项 $f(n-1)=f(n-2)+f(n-3)$……最后 $f(3)=f(2)+f(1)$，当 $n=1$、$n=2$ 时，就可以向回递推，计算出 $f(n)$。

程序清单如下：

```
#include<stdio.h>
long fib(int n)
{ long f;
  if(n==1||n==2)                    //当n=1或n=2时,递归结束
    f=1;
  else
    f=fib(n-1)+fib(n-2);            //递归调用
  return f;
}
void main()
{ long int n;
  printf("input n=");
  scanf("%ld",&n);
  printf("fib=%ld\n",fib(n));       //调用fib()函数,并输出返回值
}
```

程序运行结果：

```
input n=15↙
fib=610
```

8.5 变量的作用域与存储类型

C 语言程序中的任何变量，系统都会在适当的时间为变量分配内存单元，而且每一个变量都有两个属性：数据类型和数据的存储类别。变量的数据类型决定了变量在内存中所占的字节数以及数据的表示方法。变量的存储类别决定了变量在空间上的作用域和时间上的生存期(变量存在的时间)。例如在前面已介绍，以某种数据类型声明的函数的形参变量只有在函数被调用期间才分配内存单元，调用结束立即释放，这一点表明形参变量只有在函数内才是有效的，离开该函数就不能再使用了。本节将介绍变量的作用域与存储类别。

8.5.1 局部变量和全局变量

在 C 语言中，所有的变量都有自己的作用域。变量的作用域是指变量在 C 程序中的有效范围，变量定义的位置不同，其作用域也不同。C 语言中的变量按照作用域，可以分为局部变量和全局变量。

1. 局部变量

如果变量定义在某函数或复合语句内部，则称该变量为局部变量，也称为内部变量。局部变量只在定义它的函数内部或复合语句内有效，超过这个范围将不能使用。

```
int f1(int a)              //函数 f1
{
  int b,c;                 a、b、c有效
  ……
}
int f2(int x)              //函数 f2
{
  int y,z;                 x、y、z有效
  ……
  }
void main()                //主函数
{
  int m,n;
  ……
  if(m>n)                  m、n有效
  {
    int t;      t有效
    ……
  }
}
```

【例题 8.14】 分析下列程序的运行结果及变量的作用域。

```
#include<stdio.h>
void sub(int a,int b)       //形参 a、b 是局部变量,在 sub()函数内有效
{  int c;                   //变量 c 是局部变量,在 sub()函数内有效
   a=a+1;b=b+2;c=a+b;
   printf("sub:a=%d,b=%d,c=%d\n",a,b,c);
}
void main()
{  int a=1,b=2,c=3;    //a,b,c 是局部变量,在 main()函数内有效
   printf("main:a=%d,b=%d,c=%d\n",a,b,c);
   sub(a,b);
   printf("main:a=%d,b=%d,c=%d\n",a,b,c);
   {  int a=2,b=2;       //a,b 是局部变量,在复合语句内有效
      c=4;
      printf("comp:a=%d,b=%d,c=%d\n",a,b,c);
    }
   printf("main:a=%d,b=%d,c=%d\n",a,b,c);
}
```

程序运行结果:

```
main:a=1,b=2,c=3
sub:a=2,b=4,c=6
main:a=1,b=2,c=3
```

```
comp:a = 2,b = 2,c = 4
main:a = 1,b = 2,c = 4
```

说明：

(1) 不同函数中可以有相同名字的局部变量,它们代表不同的对象,在内存中占不同的内存单元,互不干扰。

(2) 形式参数和在函数体内定义的变量都是局部变量,都只能在本函数内使用,不能被其他函数直接访问。

(3) 如果局部变量的有效范围有重叠,则有效范围小的优先。在例题 8.14 中,主函数中定义的变量 a、b、c 在主函数中有效,但由于主函数的复合语句中又重新定义了同名变量 a、b,则在复合语句中,外层的同名变量 a、b 暂时不起作用,出了复合语句,外层的同名变量 a、b 起作用,而复合语句中的 a、b 就不再起作用。

2. 全局变量

如果变量定义在所有函数外部,则称该变量为全局变量,也称为外部变量。全局变量的作用范围是从定义变量的位置开始到本程序文件结束,即全局变量可以被在其定义位置之后的其他函数所共享。

```
int a,b;                    //外部变量
void f1()                   //函数 f1
{
  ……
}
float x,y;                  //外部变量
int f2()                    //函数 f2
{
  ……
}
void main()                 //主函数
{
  ……
}
```

在上例中,a、b、x、y 都是全局变量。但它们的作用范围不同,a、b 定义在源程序最前面,因此在函数 f1、f2 及 main 内都可使用。而 x、y 定义在函数 f1 之后,所以它们在 f1 内无效,只能在 f2 和 main 中使用。

【例题 8.15】 输入长方体的长(l)、宽(w)、高(h),求长方体体积及正、侧、顶三个面的面积。

```
#include<stdio.h>
int S1,S2,S3;                        //定义全局变量 S1、S2、S3
int vs(int a,int b,int c)            //定义函数 vs()用于计算体积和三个面的面积
{ int v;
  v = a * b * c;                     //计算长方体体积
  S1 = a * b;S2 = b * c;S3 = a * c;  //计算三个面的面积,分别赋给全局变量 s1、s2、s3
```

```
  return v;                         //return 语句返回体积值 v
}
void main()
{ int v,l,w,h;
  printf("\ninput length,width and height:");
  scanf("%d%d%d",&l,&w,&h);
  v = vs(l,w,h);                    //调用 vs()函数
  printf("v = %d S1 = %d S2 = %d S3 = %d\n",v,S1,S2,S3);
}
```

程序运行结果：

```
input length,width and height:5 7 6↙
v = 210 S1 = 35 S2 = 42 S3 = 30
```

说明：

(1) 设全局变量的作用是增加了函数间数据联系的渠道。每次函数调用只能带回一个返回值,当函数有多个执行结果时,可以通过设置全局变量使主调函数得到一个以上的返回值。

在例题 8.15 中,通过调用 vs()函数计算长方体的体积和三个面的面积,函数 vs()中 v 的值通过 return 语句带回 main()函数。S1、S2、S3 是全局变量,它们的值可以被程序中的所有函数使用,因此,在 vs()函数中 S1、S2、S3 被分别赋值后,不用带回主函数,就可以在主函数 main()中直接输出它们的值。

由此看出,可以利用全局变量以减少函数实参与形参的个数,从而减少内存空间以及传递数据时的时间消耗。

(2) 全局变量在整个程序执行过程中始终占用存储单元,因而浪费内存空间,降低了程序的可靠性和通用性,在非必要时不建议使用全局变量。

(3) 在一个函数内定义了一个与全局变量同名的局部变量(或者是形参)时,则局部变量优先,而全局变量在该函数内不起作用。

【例题 8.16】 全局变量和局部变量同名。

```
#include <stdio.h>
int a = 8,b = 5;                    // a,b 为全局变量
int max(int a, int b)               // a,b 为局部变量

{ int c;                                              形参a，b作用范围
  c = a < b?a:b;                                      全局变量a、b失效
  return c;
}
void main()
{ int a = 3;                        // a 为局部变量   局部变量a作用范围
  printf("%d\n",max(a,b));                            全局变量b有效
}
```

程序运行结果：

```
3
```

程序第 2 行定义了全局变量“a=8,b=5;”其作用范围应该是从第 2 行定义位置开始到整个程序结束,第 3 行开始定义 max()函数,a、b 是形参,形参是局部变量,因 max 中的形参 a、b 与全局变量的 a、b 同名,此时局部变量优先,全局变量 a、b 在 max()函数内部失效,形参的作用范围从第 4 行到第 7 行。在主函数 main()中,定义了一个局部变量 a,同理主函数范围内全局变量 a 不起作用,而全局变量 b 在此范围内有效,因此 printf 函数中的函数调用 max(a,b)中,实参 a=3、b=5,即 max(3,5),程序的运行结果是 3。

8.5.2 变量的生存期和存储类别

前面已经介绍了,从变量存在的空间(即作用域)角度来分,变量可以分为全局变量和局部变量,而从变量值存在的时间(即生存期)角度来分,变量又可以分为静态存储变量和动态存储变量。

一个 C 语言源程序经编译和连接后,产生可执行程序。要执行该程序,系统必须为程序分配内存空间,并将程序装入所分配的内存空间内。一个程序在内存中占用的存储空间可以分为 3 个部分:程序区、静态存储区和动态存储区,如图 8.5 所示。

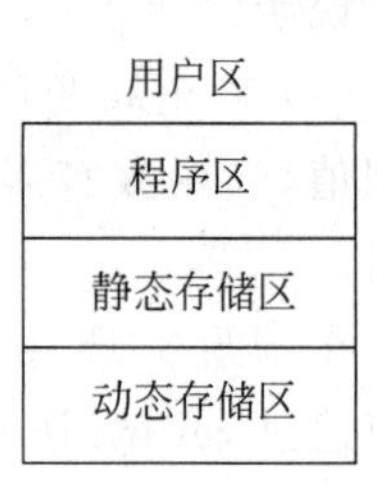

图 8.5 程序存储内存空间示意图

程序区用来存放可执行程序的程序代码。变量一般存放在静态存储区和动态存储区。通常,静态存储变量被存放在静态存储区,它在程序运行期间始终占据内存空间;动态存储变量则被存放在动态存储区,它只在程序运行时的某段时间内占据内存空间。存放于不同存储空间内的变量的生存期也不同,变量的生存期及把它分配在哪个存储区是由变量的存储类别决定。

C 语言根据变量的动态和静态存储方式提供了 4 种存储类别,分别是:auto(自动存储类)、register(寄存器存储类)、static(静态存储类)和 extern(外部存储类)。

C 语言中每一个变量都有两个属性:数据类型和数据的存储类别。变量的数据类型决定了变量在内存中所占的字节数以及数据的表示方法。变量的存储类别决定了变量在空间上的作用域和时间上的生存期(变量存在的时间)。因此,一个完整的变量定义格式为:

```
存储类别标识符　数据类型标识符变量名 1,变量名 2,…,变量名 n;
```

例如:`static float x,y;　　//定义两个静态存储类别的浮点型变量 x 和 y`

下面对变量的 4 种存储类别进行详细介绍。

1. 自动变量(auto)

函数中的局部变量,如不专门声明为 static 存储类别,都是自动变量,用关键字 auto 作存储类别的声明,自动变量被分配在动态存储区中,函数中的形参和在函数中定义的变量(包括在复合语句中定义的变量)都属此类。在调用函数时系统在动态存储区为自动变量分配存储单元,当函数调用结束时,所占内存空间便即刻释放。

例如：

```
int max(int a,int b )           //定义 max 函数,a、b 为参数
{ auto int t = 0;               //定义 t 为自动变量
  ……
}
```

上例中 a、b 是形参，t 是自动变量，程序中对 t 赋初值 0，执行完 max 函数后，自动释放 a、b、t 所占的存储单元。

关键字 auto 可以省略，即变量的默认存储类别是 auto，如本例中，"auto int t=0;"与"int t=0;"等价。

说明：自动变量如果只定义而不初始化，则其值是不确定的。如果初始化，则赋初值操作是在调用时进行的，且每次调用都要重新赋一次初值。

【例题 8.17】 分析下列程序的运行结果。

```
#include<stdio.h>
void fun()
{ int n = 5;                    //等价于 auto int n = 5;
  n++;
  printf("n = %d\n",n);
}
void main()
{ fun();
  fun();
}
```

程序运行结果：

```
n = 6
n = 6
```

在例题 8.17 中，函数 fun()中定义的 n 为自动变量。主函数第一次调用 fun 函数时，系统为 n 分配临时存储单元，并赋初值为 5，执行 n++后，n 的值为 6，输出 n=6 后，函数调用结束，程序返回主调函数，同时分配给 n 的存储单元被收回，第二次调用 fun 函数时，系统重新为 n 分配存储单元，再次赋初值为 5，因此输出结果仍为 6。

2. 静态变量(static)

除了形参外，可以将局部变量和全局变量都定义为静态变量，用关键字 static 作为存储类别的标识符。静态变量分为两种：一种是静态局部变量，一种是静态全局变量。

例如：

```
static float x = 4.5;           //x 为静态全局变量
void f( )
{ static int y;                 //y 为静态局部变量
  … …
}
```

用 static 说明的局部变量和全局变量具有不同的含义。

（1）静态局部变量

对于某些局部变量，如果希望在函数调用结束后仍然保留原值，即占用的内存空间不释放，以便下次调用函数时继续使用上一次的运行结果，则可以把局部变量用 static 定义为静态局部变量。编译时，静态局部变量被分配在静态存储区中。

【例题 8.18】 观察静态局部变量的值。

```
#include<stdio.h>
int f(int b)
{ static int m=4;              //m 定义为静态局部变量
  m+=b;
  return m;
}
void main()
{ int i,a=1;                   //等价于: auto int i,a=1;
  for(i=0;i<3;i++)
  { a+=f(a);
    printf("%d\t",a);
  }
  printf("\n");
}
```

程序运行结果：

```
6    17    45
```

在例题 8.18 中，在第一次调用 f 函数时 m 的初始值为 4，第一次调用结束时 m＝5，变量 a＝1＋5＝6。由于 m 是静态局部变量，在函数调用结束后，它的内存空间并不释放，仍然保留 m＝5。当第二次调用 f 函数时，形参 b 的初值是 6，m 的初值是 5（上一次调用结束时的结果），第二次函数调用结束时，m＝11，变量 a＝6＋11＝17，此时 m 的值仍不消失，仍然保留 m＝11。继续进行第三次函数调用，形参 b 的初值是 17，m 的初值为 11，当调用结束时，m＝28，变量 a＝17＋28＝45，整个程序结束。

对静态局部变量的几点说明。

① 静态局部变量是在静态存储区内分配存储单元。在程序整个运行期间都不释放。因此函数调用结束后，它的值不消失，其值能够保持连续性。

② 静态局部变量是在编译时赋初值的，且只赋一次初值，在程序运行时它的值始终存在，以后每次调用函数时不再重新分配空间和赋初值，而只是保留上次函数调用结束时的值。

③ 如果定义静态局部变量时没有赋初值，则编译器自动将其初值置为 0（对数值型变量）或空字符'\0'（对字符型变量）。

④ 静态局部变量的生存期是全程的，作用域是局部的。即虽然静态局部变量在函数调用结束后仍存在，但其他函数不能引用它。

【例题 8.19】 打印 1 到 5 的阶乘值。

```
# include<stdio.h>
float fac(int n)
{ static float f=1;
  f=f*n;
```

```
  return f;
}
void main()
{ int j;
  for(j = 1;j <= 5;j++)
  printf("%d!= %.0f\n",j,fac(j));
}
```

程序运行结果：

```
1!= 1
2!= 2
3!= 6
4!= 24
5!= 120
```

(2) 静态全局变量

所有的全局变量都存储在静态存储区中，如果在说明全局变量时，用关键字 static 修饰，表示所说明的全局变量仅限于本程序文件内使用，其他文件不能使用，即使在其他文件中使用了 extern 说明(extern 的使用请参见下页 4. 外部变量)，也无法使用该变量。

例如：

```
//file1.c              //file2.c
static int A;          extern int A;
void main()            void fun(int n)
{ ……                   { ……
}                      A = A * n;}
```

上例中，在 file1. c 中，用 static 声明了静态全局变量 A，可以被 file1. c 文件中的所有函数引用，其他文件不能引用。虽然在 file2. c 中用 extern 声明 A 为外部变量，也不能引用 file1. c 中的全局变量 A。

若一个程序仅有一个文件组成，在说明全局变量时，有无 static 修饰，并无区别，对于多文件构成的程序来说，如果将仅局限于一个文件中使用的全局变量加 static 修饰，则能有效避免全局变量的重名问题。

3. 寄存器变量(register)

C 语言允许将局部变量的值放在 CPU 中的寄存器中，这种变量叫寄存器变量。由于 CPU 中寄存器的读/写速度比内存读/写速度快，因此，可以将程序中使用频率高的变量(如控制循环次数的变量)定义为寄存器变量，这样可以提高程序的执行速度。

【例题 8.20】 使用寄存器变量。

```
#include <stdio.h>
int fac(int n)
{ register int i,f = 1;        //设置循环控制变量 i 和自动变量 f 作为寄存器变量
  for(i = 1;i <= n;i++)
    f = f * i;
  return(f);
}
```

```
void main()
{ int i;
  for(i = 0;i <= 5;i++)
    printf("%d!= %d\n",i,fac(i));
}
```

程序运行结果：

```
0!= 1
1!= 1
2!= 2
3!= 6
4!= 24
5!= 120
```

说明：

(1) 只有局部自动变量和形式参数可以作为寄存器变量；

(2) 一个计算机系统中的寄存器数目有限，不能定义任意多个寄存器变量；

(3) 局部静态变量不能定义为寄存器变量。

4. 外部变量(extern)

外部变量就是定义在所有函数之外的全局变量。实际上，外部变量和全局变量是对同一类变量从空间和时间两个不同角度上的提法，全局变量是从变量的作用域即空间角度提出的，外部变量是从变量的生存期即时间角度提出的。

编译时，系统把外部变量分配在静态存储区，程序运行结束释放存储单元。若定义变量时未对外部变量赋初值，在编译时，系统自动赋初值0(对数值型变量)或空字符'\0'(对字符型变量)。外部变量的生存期是整个程序的执行期间，作用域是从定义处开始到源文件结束，在作用域范围内，变量可以被程序中的所有函数引用。

用关键字extern来声明外部变量，一般格式为：

```
extern 数据类型 变量名1,变量名2,…,变量名n;
```

或

```
extern 变量名1,变量名2,…,变量名n;
```

对外部变量声明时，系统不分配存储空间，只是编译系统知道该变量是一个已经定义过的外部变量，与函数声明的作用类似。

用extern声明外部变量，可以扩展外部变量的作用域。

当外部变量的定义位置不在文件的开头，其作用域的范围就只限于从它的定义处到程序文件结束。如果在变量定义点之前的位置需要引用该外部变量，则应该在引用之前用extern对要使用的外部变量加以声明，表示该变量是一个已经定义的外部变量。有了此声明，对外部变量的引用就是合法的。

【例题8.21】 在一个文件内声明外部变量。

```
#include <stdio.h>
int x = 2,y = 2;        //定义外部变量x,y
void f()
{ extern c1,c2;        //声明外部变量c1,c2
```

```
  scanf("%d%d",&c1,&c2);
}
int c1,c2;            //定义外部变量 c1,c2
void main()
{ f();
  printf("c1 + c2 = %d\n",c1 + c2);
  printf("x + y = %d\n",x + y);
}
```

程序运行结果：

```
5 9↙
c1 + c2 = 14
x + y = 4
```

在上例中，文件的开始位置定义了外部变量 x、y，并赋初值 x=2，y=2，其作用域从程序第 2 行到本程序文件结束，因此 x、y 可以被后边的 f()和 main()函数直接引用。在程序第 7 行也定义了外部变量 c1 和 c2，它们的作用域从第 7 行到本程序结束，当函数 f()想要引用 c1、c2 时，因外部变量定义位置在函数 f()之后，f()函数不能直接引用外部变量 c1 和 c2，需要用 extern 对 c1、c2 进行外部变量声明，如程序第 4 行，这样 f()函数就可以合法引用外部变量 c1 和 c2 了。对于 main()函数，因外部变量 c1 和 c2 定义位置在 main 函数前面，main 函数可以直接引用它们，故不用声明外部变量。

另外，在多文件程序结构中，如果一个文件中的函数需要使用其他文件里定义的外部变量，也可以用 extern 关键字声明所要用的外部变量。

【例题 8.22】 在多文件的程序中声明外部变量。

程序一如下：

```
//ex1.c
#include<stdio.h>
void fun();                              //函数声明
extern double gl,gw,gperim,garea;        //声明外部变量,文件内扩展
int main()
{ gl = 5;gw = 6;
  fun();
  printf("周长 = %lf,面积 = %lf\n",gperim,garea);
}
double gl,gw,gperim,garea;               //定义外部变量
```

程序二如下：

```
//ex2.c
extern double gl,gw,gperim,garea;        //声明外部变量,扩展到其他文件
void fun()
{ gperim = 2 * (gl + gw);
  garea = gl * gw;
}
```

程序运行结果：

```
周长 = 22.000000,面积 = 30.000000
```

从例题8.22可以看到，ex2.c文件开头有一个extern声明，它声明了在本文件中出现的变量gl、gw、gperim和garea都是已经在其他文件中定义过的外部变量，在本文件中不需要再为它们分配内存空间。这些外部变量的定义出现在ex1.c文件的最后，现在用extern声明将它们的作用域扩展到ex2.c文件中。另外在ex1.c文件中，因为外部变量gl、gw、gperim和garea的定义出现在了main()函数的后面，所以在程序第3行用extern声明外部变量，这样在主函数中就可以合法引用这些外部变量。

8.6 本章知识要点和常见错误列表

函数是编程提高篇的开始，之前可以称为编程的基础篇，学习者需加倍努力，多多上机练习。

本章知识要点如下。

(1) 函数是结构化程序设计在C程序设计中的具体应用：一个函数就是一个功能模块，一个简单的C语言程序，通常是由一个主函数和若干个函数组成。

(2) 函数的分类。

(3) 实现一个函数要完成“三部曲”。

① 函数声明——三部曲之一

```
存储类型标识符 数据类型标识符 函数名(形式参数类型表);
```

② 函数定义——三部曲之二

```
存储类型标识符 数据类型标识符 函数名(形式参数类型及名称表)
{
  声明部分
  执行部分
}
```

③ 函数调用——三部曲之三

```
函数名(实际参数表)
```

(4) 函数调用时，实参到形参的数值传递是单向的。

形参是形式上的局部变量，函数被调用时，才为形参开辟储存单元，将调用函数实参的值单向传递给形参，由函数对这些数据进行处理。普通类型形参值的变化无法影响到实参。

(5) 根据是否要返回处理结果，将函数分为以下两类。

无返回值的函数：定义时声明为void型的函数，只处理不返回任何值。

有返回值的函数：向调用者返回一个处理结果，返回值的类型以定义时的类型为准。

(6) 变量定义时可以在函数内，也可以在函数外，还可以在同一个工程的不同文件中，这就涉及变量的存储位置、作用域和生存期。重点掌握局部动态变量及形参。

(7) 变量的作用域是指一个范围，这个范围内变量是可见的。变量的生存期指变量在内存中占用的内存单元的时间。作用域和生存期是变量的空间和时间属性。

(8) 在C语言中，不允许函数嵌套定义，但允许函数的嵌套调用和函数的递归调用。

嵌套调用：在调用一个函数的过程中，又调用另一个函数；

递归函数：一个函数直接或间接地调用自己。

函数是完成一定规模和深度的程序设计必须要掌握的重要内容。

本章常见错误如表 8.1 所示。

表 8.1 常见错误列表

序号	错误类型	错误举例	解释及更正

1	定义函数时，函数头的最后多加了一个分号“;”	void disp();
		{ printf("error");
		}
			阴影处的分号将函数的头部与身体分开了，这是粗心的学习者最易犯的错，提示为 missing function header

2	声明函数原型时漏掉了分号	void disp();	错误声明，missing;（阴影处应该有分号）

3	函数定义时嵌套	int maxnum()
		{ int x,y;
		int getnum()
		{…
		}
		y=getnum();
		return x>y?x:y;
		}
			函数定义不能嵌套，调用可以嵌套。
			getnum 函数不能嵌在函数 maxnum 中定义，应该在 maxnum 定义前或后单独定义

4	自定义函数与标准库函数重名	#include< math.h > int abs() {… }	无语法与逻辑错误，只是以自定义函数为准。建议修改自定义函数的名字，简单的办法是前面加 my_即可

5	使用库函数时，忘记包含该函数所在的头文件	如完整的源程序如下：
		void main()
		{ char s[10];
		int len;
		gets(s);
		len=strlen(s);
		…
		}
			编译时两行阴影处出错：
			第一行要求在程序开始有预处理命令“#include< stdio.h >”
			第二行必须在程序开始有预处理命令“#include< string.h >”

6	函数的局部变量与形参同名或与函数名同名	int max(int x,int y)
		{ int max,x,y;
		max=x>y? x: y;
		return max;
		}
			在C语言中，函数的局部变量与形参的作用域都是所定义函数的内部，是同一个区域，所以不能同名。当然变量名与函数名是完全不同性质的标识符，也不可同名，易导致混乱

7	形参列表的形式写错	void func(int x,y,z) { … }	定义函数时每个形参的定义都需要带一个类型标识符，必须写成： void func (int x, int y, int z) {… }

续表

序号	错误类型	错误举例	解释及更正
8	函数调用时，实参形式写错	int max(int x,int y) { return x>y? x: y; } void main() { a=max(int a,3); }	实参是主调函数准备传给形参的具体数据，可以是变量或者已经有了具体值的变量或表达式，不能定义变量。实参前多了阴影部分

9	在函数调用时，实参个数与形参个数不匹配	void main()
		{ int a,b;
		  a=max(a,b,4);
		  b=max(a);
		}
		int max(int x,int y)
		{ return x>y? x: y;}
			C语言要求实参个数和类型必须与定义时的形参的个数和类型完全一致。
			阴影第一行：实参个数不能多于形参个数
			阴影第二行：实参个数不能少于形参个数

10	函数的实参与形参类型不一致	如上例9，若函数调用为：max(3.9,3)，实参3.9赋给整型形参x时，被截尾成整型数3了，结果只能得到错误的3	把“大类型数”赋给“小类型数”变量时，即实型、整型、字符型，可能把“大数”削足适履，虽没有错误提示，但警告可能引发错误的结果

11	函数中少了return语句	int min(int x,int y)
		{ int z;
		  z=x<y? x: y;
		  printf("%d\n",z);
		}
		void main()
		{ int a,b;
		  scanf("%d%d",&a,&b);
		  printf("%d\n",min(a,b));
		}
			函数定义时默认函数返回值类型为int，函数体内应该有一个return返回处理结果，没有会导致编译出错
			(1) 上阴影处无错误提示，但通常结果输出不应该在子函数中进行，尽量放在主调函数中
			(2) 下阴影处想输出min函数调用的返回值，因min函数中缺少return而出错

12	认为形参的改变会影响到实参的值	void getnum(int n)
		{ scanf("%d",&n);
		}
		void main()
		{ int a=0;
		  getnum(a);
		  printf("%d\n",a);
		}
			实参到形参的传递是单向值传递，普通形参的改变不会反过来影响实参。以为阴影处可以打印输入的任意数，其实永远打印出0

实训 10 函数应用程序设计

一、实训目的

(1) 掌握函数定义、调用、函数间的数据传递、返回值等语法规则。
(2) 熟练设计出实现参数传递的各种方式的函数。

二、实训任务

(1) 值传递调用函数应用实例：用辗转相除法求两个整数的最大公约数和最小公倍数。
(2) 利用数组名作为函数参数应用实例：用选择法对数组中 10 个整数按从小到大排序。
(3) 递归函数应用实例：利用角谷定理，求将一自然数转化得到自然数 1 的计算次数。

三、实训步骤

(1) 辗转相除法的算法思想如下：
① 求 a 除以 b 的余数 r；
② 如果 r=0，则 b 就是两个数的最大公约数，算法结束；否则执行步骤③；
③ 将除数 b 作为新的被除数，余数 r 作为新的除数，即执行“a=b;b=r;”，转到步骤①。
需要定义两个函数分别求最大公约数和最小公倍数，在主函数中先后进行值传递调用。
参考源程序 ex8.1.c 如下：

```
#include<stdio.h>
int gcd(int,int);          //函数原型声明
int gcm(int,int,int);      //函数原型声明
void main()
{ int x,y,d,m;
  printf("请输入两个整数: ");
  scanf("%d%d",&x,&y);
  if(x<y)
  { int t;
    t=x; x=y; y=t;}
    d=gcd(x,y);            //调用求最大公约数的函数 gcd
    m=gcm(x,y,d);
    printf("最大公约数为: %d\n 最小公倍数为: %d\n",d,m);
}
int gcd(int x,int y)       //定义求最大公约数的函数 gcd
{ int r;
  while(y!=0)
  {r=x%y;x=y;y=r;}
  return x;
}
```

```
int gcm(int x,int y,int z) //定义求最小公倍数的函数 gcm
{ return (x * y/z);}
```

程序运行结果：

```
请输入两个整数：48 36↙
最大公约数为：12
最小公倍数为：144
```

(2) 所谓选择法就是先将 10 个数中最小的数与 a[0]对换；再将 a[1]到 a[9]中最小的数与 a[1]对换，每比较一轮，找出一个未经排序的数中最小的一个，共比较 9 轮。

下面以 5 个数为例说明选择法的步骤。

a[0]	a[1]	a[2]	a[3]	a[4]	
2	7	1	8	5	未排序时的情况
1	7	2	8	5	将 5 个数中最小的数 1 与 a[0]对换
1	2	7	8	5	将余下的 4 个数中最小的数 2 与 a[1]对换
1	2	5	8	7	将余下的 3 个数中最小的数 5 与 a[2]对换
1	2	5	7	8	将余下的 2 个数中最小的数 7 与 a[3]对换

参考源程序 ex8.2.c 如下：

```
#include<stdio.h>
void sort(int array[],int n)
{ int i,j,k,t;
  for(i=0;i<n-1;i++)
  { k=i;
    for(j=i+1;j<n;j++)
    if(array[j]<array[k]) k=j;
    t=array[k];array[k]=array[i];array[i]=t;}
}
void main()
{ int a[10],i;
  printf("enter the array\n");
  for(i=0;i<10;i++)
    scanf("%d",&a[i]);
  sort(a,10);
  printf("the sorted array:\n");
  for(i=0;i<10;i++)
    printf("%d ",a[i]);
  printf("\n");
}
```

程序运行结果：

```
enter the array:
45 67 34 23 12 58 78 46 65 44↙
the sorted array:
12 23 34 44 45 46 58 65 67 78
```

在上面的程序中，主函数 main()中用字符数组名 a 作为实参进行数据传递，被调函数 sort()中的形参数组 array 接收到实参数组 a 的首地址，这时，数组 array 和数组 a 在内存中实际上占用同一段内存空间，在函数 sort 中对形参数组 array 运用选择法按升序排序，主函数中的实参数组 a 也同时发生过了改变，实现了排序。

(3) 角谷定理：又称角谷猜想，是由日本数学家角谷静夫发现，是指对于每一个自然数，如果它是奇数，则对它乘 3 再加 1，如果它是偶数，则对它除以 2，如此循环，最终都能够得到 1。如 $n=6$，根据定理得出 6→3→10→5→16→8→4→2→1。(经过了 7 次运算)

题目要求的是任意一个自然数经过运算得到自然数 1 的运算次数，可以设 f(n)表示关于自然数 n 的一个函数，得到自然数 1 的运算次数即为每次运算次数之和。

$$f(n)=\begin{cases}1 & (n=1)\\ f(n/2) & (n>1\text{ 且 }n\text{ 为偶数})\\ f(3*n+1) & (n>1\text{ 且 }n\text{ 为奇数})\end{cases}$$

参考源程序 ex8.3.c 如下：

```
#include<stdio.h>
int i=0;                                    //定义全局变量,统计计算次数
int f(int n)                                //定义递归函数
{ if(n==1)                                  //递归结束条件
   { printf("%d ",n);
    i++;}
  else
    { if(n%2==0) //n 为偶数
      { printf("%d ",n);
        f(n/2);
        i++;}
      else                                  //n 为奇数
      { printf("%d ",n);
        f(3*n+1);
        i++;}
    }
}
void main()                                 //主函数
{ int num;
  printf("请输入一个数: ");
  scanf("%d",&num);
  f(num);
  printf("\nSTEP=%d\n",i);
}
```

程序运行结果：

```
请输入一个数: 56↙
56 28 14 7 22 11 34 17 52 26 13 40 20 10 5 16 8 4 2 1
STEP=20
```

习题 8

一、选择题

1. 如果一个函数无返回值，定义时它的函数类型应是(　　)。
   A. 任意　　B. int　　C. void　　D. 无
2. 在参数传递过程中，对形参和实参的要求是(　　)。
   A. 函数定义时，形参一直占用存储空间
   B. 实参可以是常量、变量或表达式
   C. 形参可以是常量、变量或表达式
   D. 形参和实参类型和个数都可以不同
3. 对数组名作函数的参数，下面描述正确的是(　　)。
   A. 数组名作函数的参数，调用时将实参数组复制给形参数组
   B. 数组名作函数的参数时，主调函数和被调函数共用一段存储单元
   C. 数组名作函数的参数时，形参定义的数组长度不能省略
   D. 数组名作函数的参数时，不能改变主调函数中的数据
4. 如果在一个函数的复合语句中定义了一个变量，则该变量(　　)。
   A. 只在该复合语句中有效　　B. 在该函数中有效
   C. 在本程序范围内有效　　D. 为非法变量
5. 若函数中有定义语句“int k;”，则(　　)。
   A. 系统将自动给 k 赋初值 0　　B. 这时 k 中的值无意义
   C. 这时 k 中无任何值　　D. 系统将自动给 k 赋初值－1
6. 下列各类变量中，(　　)不是局部变量。
   A. register 型变量　　B. 外部 static 变量　　C. auto 型变量　　D. 函数形参
7. 在一个函数中定义的静态变量的作用域为(　　)。
   A. 本文件的全部范围
   B. 本程序的全部范围
   C. 本函数的全部范围
   D. 从定义该变量的位置开始至本函数结束为止
8. 全局变量的定义不可能在(　　)。
   A. 最后一行　　B. 函数外面　　C. 文件外面　　D. 函数内部
9. 关于函数的声明和定义正确的是(　　)。
   A. 函数在声明时，其参数标识符可省略，但参数的类型、个数与顺序不能省略
   B. 函数的声明是必须的，只有这样才能保证编译系统对调用表达式和函数之间的参数进行检测，以确保参数的传递正确
   C. 函数的定义和声明可以合二为一，可以只有函数定义即可
   D. 函数的存储类型为外部型，所以可以在其他函数中被调用，它在定义时像其他外部变量一样，可以在其他函数内定义

10. 以下正确的函数定义形式为(　　)。

A. double fun(int x,int y;)　　B. double fun(int x,y)

C. double fun(int x;int y)　　D. double fun(int x,int y)

二、填空题

1. 使用数组名作为函数参数,形实结合时,传递的是________。

2. 在C程序中,若对函数类型未加显式说明,则函数的隐含说明类型为________。

3. C语言程序由main函数开始执行,应在________函数中结束。

4. 当函数调用结束时,该函数中定义的________变量占用的内存不收回,其存储类别的关键字为static。

5. 函数调用语句"fun(a＊b,(c,d))"的实参个数是________。

6. 一个函数内部定义的变量称为________,它存放于________存储区,在函数外部定义的变量称为________,它存放于________存储区。

7. 函数中定义的静态局部变量可以赋初值,当函数多次调用时,赋值语句执行________次。

8. 函数调用时,若形参和实参均为变量名,传递方式为________;若形参、实参均为数组,其传递方式是________。

9. 函数形参的作用域是________,当函数调用结束时,变量占用的内存系统收回。

10. 函数外定义的变量,默认是________。

三、程序分析题

1. 下列程序的执行结果是________。

```
#include<stdio.h>
int d = 1;
void fun(int p)
{  int d = 5;
   d += p++;
   printf("% - 5d",d);
}
void main()
{  int a = 3;
    fun(a);
    d += a++;
    printf("%d\n",d);
  }
```

2. 下列程序的执行结果是________。

```
#include<stdio.h>
int fun(int a,int b)
{ int c;
  c = a + b;
  return c;
```

```
}
void main()
{ int x = 5,y;
  y = fun(x + 4,x);
  printf(" % d\n",y);
}
```

3. 下列程序的执行结果是________。

```
#include < stdio.h >
int max(int a[ ],int n)
{ int i,m;
  m = a[0];
  for(i = 1;i < n;i++)
  if(a[i]> m) m = a[i];
    return m;
}
void main()
{ int a[10] = {3,54,23,43,54,65,78,21,37,20};
  printf(" % d\n",max(a,10));
}
```

4. 以下程序的输出结果是________。

```
#include < stdio.h >
void fun(int a, int b, int c)
{ a = 456; b = 567; c = 678; }
void main()
{ int   x = 10, y = 20, z = 30;
  fun(x, y, z);
  printf(" % d, % d, % d\n",z,y,x);
}
```

5. 以下程序的输出结果是________。

```
#include < stdio.h >
func(int a,int b)
{ static int m = 0,i = 2;
  i += m + 1;
  m = i + a + b;
  return m;
}
void main()
{ int k = 4,m = 1,p;
  p = func(k,m);
  printf(" % d",p);
  p = func(k,m);
  printf(" % d\n",p);
}
```

四、程序填空题

1. 计算输出某数的平方值,请填空。

```
#include<stdio.h>
________________;
void main()
{int x=3,y=5,z;
z=square(x+y);
printf("the square is %d\n",z);
}
int square(int x)
{return ________;
}
```

2. 以下函数的功能是求 $x^y(y>0)$,请填空。

```
double fun(double x,int y)
{int i;
 double z;
 for(i=1,z=x;i<y;i++)
   z=z*________;
 return z;
}
```

3. 下面 invert()函数的功能是将一个字符串 str 的前后对称位置上的字符两两对调,请填空。

```
void invert(char str[])
{ int i,j,________;
 for(i=0,j=________;i<j;i++,j--)
 { k=str[i];
   str[i]=str[j];
   str[j]=k;
 }
}
```

4. 下面程序是计算 sum=1+(1+1/2)+(1+1/2+1/3)+…+(1+1/2+…+1/n)的值。例如:当 m=3,sum=4.3333333 ,请填空完成程序功能。

```
#include<stdio.h>
________ f(int n)
{ int i;
  double s;
  s=0;
  for(i=1;i<=n;i++)
____________________;
  return s;
}
void main()
{ int i,m=3;
```

```
    float sum = 0;
    for(i = 1;i <= m;i++)
____________________;
    printf(" %f \n",sum);
}
```

五、编程题

1. 编写函数，判断 year 是否为闰年，若是则返回 1，否则返回 0。

2. 定义一个排序函数 sort()，用冒泡法对 10 个整数从小到大排序。

3. 定义一个求 $n!$ 的函数 fac()，在主函数中调用此函数，计算 sum=1!－2!＋3!－4!＋…$n!$ 的和，n 值要求从键盘输入。

4. 编写函数，用给定的一个 4×4 矩阵转置。

5. 编写函数，用递归函数求十进制数对应的二进制数。

6. 编写函数，将一个数据插入有序数组中，插入后数组仍然有序。提示：主函数中定义 int array[10]={1,3,6,7,9,12,21,23,27,30}，并读入待插入数据 n=14，调用函数 void fun(int b[],n)实现。

7. 编写函数，显示 100～200 之内大于 a 小于 b 的所有偶数，a、b 的值由键盘输入。

指针

指针是C语言中的一种非常重要的数据类型,同时也是C语言的一个重要特色。正确运用指针,可以有效地表达复杂的数据结构;能够直接对内存地址进行操作,方便地对内存进行动态分配;可以更加方便地使用数组和字符串。在函数调用时可以返回一个以上的参数值。

本章学习目标

- 掌握指针的概念、定义和运算。
- 掌握指针访问简单变量、数组和字符串的方法。
- 熟悉指针数组的使用方法。
- 熟悉函数指针和指针函数的用法。

9.1 指针的概念与定义

程序中定义了变量,编译系统就会为该变量分配相应的内存单元(存储单元),为了准确地访问这些内存单元,必须为每个内存单元编写一个唯一的编号。根据这个编号就可以准确地找到该内存单元,这就是内存地址,通常把这个地址称为指针,即变量的指针就是变量所在内存单元的地址。内存单元的地址和内存单元的内容是两个不同的概念。在C语言中,允许用一个变量来存放内存地址,这种变量称为指针变量。因此一个指针变量的值就是某个内存单元的地址,或称为某个内存单元的指针。

指针变量也是一种变量,它和普通变量一样也占用一定的存储空间。但与普通变量不同:指针变量的存储空间中存放的是另一个变量的地址,因此指针变量是一个存放地址的变量。当一个指针变量中存放了一个地址时,该指针变量就指向该地址的内存空间。这样就可以通过指针变量对该地址的存储区域中存放的数据进行访问和各种运算。

例如,一个指针变量p,把变量a的地址赋值给指针变量p。这样变量a的地址1001就存放到系统为指针变量p所分配的存储空间中,指针变量p的内容就是变量a的地址。通常称为p指向a,如图9.1所示。

有了指针变量以后,对变量的访问即可通过变量名进行,也可以通过指针变量进行。通过变量名或其地址访问变量的方式称为直接访问;通过指针变量的方式,即通过访问它所指向的变量的方式称为间接访问。

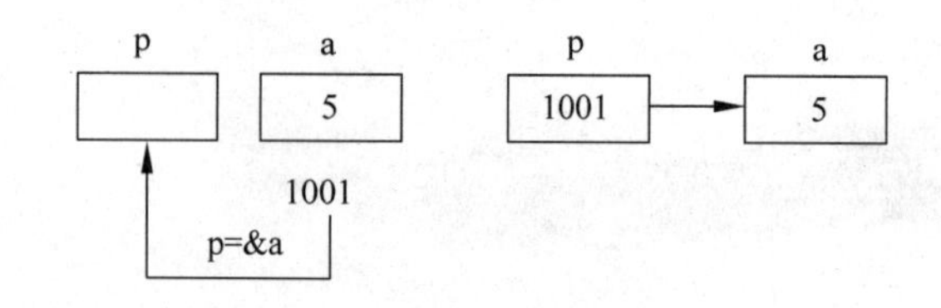

图 9.1　指针的概念

指针变量也是一个变量，因此和其他所有变量一样必须先定义后使用。定义指向变量的指针变量的一般格式如下：

数据类型标识符 * 变量名;

如：

```
int *p, *q;
float *t;
```

在指针变量定义中，指针变量名前的"*"号仅是一个符号，并不是指针运算符，表示定义的是指针变量；数据类型标识符代表该指针变量所指向的变量中存放的数据类型，并不是指针变量自身的数据类型。所有指针变量中存放的都是变量的地址，因此所有指针变量的类型是相同的，只是它们所指向的变量类型不同。如 p、q 可以指向整型变量，而 t 指向单精度实型变量。

9.2 指针的使用

1. 指针运算符

(1) 取地址运算符"&"

单目运算符，其结合性为从右向左，功能是提取变量的地址。取地址运算符"&"是优先级别最高的运算符之一。

(2) 取内容运算符"*"

单目运算符，其结合性为从右向左，功能是提取指针变量所指向的存储区域内存放的值。取内容运算符"*"是优先级别最高的运算符之一。

&a 表示变量 a 所占据的内存空间的首地址；而"int *p"中 * 是一个标识符，表明 p 是一个指针变量而非普通变量。程序中其余地方的 *p 代表 p 所指向的内存中的数据。

2. 指针变量的初始化

指针变量与普通变量一样，使用之前不仅要定义说明，而且必须赋予具体的值。未经赋值的指针变量不能使用，否则将造成系统混乱。指针变量的赋值只能赋予地址，不可为其他类型的数据，否则将引起错误。在 C 语言中，变量的地址由编译系统分配，用户只能通过"&"符号来获取内存地址。

指针变量初始化的一般格式如下：

```
数据类型标识符 * 指针变量名 = 初始地址;
```

如：int a，* p=&a；

指针变量除了可以在定义的同时进行赋初值操作外，还可以先定义指针变量，然后赋值；相同类型的指针变量之间也可以赋值；也可以为指针变量赋空值。如：

float x，* q； q=&x；	int a，* p=&a，* q； q=p；	int * p=0；

对指针变量赋0值和不赋0值是不同的。指针变量未赋值时，可以是任意的，是不能使用的，否则会造成意外错误。而指针变量赋0值以后，则可以使用，只是不指向具体变量而已。

【例题9.1】 指针变量的应用。

```
#include <stdio.h>
void main()
{   int a = 10,b = 2;
    int * p;                    //定义指针变量 p
    p = &a;                     //将变量 a 的地址赋给 p
    b = * p + 6;                //将指针 p 所指向的变量 a 中的数据提取后与 6 相加,值赋给 b
    printf("b = %d",b);
     * p = 20;                  //将 20 赋给指针 p 所指向的变量 a
    printf("a = %d, * p = %d",a, * p);
}
```

程序运行结果：

```
b = 16
a = 20, * p = 20
```

3. 指针变量的运算

指针变量的运算是以指针变量所持有的地址值为运算对象进行的运算，所以指针变量的运算实际上是地址的运算。因此，指针运算只允许有限的几种运算。除了赋值运算可以将指针指向某个存储单元外，指针变量还可与整数进行加减运算；两个指针之间也可以进行运算和比较。

(1) 指针与整数进行运算(指针的移动)

设p为指针变量，n为整数，可以进行p+n、p−n的运算，指针p还可以进行p++、p−−、++p、−−p等操作。在进行加减法运算和自增自减运算时，其实是p指向的地址向增加或减小的方向移动。

注意：由于指针变量指向的变量类型不同，所以占用数据存储空间的长度也不同。因此在进行算术运算时，结果取决于指针变量所指向的变量的数据类型。如果指针p指向的是float型变量，其在内存中占用4个字节的存储空间，因此p=p+2的运算结果是将往后移动 2 * sizeof(float)＝8，即 8 个字节。

(2) 两个相同类型指针相减

两个指向同一数据类型的指针可以进行减法运算。相减的结果是这两个指针之间所包含的数据个数。

【例题 9.2】 两个相同类型指针的运算。

```
#include <stdio.h>
void main()
{  int a[10];
   int *p, *q;
   p = &a[1];
   q = &a[8];
   printf("q-p= %d\n",q-p);
}
```

程序运行结果：

```
q-p=7
```

(3) 同类型指针的比较

同类型指针间的比较，即它们指向的地址位置之间的比较（两指针指向同一连续存储空间），因此也可以是一个指针和一个地址量间的比较。比较的结果反映出两个指针所指向的存储位置间的前后关系：指向后面存储单元的指针变量的值大于指向前面存储单元的指针变量的值；指向同一存储单元的两个指针变量的值相等。因此两个指针变量间可以进行大于、大于等于、等于、小于、小于等于、不等于的比较运算。

不同类型指针或指针与整型数据间的比较是没有实际意义的。但指针与 0 之间进行比较通常可以判断指针 p 是否为一个空指针。如：若 p＝＝0 成立，则表明 p 是一个空指针。

【例题 9.3】 同类型指针的比较。

```
#include <stdio.h>
void main()
{    int a=6, *p1;
     char ch='A', *p2;
     float x,y, *p3, *p4;
     p1 = &a;                    //将变量 a 的地址赋给指针变量 p1
     p2 = &ch;                   //将变量 ch 的地址赋给指针变量 p2
     p3 = &x;                    //将变量 x 的地址赋给指针变量 p3
     p4 = p3 + 1;                //将指针变量 p3 指向的下一个变量 y 的地址赋给指针 p4
     printf("a= %d,ch= %c.",a,ch);
     *p1 = *p1 + 10;             //p1 指向 a,即将 6 + 10 的值赋给 *p1
     *p2 = *p2 + 10;             //p2 指向 ch,即将 ch + 10 的值赋给 *p2
     printf("指针与整数进行运算: a= %d,ch= %c.",a,ch);
     if(p3<p4)
     printf("同类型指针比较: p3 位置在前");
     else
     printf("同类型指针比较: p3 位置在 p4 后");
}
```

程序运行结果：

```
a = 6,ch = A.
```

指针与整数进行运算：a=16,ch=K。
同类型指针比较：p3 位置在前
但在使用指针变量进行运算时须注意以下几点。

（1）指针运算符 * 与++、--的优先级相同，结合方向为从右到左。

（2）p++使指针 p 指向下一个元素。p--同理。

（3）p1－p2，得到 p1 和 p2 指向元素的下标差值。

（4）p＋j，得到在当前地址基础上向后偏移 j 个元素的地址。p－j 同理。

（5）*p++等价于先得到 p 所指向变量的值，再进行 p＝p＋1 操作，使 p 指向下一个元素。

（6）++(*p)，先取 *p 的值，再加 1 存入 p 所指向的地址。

9.3 指针形参"返回"函数多个值

我们知道 C 语言函数参数的传递方式有值传递与地址传递。当进行值传递时，主调函数把实参的值复制给形参，形参获得从主调函数传递过来的值运行函数。在值传递过程中被调函数参数值的更改不能导致实参值的更改。而如果是地址传递，由于传递过程中从实参传递过来的是地址，所以被调函数中形参值的更改会直接导致实参值的更改。因此，我们可以考虑把多个返回值作为数组元素定义成一个数组的形式，并使该数组的地址作为函数的形式参数，以传址方式传递数组参数。函数被调用后，形参数组元素改变导致实参改变，我们再从改变后的实参数组元素中获得函数的多个返回值。

【例题 9.4】 编写函数求一维整型数组的最大值与最小值，并把最大值与最小值返回给主调函数。

分析：以指针方式传递该一维数组的地址，然后把数组的最大值与数组的第一个元素交换，把数组的最小值与最后一个元素交换。函数被调用完毕后，实参数组中的第一元素为数组的最大值，实参数组中最后一个元素为数组的最小值，从而实现返回数组的最大值与最小值的功能。程序参考代码如下：

```
#include <stdio.h>
#include <conio.h>
void max_min(int *ptr,int n)              //求数组最大值最小值的函数,传递数组指针
{     int i,j,k;                          //j 保存最大值所在位置,k 保存最小值所在位置
      int *temp;                          //用于交换位置
      *temp = *ptr;
      for(i = 0;i < 6;i++)
      { if(*ptr < *(ptr + i))             //最大值与第一个元素进行交换
          {  k = i;
             *temp = *ptr;
             *ptr = *(ptr + k);
             *(ptr + k) = *temp ;
```

```
        }
    if(*(ptr+n-1)>*(ptr+i))      //最小值与最后一个元素进行交换
     { j=i;
        *temp = *(ptr+n-1);
        *(ptr+n-1) = *(ptr+j);
        *(ptr+j) = *temp;
     }
 }
main()
{ int a[6],i;
  for(i=0;i<6;i++)
  scanf("%d",&a[i]);
  max_min(a,6);
  printf("max=%d, min=%d\n\n",a[0],a[5]);
  getch();
}
```

调试结果如下：

```
请输入6个整型数,以空格隔开:
5 8 9 32 -6 4
max=32,min=-6
```

9.4 指针与数组

由于数组的存储为一个连续编址的空间，因此其内存单元是按一维线性排列。因而在程序员进行编程时，数组的地址非常重要。C语言规定，数组名代表数组的首地址，即下标为0的元素地址，它也可以作为指针常量使用，其类型为数组元素类型的指针。

9.4.1 指针与一维数组

在实际编程中，完全可以使用指针代替下标。

一维指针数组的定义形式为：

```
类型名*数组标识符[数组长度]
```

例如，定义一个一维指针数组：

```
int *parry[50]
```

由于p,a,&a[0]均指向同一单元，它们是数组a的首地址，也是0号元素a[0]的首地址。因此它们之间具有如表9.1所示的关系。

表9.1 指针与一维数组的关系

	含　义	数组元素描述	含　义
a、&a[0]、p	a的首地址	*a、a[0]、*p	数组元素a[0]的值
a+1、&a[1]、p+1	a[1]的地址	地址描述	数组元素a[1]的值
a+i、&a[i]、p+i	a[i]的地址	*(a+i)、a[i]、*(p+i)	数组元素a[i]的值

【例题 9.5】 输出数组中的元素。

利用数组下标法实现：

```
#include<stdio.h>
void main()
{   int a[5],i;
    for(i=0;i<5;i++)
        a[i]=i;
    for(i=0;i<5;i++)
        printf("a[%d]=%d",i,a[i]);
}
```

程序运行结果：

```
a[0]=0  a[1]=1  a[2]=2  a[3]=3  a[4]=4
```

利用指针法实现：

```
#include<stdio.h>
void main()
{    int a[5],i,*p;
     for(i=0;i<5;i++)
         a[i]=i;
     for(p=a;p<(a+5);p++)
         printf("a[%d]=%d",i,*p);
}
```

程序运行结果：

```
a[0]=0  a[1]=1  a[2]=2  a[3]=3  a[4]=4
```

【例题 9.6】 统计一维数组中小于数组元素平均值的数组元素个数。数组数据为：35，56，68，59，45，23，12，52，12。

```
#include<stdio.h>
int num(double *p,int num)
{      int count=0;
       double sum=0,avg=0;
       for(int i=0;i<num;i++)
           sum=sum+*(p+i);
       avg=sum/num;
       for(i=0;i<num;i++)
           if(*(p+i)<avg)
           count++;
       return count;}
void main()
{      double a[9]={35,56,68,59,45,23,12,52,12};
       int count=num(a,9);
       printf("%d\n",count)
}
```

程序运行结果：

```
4
```

9.4.2 指针与二维数组

已知定义了一个二维数组：int a[3][4]={{0,1,2,3}，{4,5,6,7}，{8,9,10,11}}；

a 为二维数组名，表示二维数组的首地址。此数组有 3 行 4 列，共 12 个元素。

(1) 从一维数组角度看二维数组

数组 a 由三个元素组成：a[0]、a[1]、a[2]。而其中每个元素又是一个一维数组，且都含有 4 个元素，a[0]所代表的一维数组所包含的 4 个元素为 a[0][0]、a[0][1]、a[0][2]、a[0][3]。

(2) 从二维数组角度看二维数组

从二维数组的角度来看，a 是二维数组名，a 代表整个二维数组的首地址，也是二维数组 0 行的首地址。

因此，在使用指针处理二维数组时，可将二维数组的每一行看作一个整体，视为一个大的数组元素。

在指针与一维数组的关系中，我们知道 a[0]与 *(a+0)等价，a[1]与 *(a+1)等价，因此 a[i]+j 就与 *(a+i)+j 等价，它表示数组元素 a[i][j]的地址。

因此，我们可得出指针与二维数组的关系如表 9.2 所示。

表 9.2 指针与一维数组的关系

表示形式	含义
a	二维数组名，仅表二维数组首地址
a[0]，*(a+0)，*a	二维数组第 0 行第 0 列的元素地址
a+i，&a[i]	二维数组第 i 行的首地址
*(a+i)，a[i]	二维数组第 i 行第 0 列元素的地址
*(a+i)+j，a[i]+j，&a[i][j]	二维数组第 i 行第 j 列元素的地址
((a+i)+j)，*(a[i]+j)，a[i][j]，(*(a+i))[j]	二维数组第 i 行第 j 列元素的值

【例题 9.7】 用指针变量输出二维数组中的元素。

```
#include<stdio.h>
void main( )
{   int a[3][4] = {{1,3,5,7},{2,4,6,8},{9,10,11,12}};
    int *p;
    for( p = a[0]; p<a[0] + 12; p++) //将二维数组的首地址赋值给指针变量
       {  if ( (p - a[0]) % 4 == 0 )
                printf("\n");
          printf(" %4d", *p);
       }
}
```

程序运行结果：

```
1    3    5    7
2    4    6    8
9    10   11   12
```

9.4.3 指针与字符串

在C语言中,字符串是以'\0'作结束符的字符序列。可以用两种方法实现一个字符串的访问。

(1) 用字符数组实现

例如: static char str[ ] = "C language";

首先定义一个字符数组,然后把字符串中的字符存放在字符数组中,str是数组名,代表字符数组的首地址。

(2) 用字符指针实现

例如: char * pstr = "C language";

不定义字符数组,而定义一个字符指针,然后用字符指针指向字符串中的字符。虽然没有定义字符数组,但字符串在内存中是以数组形式存放的。它有一个起始地址,占一片连续的存储单元,并且以"\0"结束。

上述语句的作用是:使指针变量pstr指向字符串的起始地址。pstr的值是地址。

例如: char * pstr; pstr = "C language";

这两个语句等价于: char * pstr = "C lauguage";

【例题9.8】 从键盘输入2个字符串,按由大到小的顺序排序后输出。

分析:对字符串排序可使用前面介绍的排序算法,这里使用冒泡法。对多个字符串进行处理时要使用二维字符数组,因此定义二维字符数组str来存放N个字符串,每一行长度为20,即char str[N][20];另外定义长度为N的指针数组p,使其每个数组元素分别指向这N个字符串。这样排序时,不必交换字符串的内容,只需交换指针数组中各数组元素的值即可。

```
#include <string.h>
#include <stdio.h>
void main()
{   char str[2][20], * p[2], * temp;          //定义二维字符数组和指针数组
    int i,j;
    for(i = 0;i < n;i++)                      //指针数组的数组元素分别指向各个字符串
        p[i] = str[i];
    printf("请输入字符串:\n");
    for(i = 0;i < 2;i++)                      //输入字符串
        scanf("%s",str[i]);
    for(i = 0;i < 1;i++)                      //用冒泡法排序
        for(j = 0;j < 1 - i;j++)
        {  if(strcmp(p[j],p[j + 1])< 0)       //比较后交换指针变量的值
           {   temp = p[j];
               p[j] = p[j + 1];
               p[j + 1] = temp;
           }
        }
      printf("排序后的字符串为:")
      for(i = 0;i < 2;i++)
        printf("%s. ",p[i]);
        printf("\n");
}
```

【例题 9.9】 输入 N 个字符串，输出其中最大者，使用指针数组实现。

分析：定义指针数组 p，包含 N 个数组元素，每一个元素指向一个字符串。定义整型变量 max 代表最大字符串的下标，初始值为 0，即将第一个字符串作为最大串，而后依次与其他字符串进行比较，使得 max 中始终存放最大串的下标。

```
#include <stdio.h>
#include <string.h>
void main()
{ char * p[5] = {"happy","department","instrument","follow","computer"};
   int i;
   int max = 0;                                    //max 中存放最大字符的下标
   for(i = 0;i < 4;i++)
       if(strcmp(p[max],p[i])< 0)
          max = i;
       printf("the max string is % s:\n",p[max]);
}
```

9.5 本章知识要点和常见错误列表

(1) 指针的概念及定义方式。

(2) 指针的运算，包括指针与整数的运算，指针的自增自减运算，同类型指针间的比较。

(3) 使用指针时注意"&"和"*"标识符的使用方法。

(4) 利用指针作为函数形参，实现函数返回多个值。

(5) 熟练使用指针数组。

常见错误如表 9.3 所示。

表 9.3 本章知识常见错误列表

序号	错误类型	错误举例	分　析
1	定义时，多个指针只用了一个 *	int * p1,p2,p3; 想定义三个指针变量，却少了两个 *	编译系统当成一个指针变量 p1 和两个整型变量 p2,p3 int * p1, * p2, * p3//定义了三个指针
2	最危险的指针操作：在没有明确的指向前就改变指针所指向单元的值	int * p,n; * p=10; 指针 p 尚没有赋值，即没有被赋以一个合法的地址值，这是通过间接访问就给它所指向单元赋值，容易引起错误	只有先将指针有了明确的指向，即进行 p=&n；操作后，才可以利用指针的间接访问功能访问它所指向的单元
3	未注意指针的当前位置	int a[10],i, * p ; for(i=0;i< 10;i++) { printf("%d", * p++);} 循环读入 10 个数组元素后；指针 p 已经逐一下移。	利用指向数组的指针访问数组时，指针可以上下移动，使用起来非常灵活，这就要随时注意指针的当前位置。此时必须在阴影行后加一句 p=a;才能正确输出刚读入的数组元素

续表

序号	错误类型	错误举例	分析

4	利用"=="比较两个字符串是否相等	char s1[20]="abcde";
		char s2[20]="abcd";
		if(s1==s2)
		printf("两串相同\n");
		else
		printf("两串不同\n");
			真正要比较两个字符串是否相同,不能用关系运算符"==",应该调用 strcmp 函数,即阴影部分换成 if(strcmp(ps1,ps2)==0)即可

5	错加取地址符 &	int n; scanf("%d",n); 忘记 n 前的取地址符 &,系统并不给出提示,只是无法完成数据的输入	int n; scanf("%d",&n);

		int n, * p=&n;
		scanf("%d",&p);
		指针变量本身就是地址,在 scanf 时就不需要再加取地址符了
			应改为
			scanf("%d",p);

6	用错指针	void swap2(int * pa,int * pb)
		{…}
		void main()
		{
		int a,b, * p1, * p2;
		a=10;b=20;
		p1=&a;p2=&b;
		swap2(p1,p2);
		printf("a=%d,b=%d", * pa, * pb);}
			pa、pb 是形参指针,是 swap2 子函数的局部变量,只在子函数内有效。返回主函数后,就被释放掉了,所以阴影行的引用是错误的。
			主函数内只能用主函数内的指针 p1、p2,不能用 pa 和 pb.

实训 11 指针形参和数组参数程序设计

一、实训目的

1. 掌握指针的概念,会定义使用指针变量。
2. 掌握并正确使用指针与数组作为参数进行编程。
3. 掌握利用字符串的指针和指向字符串的指针变量。

二、实训任务

【实训 11.1】将数组 a 中的 n 个数逆序存放。

【实训 11.2】利用指针实现对字符串从小到大进行排序。

三、实训步骤

实训 11-1 算法分析：利用指针指向地址的特点，对数组元素进行了操作。如将输出语句中的 *(a+i)改为 a[i]，则为下标法。两种方法的不同之处在于，下标法为直接输出单元中存放数据，容易理解。

方法一：用实际参数为数组名，形式参数为指针变量的方法实现。

参考源程序 sx11-1.cpp

```
#include<stdio.h>
void main()
{ static int a[10]={1,3,5,7,9,11,13,15,17,19};
        int i;
  void invert(int *p,int n);
  for(i=0;i<10;i++)
      printf("%5d",a[i]);
  printf("\n");
  invert(a,10);                    //实际参数为数组名
  for(i=0;i<10;i++)
      printf("%5d",a[i]);}
  void invert(int *p,int n)        //形式参数采用指针变量
      {   int i,temp;
          for(i=0;i<=(n-1)/2;i++)
            {temp=*(p+i);
             *(p+i)=*(p+n-1-i);
             *(p+n-1-i)=temp;
            }
}
```

方法二：用实际参数为指针变量，形式参数为数组名的方法实现。

参考源程序 sx11-2.cpp

```
#include<stdio.h>
void invert(int a[],int n)         //形式参数为数组名
    { int i,temp;
      for(i=0;i<=(n-1)/2;i++)
          {  temp=a[i];
             a[i]=a[n-1-i];
             a[n-1-i]=temp;
          }
    }
void main()
{   int a[10]={1,3,5,7,9,11,13,15,17,19};
    int i,*p;
    p=a;
    for(i=0;i<10;i++)
        printf("%5d",a[i]);
    printf("\n");
    invert(p,10);                  //实际参数为指针变量
    for(i=0;i<10;i++)
```

```
        printf(" %5d",a[i]);
}
```

方法三：用实际参数和形式参数均为指针变量的方法实现。

参考源程序 sx11-3.cpp

```
#include<stdio.h>
void main()
    { int a[10]={1,3,5,7,9,11,13,15,17,19};int i, *p;
      void invert(int *p,int n);
      p=a;
      for(i=0;i<10;i++)
          printf(" %5d",a[i]);
      printf("\n");
      invert(p,10);              // 实际参数为指针变量
      for(i=0;i<10;i++)
          printf(" %5d",a[i]);
      void invert(int *p,int n) // 形式参数为指针变量
          {  int i,temp;
             for(i=0;i<=(n-1)/2;i++)
                 { temp=*(p+i);
                   *(p+i)=*(p+n-1-i);
                   *(p+n-1-i)=temp;
                 }
          }
      }
```

实训 11-2 算法分析：在排序过程中，需要交换字符串位置时，利用指针的指向性特征，只交换其指向即可。

参考源程序 sx11-4.cpp

```
#include<stdio.h>
#include<string.h>
#define M 80
#define N 5
void main()
{  int i,j;
   char name[N][M], *strp[N], *t;
   for(i=0;i<N;i++)
      { printf("姓名: %d",i+1);
        gets(name[i]);
        strp[i]=name[i];
      }
  for(i=0;i<N;i++)
      { for(j=i+1;j<N;j++)
            if(strcmp(strp[i],strp[j])>0)
               { t=strp[i];
                 strp[i]=strp[j];
                 strp[j]=t;
               }
       }
       printf("排序后结果为: \n");
          for(i=0;i<N;i++)
```

```
        printf("姓名%d: %s\n",i+1,strp[i]);
}
```

程序运行结果：

```
Name1: Liu↙
Name2: Zhao↙
Name3: Wang↙
Name4: Sun↙
Name5: Pan↙
```

排序后结果为：

```
Name1: Liu
Name2: Pan
Name3: Sun
Name4: Wang
Name5: Zhao
```

习题9

一、选择题

1. 已定义以下函数

```
fun(char  *p2,  char  *p1)
{  while((*p2 = *p1)! = '\0'){p1++;p2++; }  }
```

函数的功能是(　　)。

A. 将p1所指字符串复制到p2所指内存空间

B. 将p1所指字符串的地址赋给指针p2

C. 对p1和p2两个指针所指字符串进行比较

D. 检查p1和p2两个指针所指字符串中是否有'\0'

2. 不正确的字符串赋值或赋初值方式是(　　)。

A. char *str; str="string";

B. char str[7]={'s','t','r','i','n','g'};

C. char str1[10]; str1="string";

D. char str1[]="string";

3. 若有定义：int *p[3];，则以下叙述中正确的是(　　)。

A. 定义了一个基类型为int的指针变量p，该变量具有三个指针

B. 定义了一个指针数组p，该数组有三个元素，每个元素都是基类型为int的指针

C. 定义了一个名为*p的整型数组，该数组含有三个int类型元素

D. 定义了一个可指向一维数组的指针变量p，所指一维数组应有三个int类型元素

4. 若有以下的说明、定义和语句，则值为31的表达式是(　　)。

A. *p->b　　B. (++p)->a　　C. *(p++)->b　　D. *(++p)->b

```
struct wc
{int a;
 int *b;
 } *p;
 int x0[] = {11,12},x1[] = {31, 32};
 static struct wc x[2] = {100, x0, 300, x1};
 p = x;
```

5. 设有以下语句:

```
char str[4][12] = {"aaa","bbb","ccc","ddd"};
char *strp[4];
int i;
for(i = 0; i<4; i++) strp[i] = str[i];
```

若 0≤k<4,下列选项中对字符串的非法引用是(　　)。

A. strp　　B. str[k]　　C. strp[k]　　D. *strp

6. 若有定义:char *p1, *p2, *p3, *p4,ch;则不能正确赋值的程序语句为(　　)。

A. p1=&ch; scanf("%c", p1);

B. p2=(char *)malloc(1); scanf("%c", p2);

C. p3=getchar();

D. p4=&ch; *p4=getchar();

7. 若有以下定义和语句,则输出结果是(　　)。

```
char *sp = "\t = \v\\0will\n";
printf("%d",strlen(sp));
```

A. 14　　B. 3

C. 9　　D. 字符串中有非法字符,输出值不定。

8. 下面程序的输出是(　　)。

```
#include <stdio.h>
main()
{ char *a = "1234";
  fun(a); printf("\n");
}
  fun(char *s)
{char t;
     if(*s){t = *s++; fun(s); }
     if(t!= '\0')putchar(t);
}
```

A. 1234　　B. 4321　　C. 1324　　D. 4231

9. 若有以下定义:

```
main()
{int (*a)(), *b(), w[10], c;
    ⋮
 }
fun(int *c){…}
```

对 fun 函数的正确调用语句是(　　)。

A. a=fun; a(w);

B. a=fun;　(＊a)(&c);

C. b=fun; ＊b(w);

D. fun(b);

10. 下面程序的输出是(　　)。

```
main()
{ char a[] = "ABCDEFG", k, *p;
  fun(a, 0, 2); fun(a, 4, 6);
  printf("%s\n", a);
  }
fun(char *s, int p1, int p2)
{ char c;
  while(p1<p2)
  { c = s[p1]; s[p1] = s[p2];
    s[p2] = c; p1++; p2--;}
}
```

A. ABCDEFG　　B. DEFGABC　　C. GFEDCBA　　D. CBADGFE

11. 下面程序的输出是(　　)。

```
main()
{ char *s = "wbckaaakcbw";
  int a = 0, b = 0, c = 0, x = 0, k;
  for(; *s; s++)
  switch( *s)
  { case 'c' : c++;
    case 'b' : b++;
    default : a++;
    case 'a' : x++;
    }
  printf("a = %d,b = %d, c = %d, x = %d\n", a, b, c, x);
}
```

A. a=8,b=4,c=2,x=11　　B. a=4,b=2,c=2,x=3

C. a=8,b=4,c=2,x=3　　C. a=4,b=4,c=2,x=3

12. 若有以下的定义和语句:

```
main()
{ int  a[4][3], *p[4], j;
  for(j = 0; j<4; j++) p[j] = a[j];
  ⋮
}
```

则能表示 a 数组元素的表达式是(　　)。

A. ＊(p[1])　　B. a[4][3]　　C. a[1]　　D. ＊(p+4)[1]

13. 以下正确的定义和语句是(　　)。

A. int a[10],＊p; char ＊s; p=a; s=a;

B. double a[5][3],b[5][3], * s; s=a; b=a;

C. float a[5][3], * p[3]; p[0]=a[0]; p[2]=a[4];

D. int a[5][3],(* pb)[5],(* pp)[3]; pb=a; pp=a;

14. 若以下定义和语句,0≤i<10,则对数组元素地址的正确表示是(　　)。

```
int a[] = {1,2,3,4,5,6,7,8,9,0}, * p, i;
p = a;
```

A. &(a+1)　　B. a++　　C. &p　　D. &p[i]

15. 以下不正确的字符串赋值或赋初值方式是(　　)。

A. char * str; str="string";

B. char str[7]={'s','t','r','i','n','g'};

C. char str1[10]; str1="string";

D. char str1[]="string",str2[]="12345678";

16. strcpy 库函数用于复制一个字符串。若有以下定义,则对 strcpy 库函数的错误调用是(　　)。

```
char * str1 = "copy", str2[10], * str3 = "hijklmn";
char * str4, * str5 = "abcd";
```

A. strcpy(str2,str1);　　B. strcpy(str3,str1);

C. strcpy(str4,str1);　　D. strcpy(str5,str1);

17. 运行下面程序时的输出结果是(　　)。

```
# include < stdio.h >
main()
{ int * p, j;
  p = NULL;
  p = fun();
  for(j = 0; j < 4; j++){printf(" % d", * p); p++;}
}
int  * fun()
{ int a[4], k;
  for(k = 0; k < 4; k++)a[k] = k;
  return(a);
}
```

A. 程序有错不能运行　　B. 输出 4 个 NULL

C. 输出 0 1 2 3　　D. 输出 1 1 1 1

二、填空题

1. 以下程序的输出结果是________。

```
main()
{ char * p = "abcdefgh", * r;
 long * q;
 q = (long * )p;
```

```
 q++;
 r=(char *)q;
 printf("%s\n",r);
}
```

2. 设有以下程序：

```
main()
{ int a, b, k=4, m=6, *p1=&k, *p2=&m;
  a=p1==&m;
  b=(*p1)/(*p2)+7;
  printf("a=%d\n",a);
  printf("b=%d\n",b);
}
```

执行该程序后，a 的值为________，b 的值为________。

3. 以下程序通过函数指针 p 调用函数 fun，请在填空栏内，写出定义变量 p 的语句。

```
void fun(int *x,int *y)
{ …… }
main()
{ int a=10,b=20;
  ________; /*定义变量 p */
  p=fun; p(&a,&b);
  ……
}
```

4. 下列程序的输出结果是________。

```
void fun(int *n)
{ while( (*n)-- );
  printf("%d",++(*n));
}
main()
{ int a=100;
  fun(&a);
}
```

5. 以下程序的输出结果是________。

```
main()
{ int arr[ ]={30,25,20,15,10,5}, *p=arr;
  p++;
  printf("%d\n", *(p+3));
}
```

6. 下列程序段的输出结果是________。

```
void fun(int *x, int *y)
{ printf("%d %d", *x, *y); *x=3; *y=4;}
main()
{ int x=1,y=2;
  fun(&y,&x);
```

```
  printf("%d %d",x, y);
}
```

7. 下列程序的输出结果是________。

```
main()
{ char a[10] = {9,8,7,6,5,4,3,2,1,0}, *p = a + 5;
  printf("%d", * --p);
}
```

8. 下列程序的运行结果是________。

```
void fun(int *a, int *b)
{ int *k;
  k = a; a = b; b = k;
}
main()
{ int a = 3, b = 6, *x = &a, *y = &b;
  fun(x,y);
  printf("%d %d", a, b);
}
```

9. 下面程序的输出结果是________。

```
main()
{ int a[ ] = {1,2,3,4,5,6,7,8,9,0,}, *p;
  p = a;
  printf("%d\n", *p + 9);
}
```

三、编程题

本章习题均要求用指针方法处理。

1. 输入三个整数，按由小到大的顺序输出。

2. 输入三个字符串，按由小到大的顺序输出。

3. 输入 10 个整数，将其中最小的数与第一个数对换，把最大的数与最后一个数对换。写三个函数：(1)输入 10 个数；(2)进行处理；(3)输出 10 个数。

4. 写一函数，求一个字符串的长度。在 main 函数中输入字符串，并输出其长度。

5. 有一字符串，包含 n 个字符。写一函数，将此字符串中从第 m 个字符开始的全部字符复制成为另一个字符串。

6. 写一函数，将一个 3×3 的整型矩阵转置。

第10章 结构体和共用体

本章学习目的和要求

- 掌握结构体和共用体的类型的定义。
- 掌握结构体和共用变量的定义、初始化和引用。
- 掌握结构体数组和指针的定义和使用。

10.1 结构体

通过前面有关章节的学习，我们认识了整型、实型、字符型等C语言的基本数据类型，也了解了一种构造型的数据结构——数组。

在实际问题中，往往需要将不同类型的数据组合成一个有机的整体，以便于数据处理。比如：为了描述一个学生，需要学号、姓名、性别、年龄、身高和体重等信息，它们具有不同的数据类型，却又属于同一个处理对象，如图10.1所示。

num	name	sex	age	height	weight	addr
10010	Li Fan	m	18	180	70	tangshan

图10.1 学生属性的描述

如果将num、name、sex、age、height、weight、addr分别定义为互相独立的简单变量，难以反映它们之间的内在联系。虽然数组作为一个整体可用来处理一组相关的数据，但一个数组只能按顺序组织一组相同类型的数据，对于一组不同类型的数据，显然不能用一个数组来存放。如何解决此类问题呢？

处理这样的二维表数据时，通常以记录为单位进行处理，而每条记录中包含多种数据类型，基本数据类型和数组没有办法处理，C语言引入了结构体，结构体是一个或多个变量的集合，这些变量可能属于不同的类型，为了处理方便而组织在一个名字下。

10.1.1 结构体类型定义

C语言将多个基本类型作为一个整体定义成一种新的构造类型，结构体类型定义的一般格式为：

```
struct 结构体类型名
        {
          类型标识符 1   成员变量名 1;
          类型标识符 2   成员变量名 2;
                ……
          类型标识符 n   成员变量名 n;
        };
```

说明：

1. “struct”是关键字，用于标识结构体类型定义的开始。

2. “结构体类型名”是用户所说明的结构类型的名称的标识符，而不是变量名，可用来定义结构体类型变量。

3. “类型标识符”为前述各种基本数据类型(int、char 等)，也可以是已定义的构造类型。

4. 结构体中声明的变量称为成员变量，“成员变量名”是构成结构体的每一个成员变量的名称，相当于数据库二维表中的各个字段名。

结构体成员变量可以和普通变量(非结构体成员变量)同名，也可以和另一结构体的成员变量同名，不会产生冲突。

【例题 10.1】 定义一个名为 point 的结构体模拟平面坐标的一个点，假设一个点用 x 和 y 坐标描述，且 x、y 坐标都取整数，如图 10.2 所示。

```
struct point
{
  int x;
  int y;
};
```

在 C 语言中，结构体类型可以嵌套定义，即在定义结构体类型时，结构体的成员变量类型又是一个已定义的结构体类型，即构成了嵌套的结构体类型。

【例题 10.2】 在例题 10.1 的基础上定义一个名为 rect 的结构体模拟矩形，用对角线上的两个点来定义矩形，如图 10.3 所示。

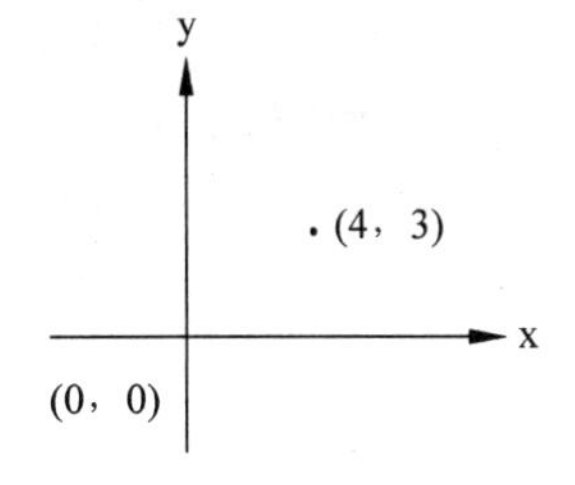

图 10.2 结构体定义的点

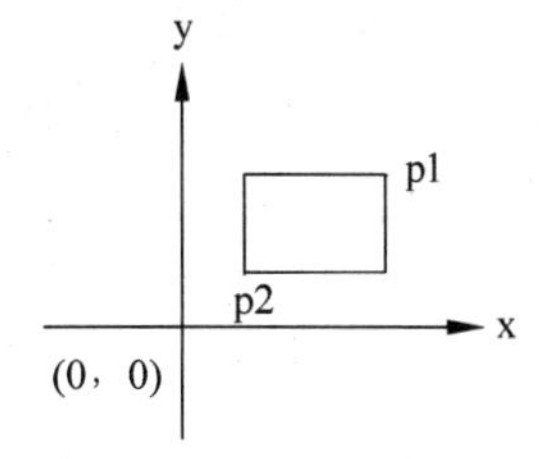

图 10.3 结构体定义的矩形

```
struct rect{
  struct point p1;
  struct point p2;
};
```

所定义的结构体 rect 包含两个 point 类型的成员 p1 和 p2，分别代表矩形的两个顶点。

10.1.2 结构体变量的定义和内存分配

一个由 struct 引导的结构体说明语句定义了一种新的构造类型，基于此构造类型我们可以进一步定义结构体变量。结构体变量的定义有三种格式，参照例题 10.1 所定义结构体分别举例说明如下。

格式一：先说明结构体类型，再进行结构体变量的定义。

```
struct point
{
   int x;
   int y;
};
struct point start,end;
```

这里在定义结构体类型 point 后，利用该构造类型定义了两个结构体类型名为 point 的结构体变量 start 和 end。

格式二：在结构体类型定义的同时进行结构体变量定义。

```
struct point
{
   int x;
   int y;
} start,end;
```

说明：

① 如果省略变量名 start 和 end，则变成对结构体的定义。

② 此种格式可以省略结构体名，用一个无名结构体类型直接定义结构体类型变量。

```
struct
{
   int x;
   int y;
} start,end;
```

这种方式与不省略“结构类型名”的方式相比，不同之处在于：这种格式定义结构体变量以后无法再定义此结构体类型的其他结构体变量，而带有“结构体类型名”的格式则可以。

格式三：使用 typedef 说明一个结构体类型名，再用新类型名定义结构体变量。

```
typedef struct
{
   int x;
   int y;
}POINT;
POINT start,end;
```

说明：

① 这里 POINT 为用户自定义的一个结构体类型的类型名，因此可用它来定义结构体变量，而不再需要关键字 sturct 了。

② 与之前定义的普通变量类似，程序编译时，系统为结构体变量分配内存空间，所分配

的内存空间大小(字节数)因编译的软硬件环境不同而有差异,但系统为该结构体变量所分配的内存空间大小至少为其所包含的各个成员变量所占字节数之和。

【例题 10.3】 定义一个名为 point 的结构体模拟平面坐标的一个点,假设一个点用 x 和 y 坐标描述,且 x、y 坐标都取整数。利用 point 定义变量 p,分别计算结构体 point 和结构体变量 p 所占内存空间大小。

```
#include <stdio.h>
void main(){
struct point
{
    int x;
    int y;
}p;
printf("结构体 point 所占内存空间大小: %d\n",sizeof(struct point));
printf("结构体变量 p 所占内存空间大小: %d\n",sizeof(p));
}
```

运行结果:

```
结构体 point 所占内存空间大小: 8↙
结构体变量 start 所占内存空间大小: 8↙
Press any key to continue
```

10.1.3 结构体变量的初始化

由于结构体变量是由若干不同数据类型的成员构成,因此对结构体变量进行初始化时需按照成员的数据类型依次赋值。

可以在定义结构体变量的同时对其进行初始化,方法是在其定义后加上初始化值表,初始化值表中与各个成员变量对应的数值必须是常量表达式。

【例题 10.4】 定义一个名为 point 的结构体模拟平面坐标的一个点,假设一个点用 x 和 y 坐标描述,且 x、y 坐标都取整数。利用 point 定义两个点 start 和 end,坐标分别为(10,10)和(20,30),输出这两个点的坐标。

```
#include <stdio.h>
void main(){
    struct point
    {
        int x;
        int y;
    }start = {10,10},end = {20,30};
    printf("起点坐标: %d, %d\n",start.x,start.y);
    printf("终点坐标: %d, %d\n",end.x,end.y);
}
```

运行结果:

```
起点坐标: 10,10↙
终点坐标: 20,30↙
Press any key to continue
```

10.1.4 结构体变量的引用

定义了结构体变量后，一个结构体变量包含多个成员，要访问其中的一个成员，必须同时给出这个成员所属的变量名以及其中要访问的成员名。在表达式中可以通过如下形式引用一特定结构体的成员变量：

结构体变量名.成员变量名

其中的"."称为成员运算符。对成员变量可以像普通变量一样进行各种操作。

例如：打印输出例题 10.4 中点 start 的横纵坐标值。

```
printf("起点坐标为 x = %d, y = %d", start.x, start.y);
```

【例题 10.5】 修改例题 10.4，求 start 和 end 两点之间的距离(保留 2 位小数)。

分析：假设平面中两点坐标分别为$(x1,y1)$和$(x2,y2)$，那么这两点之间距离可用公式 $d=\sqrt{(x2-x1)^2+(y2-y1)^2}$ 求解。

```
#include <stdio.h>
#include <math.h>
void main()
{
    double d;
    struct point
    {
        int x;
        int y;
    }start = {10,10}, end = {20,30};
    printf("起点坐标: %d, %d\n", start.x, start.y);
    printf("终点坐标: %d, %d\n", end.x, end.y);
    d = sqrt((end.x - start.x) * (end.x - start.x) + (end.y - start.y) * (end.y - start.y));
    printf("起点到终点的距离 d = %1.2f\n", d);
}
```

运行结果：

```
起点坐标: 10,10 ↙
终点坐标: 20,30 ↙
起点到终点的距离 d = 22.36 ↙
Press any key to continue
```

本例中，计算两点间距离 d 时分别引用了 start 和 end 两个结构体变量的成员变量 x、y 参与运算。

C 语言中，成员运算符"."的运算级别最高，参与表达式运算时优先于其他运算符进行运算。

如果结构体变量的某一成员本身又是一种结构体类型时，那么对其下级子成员再通过成员运算符去访问，一级一级地直到最后一级成员为止。例如例题 10.2 中提到的结构体 rect，可以这样去访问：

【例题 10.6】 在例题 10.1 和例题 10.2 的基础上编程，利用结构体 rect 的模拟矩形，用对角线上的两个点来定义矩形(参见图 10.3),输入矩形的两个顶点 p1 和 p2 的坐标,计算矩形的面积。

```
#include<stdio.h>
#include<math.h>
void main()
{
    double s;
    struct point
    {
        int x;
        int y;
    };
    struct rect{
        struct point p1;
        struct point p2;
    }rect1;
    printf("请输入 p1 点坐标 x1 和 y1: ");
    scanf("%d%d",&rect1.p1.x,&rect1.p1.y);
    printf("请输入 p2 点坐标 x2 和 y2: ");
    scanf("%d%d",&rect1.p2.x,&rect1.p2.y);
    s=(rect1.p2.x-rect1.p1.x)*(rect1.p2.y-rect1.p1.y);
    printf("矩形的面积 s = %1.2f\n",s);
}
```

运行结果:

```
请输入 p1 点坐标 x1 和 y1: 10 10↙
请输入 p2 点坐标 x2 和 y2: 20 30↙
矩形的面积 s =200.00↙
Press any key to continue
```

10.1.5 结构体数组

假设现在要开发一个学生信息管理系统,我们可以定义一个结构体:

```
struct student{
    int number;
    char name[20];
    char sex;
    int age;
    float score;
    char addr[30];
};
```

利用结构体 student 可以定义结构体变量,一个结构体变量可以存储一个学生的数据,很显然,系统中会有很多学生的数据,此时应该使用结构体数组。结构体数组中每一个数组元素都是同一类型的结构体变量,它们分别包含结构体成员。

结构体数组定义的形式类似于结构体变量定义,也可以有三种方法。

(1) 先定义结构体类型，再定义该种类型的数组，例如：

```
struct student{
    int number;
    char name[20];
    char sex;
    int age;
    float score;
    char addr[30];
};
struct student stu[20];
```

(2) 在定义结构体类型的同时定义数组，例如：

```
struct student{
    int number;
    char name[20];
    char sex;
    int age;
    float score;
    char addr[30];
}stu[20];
```

(3) 默认结构体名定义数组，例如：

```
struct {
    int number;
    char name[20];
    char sex;
    int age;
    float score;
    char addr[30];
}stu[20];
```

结构体类型数组的初始化和普通数组的初始化类似，只不过组成结构体数组的成员都是结构体类型变量。结构体数组初始化有如下两种形式。

(1) 初始化时将每个数组元素的成员值用花括号括起来，之后将数组全部元素值用一对花括号括起来。

(2) 在一个花括号内依次列出各个元素的成员值。

例如：利用上述结构体 student 定义数组 stu，同时进行初始化。

```
struct student stu[4] = {
{180101,"Zhang Liu",'F',19,81.5,"66 Beijing Road"},
{180102,"Wang Fang",'F',20,77,"86 Kaiping Road"},
{180103,"LI Lin Liang",'M',19,85,"68 Nangjing Road"},
{180104,"Zhao Hong",'M',18,93,"88 Daozhao Road"}
};  //第一种方法
```

或

```
struct student stu[4] = {
```

```
180101,"Zhang Liu",'F',19,81.5,"66 Beijing Road",
180102,"Wang Fang",'F',20,77,"86 Kaiping Road",
180103,"Li Lin Liang",'M',19,85,"68 Nangjing Road",
180104,"Zhao Hong",'M',18,93,"88 Daozhao Road"
};  //第二种方法
```

结构体数组初始化以后,占用内存的逻辑示意图如图 10.4 所示。

引用结构体数组时也是按元素引用,一般格式如下:

数组名[下标].成员名

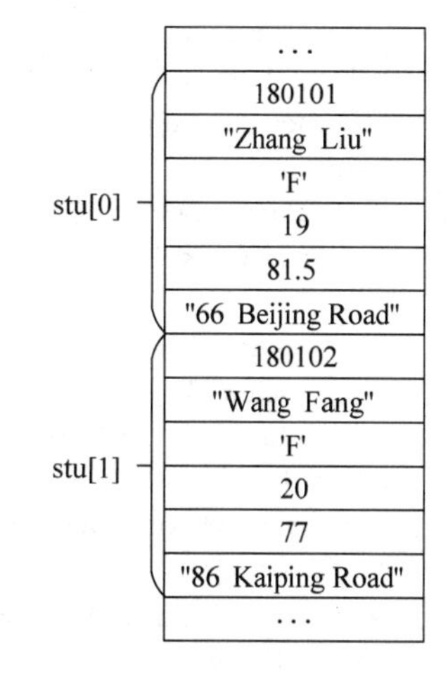

图 10.4　结构体数组内存占用示意

【例题 10.7】 依次输出上述结构体数组 stu[4]存储的学生信息。

```
#include<stdio.h>
#include<string.h>
int main()
{
    struct student{
        int number;
        char name[20];
        char sex;
        int age;
        float score;
        char addr[30];
    };
    struct student stu[4] = {
        {180101,"Zhang Liu",'F',19,81.5,"66 Beijing Road"},
        {180102,"Wang Fang",'F',20,77,"86 Kaiping Road"},
        {180103,"LI Lin Ling",'M',19,85,"68 Nangjing Road"},
        {180104,"Zhao Hong",'M',18,93,"88 Daozhao Road"}
    };
    for(int i = 0;i<4;i++)
    {
    printf("%d\t%s\t%c\t%d\t%1.1f\t%s\n",stu[i].number,stu[i].name,stu[i].sex,stu
[i].age,stu[i].score,stu[i].addr);
    }
    return 0;
}
```

运行结果:

```
180101   Zhang Liu F 19 81.5     66 Beijing Road↙
180102   Wang Fang F 20 77.0     86 Kaiping Road↙
180103   LI Lin Ling M 19 85.0   68 Nangjing Road↙
180104   Zhao Hong M 18 93.0     88 Daozhao Road↙
Press any key to continue
```

下面举例说明结构体数组的定义和使用。

【例题 10.8】 设计对候选人得票进行统计的程序,设有三个候选人,每次输入一个候选人的名字,最后统计出每个候选人的得票的结果。

```
#include<stdio.h>
#include<string.h>
int main()
{
    struct person
    {
        char name[20];
        int count;
    };
    struct person per[3] = {{"liu",0},{"yang",0},{"li",0}};
    int i,j;
    char name[20];
    for(i = 0;i<5;i++)                          //五张选票
    {
        printf("请输入被投票人姓名:\n");
        scanf("%s",&name);
        for(j = 0;j<3;j++)
        {
            if(strcmp(name,per[j].name) == 0) //name 比较,对上了则 + 1 票
            {
                per[j].count++;
            }
        }
    }
    printf("投票结果是:\n");
    for(i = 0;i<3;i++)
    {
        printf("%s:%d\n",per[i].name,per[i].count);
    }
    return 0;
}
```

运行结果：

```
请输入被投票人姓名: liu↙
请输入被投票人姓名: yang↙
请输入被投票人姓名: li↙
请输入被投票人姓名: liu↙
请输入被投票人姓名: yang↙
投票结果是: ↙
liu:2↙
yang:2↙
li:1↙
Press any key to continue
```

10.1.6 结构体指针

如前所述,一个结构体类型的数据在内存中占用一段连续的存储区域,可以定义一个指针变量来存储该存储区域的起始地址,这样的指针变量称为指向结构体类型的指针变量,简称结构体指针。

(1) 定义指向结构体变量的指针。

定义一个结构体指针的方法和定义结构体变量的方法相同,也有以下 3 种方式。

① 先定义结构体类型再定义指向该类型的指针变量。

一般格式:

```
struct 结构体名  * 结构体指针名
```

如前面已定义过的 struct student 类型,则可定义该类型的指针变量:

```
struct student{
    int number;
    char name[20];
    char sex;
    int age;
    float score;
    char addr[30];
};
struct student  * s;
```

② 定义类型的同时定义指针变量,例如:

```
struct student{
    int number;
    char name[20];
    char sex;
    int age;
    float score;
    char addr[30];
}student, * s;
```

③ 直接定义指针变量,例如:

```
struct{
    int number;
    char name[20];
    char sex;
    int age;
    float score;
    char addr[30];
}student, * s;
```

定义结构体指针变量 s 后,对其进行赋值,例如:

```
s = &student;
```

这样,指针变量 s 就指向了结构体变量 student,* p 表示指针变量所指向的结构体变量 student。

(2) 通过结构体指针引用结构体变量。

通过结构体指针引用结构体变量主要是利用结构体指针引用结构体成员变量,以下三种表示形式是等价的:

① 结构体变量.成员变量名;

② (＊结构体指针名).成员变量名；

③ 结构体指针名—>成员变量名。

这里"—>"称为指向运算符,其左侧只能是结构体指针变量。

【例题 10.9】 使用结构体指针变量处理如下数据：关于学生的一组数据包括学号(number)、姓名(name[20])、性别(sex)、一门课程的成绩(score)、要求利用三种不同的形式将其输出。

```
#include<string.h>
#include<stdio.h>
struct student
{
    int number;
    char name[20];
    char sex;
    int age;
    float score;
};
void main()
{
    struct student stu1, *p;
    p=&stu1;
    stu1.number=180101;
    strcpy(stu1.name,"Zhang Ming");

    stu1.sex='M';
    stu1.score=90;
    printf("Number:%1d\nName%s\nSex:%c\nScore:%1.1f\n",stu1.number,stu1.name,stu1.
sex,stu1.score);
    printf("Number:%1d\nName%s\nSex:%c\nScore:%1.1f\n",(*p).number,(*p).name,(*
p).sex,(*p).score);
    printf("Number:%1d\nName%s\nSex:%c\nScore:%1.1f\n",p->number,p->name,p->sex,
p->score);
}
```

运行结果：

```
Number:180101↙
NameZhang Ming↙
Sex:M↙
Score:90.0↙
Number:180101↙
NameZhang Ming↙
Sex:M↙
Score:90.0↙
Number:180101↙
NameZhang Ming↙
Sex:M↙
Score:90.0↙
Press any key to continue
```

在主函数中声明了结构体类型 struct student,然后定义了结构体变量 stu1 和结构体指针变量 p,利用赋值语句“p=&stu1;”将指针变量 p 指向了结构体变量 stu1。最后输出时分别使用上述三种形式引用了结构体成员变量,完成输出。

10.1.7　结构体作为函数参数

在函数调用过程中使用结构体作为参数可以使 C 语言的函数调用时的数据传递操作更加灵活。

同普通变量类似,结构体可以作为参数在函数调用时在主调函数与被调函数间传递数据。一般来说,结构体可以简化函数之间的数据传递。因为结构体把多个数据视为一个有逻辑联系的整体,函数之间需要传递的参数数目减少了。结构体作为函数参数有下列 3 种方式。

1. 结构体成员变量作为实际参数,这属于值传递方式。函数调用时将结构体成员变量的值传递给被调函数的形式参数。

2. 结构体变量作为实际参数,也属于值传递方式。要求对应的形式参数也是同类型的结构体变量。这种方式会加大内存开销,一般很少使用。

3. 结构体指针变量(或结构体数组名)作为实际参数,此种方式属于地址传递,调用时将结构体变量(或数组)的首地址传递给形式参数。要求对应的形式参数也是结构体指针变量(或结构体数组)。

下面通过一个简单的例子来说明,并对它们进行比较。

【例题 10.10】 有一个结构体变量 stu,内含学生学号、姓名和 3 门课的成绩。要求在 main 函数中为各成员赋值,在另一函数 print 中将它们的值输出。

(1) 用结构体变量作函数参数。

```
#include<stdio.h>
#include<string.h>

struct Student                                    //声明结构体类型 Student
{
   int number;
   char name[20];
   float score[3];
};
int main( )
{
   void print(struct Student);                    //函数声明,形参类型为结构体 Student
   struct Student stu;                            //定义结构体变量
   stu.number = 180101;                           //以下 5 行对结构体变量各成员赋值
   strcpy(stu.name,"Zhang Ming");
   stu.score[0] = 67.5;
   stu.score[1] = 89;
   stu.score[2] = 78.5;
   print(stu);                                    //调用 print 函数,输出 stu 各成员的值
   return 0;
}
void print(struct Student st)
{
    printf("Number: %d\nName: %1s\nScore: %1.1f %1.1f %1.1f\n",st.number,st.name,st.
```

```
score[0],st.score[1],st.score[2]);

}
```

运行结果：

```
Number:180101↙
Name:Zhang Ming↙
Score:67.5 89.0 78.5↙
Press any key to continue
```

(2) 用指向结构体变量的指针作实参(在上面程序的基础上稍作修改即可)。

```
#include <stdio.h>
#include <string.h>
struct Student
{
    int num;
    char name[12];
    float score[3];
};
void print(struct Student *);
int main( )
{
    struct Student stu, *pt;
    stu.num = 180101;
    strcpy(stu.name, "Li Fung");
    stu.score[0] = 67.5;
    stu.score[1] = 89;
    stu.score[2] = 78.5;
    pt = &stu;
    print(pt);
    printf("%d %s ", stu.num, stu.name);
    printf("%.1f %.1f %.1f\n", stu.score[0], stu.score[1], stu.score[2]);
    return 0;
}
void print(struct Student *p)
{
    printf("%d %s ", p->num, p->name);
    printf("%.1f %.1f %.1f\n", p->score[0], p->score[1], p->score[2]);
    p->score[2] = 100;
}
```

运行结果：

```
180101 Li Fung 67.5 89.0 78.5
180101 Li Fung 67.5 89.0 100.0
Press any key to continue
```

在被调函数 print 中，输出结构体指针变量 p 所指向的结构体变量数据后，修改了部分数据。函数调用结束，返回主函数再次输出 stu 结构体变量数据，验证了函数调用时形式参数和实际参数之间为地址传递，它们指向的是同一个结构体变量。

10.2　共用体

所谓共用体类型是指将多个不同变量组织成一个整体，它们在内存中占用同一段存储单元。

10.2.1　共用体类型定义

共用体也是一种自定义类型，允许不同数据类型的成员共享一块公用的存储空间，所占用的空间由所需字节数最多的成员而定，共用体的定义与结构体类型类似。其定义形式为：

```
union 共用体名
{
  数据类型 共用体成员名 1;
  数据类型 共用体成员名 2;
    ……
  数据类型 共用体成员名 n;

};
```

例如：

```
union student{
    int number;
    char name[20];
    char sex;
    int age;
    float score;
    char addr[30];
};
```

10.2.2　共用体变量的定义

定义了共用体类型以后就可以进一步定义共用体变量。共用体变量的定义也有 3 种方式。

(1) 先定义共用体类型，再定义共用体变量。

```
union 共用体名
{
  成员表列;
};
union 共用体名 变量表列;
```

(2) 定义共用体类型同时定义共用体变量。

```
union 共用体名
```

```
{
  成员表列;
}变量表列;
```

(3) 省略共用体类型名直接定义共用体变量。

```
union
{
  成员表列;
}变量表列;
```

由于共用体结构是几个不同的变量共同占用同一块内存空间，在某一时刻只能存放其中的一种数据。因此共用体变量占据的内存空间的大小是由组成共用体的成员变量中占据内存最大的那一个所需要的字节数决定的。可用函数 sizeof( )测试共用体变量占用内存空间的大小。

10.2.3 共用体变量的引用和初始化

定义了共用体变量以后，我们就可以在后续程序中引用它，但是不能引用共用体变量，而只能引用共用体变量中的成员。对共用体变量成员的引用与结构体变量成员的引用类似。其一般格式如下：

```
共用体变量名.成员变量名
```

但由于共用体所有成员共用同一段内存单元，使用时要根据需要引用其中的某一个成员。

共用体的特点是方便程序设计人员在同一内存空间面向不同数据类型的变量交替使用，增加灵活性，节省内存。

在使用共同体类型变量时要特别注意的问题就是在共用体类型变量中，起作用的是最后一次赋值的成员，当存入一个新成员值时，原来成员就失去作用。

下面通过一个简单的程序了解一下共用体的基本用法。

【例题 10.11】 分析下面程序运行的结果，从中了解共同体变量的用法。

```
#include <stdio.h>
union data{
    int n;
    char ch;
    short m;
};
int main()
{
    union data a;
    printf("%d, %d\n", sizeof(a), sizeof(union data) );
    a.n = 0x40;
    printf("%X, %c, %hX\n", a.n, a.ch, a.m);
    a.ch = '9';
    printf("%X, %c, %hX\n", a.n, a.ch, a.m);
    a.m = 0x2059;
    printf("%X, %c, %hX\n", a.n, a.ch, a.m);
```

```
    a.n = 0x3E25AD54;
    printf(" %X, %c, %hX\n", a.n, a.ch, a.m);
    return 0;
}
```

运行结果：

```
4, 4↙
40, @, 40↙
39, 9, 39↙
2059, Y, 2059↙
3E25AD54, T, AD54↙
Press any key to continue
```

这段代码不但验证了共用体的长度，还说明共用体成员之间会相互影响，修改一个成员的值会影响其他成员。

要想理解上面的输出结果，弄清成员之间究竟是如何相互影响的，就需要了解各个成员在内存中的分布。以上面的 data 为例，各个成员在内存中的分布（绝大多数 PC 中）如图 10.5 所示。

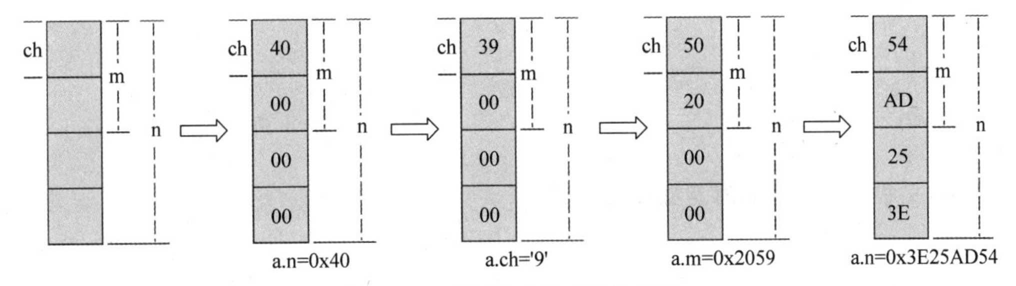

图 10.5 共用体成员变量的存储

共用体一般在 PC 中应用不多，常用于内存相对紧张的单片机中。

10.3 枚举类型

在实际应用中，有的变量只有几种可能的取值。如人的性别只有两种可能取值，星期只有七种可能取值。在 C 语言中对这样取值比较特殊的变量可以定义为一种新的数据类型——枚举类型。

所谓枚举是指将变量的值一一列举出来，变量只限于在列举出来的值的范围内取值。

10.3.1 枚举类型的定义

枚举类型定义的一般形式为：enum 枚举名 ｛枚举值表｝；

例如：

```
enum weekday{sun,mon,tue,wed,thu,fri,sat};
```

这里 enum 是枚举关键字，表示枚举定义的开始。weekday 是枚举名，枚举是一个集合，枚举名是一个标识符，可以看成这个集合的名字，是一个可选项。

花括号中的“sun,mon,tue,wed,thu,fri,sat”是枚举值表,其中一一列出的是枚举元素,不是变量,而是符号常量,因此枚举元素又称为枚举常量。

第一个枚举常量的默认值为整型值0,后续枚举成员的值在前一个成员上加1。枚举元素是常量不能赋值,但是我们可以在定义枚举类型时人为设定枚举常量的值,从而自定义某个范围内的整数。

例如:

```
enum weekday{sun = 1,mon,tue,wed,thu,fri,sat};
```

此时,“sun,mon,tue…”的值是从1开始顺序加1,如tue的默认值为2,现在取值为3。

10.3.2 枚举变量的定义和使用

利用自定义的枚举类型可以定义枚举变量,和结构体与共用体类似,也可以有3种不同的定义方式。

1. 先定义枚举类型,再定义枚举变量

例如:

```
enum color {Red,Yellow,Blue,White,Black};   //定义枚举类型名为 color
enum color change,select;                   //定义枚举变量 change 和 select
```

2. 定义枚举类型的同时定义枚举变量

例如:

```
enum color {Red,Yellow,Blue,White,Black}enum color change,select;
```

3. 直接定义枚举变量

例如:

```
enum {Red,Yellow,Blue,White,Black}enum color change,select;
```

这里需要注意,虽然枚举元素的取值是整型值,但是一个整型值不能直接赋值给一个枚举变量。例如:

```
enum color {Red,Yellow,Blue,White,Black}enum color change,select;
```

select = 1;//这是错误的,select和1分别属于不同的数据类型,应先进行强制类型转换才能赋值。例如:

```
select = (enum weekday)1;
```

枚举值可以用作条件判断表达式,例如:

```
enum color {Red,Yellow,Blue,White,Black}enum color change,select;
If(change == red) …
If(select > = green) …
```

【例题 10.12】 箱子中装有红、黄、蓝、白、黑五种颜色的球若干个。每次从箱子中取出3个球，问得到三种不同颜色的球的可能取法，并打印出每种组合的三种颜色。球有5种颜色，每个球的颜色只能是5种颜色中的一种，要判断各球是否同色，使用枚举变量完成本题。

分析：设取出的三个球分别用a、b、c表示，a、b、c定义成枚举变量，它们的可能取值是：Red、Yellow、Blue、White、Black。当a!=b!=c时，表示取出了三个不同颜色的球。

```
#include<stdio.h>
void main()
{
    enum color {Red,Yellow,Blue,White,Black};
    char *name[ ] = { "Red","Yellow","Blue","White","Black" };
    int a,b,c,num = 0;
    for(a = Red;a <= Black;a++)
        for(b = Red;b <= Black;b++)
            if(a!= b)
            {
                for(c = Red;c <= Black;c++)
                    if(c!= a&&c!= b)
                    {
                        num++;
                        printf("\n%-5d",num);
                        printf("%-9s%-9s%-9s",name[a],name[b],name[c]);
                    }
            }
            printf("\nTotal:%d\n",num);
}
```

运行结果：

```
1    Red     Yellow   Blue↙
2    Red     Yellow   White↙
3    Red     Yellow   Black↙
4    Red     Blue     Yellow↙
5    Red     Blue     White↙
6    Red     Blue     Black↙
7    Red     White    Yellow↙
8    Red     White    Blue↙
9    Red     White    Black↙
10   Red     Black    Yellow↙
11   Red     Black    Blue↙
12   Red     Black    White↙
13   Yellow  Red      Blue↙
14   Yellow  Red      White↙
15   Yellow  Red      Black↙
16   Yellow  Blue     Red↙
17   Yellow  Blue     White↙
18   Yellow  Blue     Black↙
19   Yellow  White    Red↙
20   Yellow  White    Blue↙
21   Yellow  White    Black↙
```

```
22   Yellow   Black    Red↙
23   Yellow   Black    Blue↙
24   Yellow   Black    White↙
25   Blue     Red      Yellow↙
26   Blue     Red      White↙
27   Blue     Red      Black↙
28   Blue     Yellow   Red↙
29   Blue     Yellow   White↙
30   Blue     Yellow   Black↙
31   Blue     White    Red↙
32   Blue     White    Yellow↙
33   Blue     White    Black↙
34   Blue     Black    Red↙
35   Blue     Black    Yellow↙
36   Blue     Black    White↙
37   White    Red      Yellow↙
38   White    Red      Blue↙
39   White    Red      Black↙
40   White    Yellow   Red↙
41   White    Yellow   Blue↙
42   White    Yellow   Black↙
43   White    Blue     Red↙
44   White    Blue     Yellow↙
45   White    Blue     Black↙
46   White    Black    Red↙
47   White    Black    Yellow↙
48   White    Black    Blue↙
49   Black    Red      Yellow↙
50   Black    Red      Blue↙
51   Black    Red      White↙
52   Black    Yellow   Red↙
53   Black    Yellow   Blue↙
54   Black    Yellow   White↙
55   Black    Blue     Red↙
56   Black    Blue     Yellow↙
57   Black    Blue     White↙
58   Black    White    Red↙
59   Black    White    Yellow↙
60   Black    White    Blue↙
Total:60↙
Press any key to continue
```

10.4 用户自定义类型

对于已有的数据类型，无论是系统提供还是用户自定义的，C语言允许我们为这些数据类型定义自己的名字。之后就可以用自定义的数据类型来定义变量、数组、指针等。

用户自定义数据类型的目的主要就是提高程序的可读性，不是创建新的数据类型，用typedef语句来实现，一般格式如下：

```
typedef 已有类型名 新数据类型名;
```

为了与已有数据类型名区分，用户自定义数据类型名通常采用大写字母组成的标识符。例如：

```
typedef int INTEGER;
INTEGER a,b;
a = 1;
b = 2;
```

这里 INTEGER a,b;等效于 int a,b;。

typedef 还可以给数组、指针、结构体等类型定义别名。先来看一个给数组类型定义别名的例子：

```
typedef char ARRAY20[20];
```

表示 ARRAY20 是类型 char [20]的别名。它是一个长度为 20 的数组类型。接着可以用 ARRAY20 定义数组：

```
ARRAY20 a1, a2, s1, s2;
```

它等价于：char a1[20], a2[20], s1[20], s2[20];也就是说 a1、a2、s1、s2 都是大小为 20 的字符数组。

又如，为结构体类型定义别名：

```
typedef struct stu{
 char name[20];
 int age;
 char sex;
} STU;
```

STU 是 struct stu 的别名，可以用 STU 定义结构体变量：

```
STU body1,body2;
```

它等价于：struct stu body1, body2;

再如，为指针类型定义别名：

```
typedef int (*PTR_TO_ARR)[4];
```

表示 PTR_TO_ARR 是类型 int * [4]的别名，它是一个二维数组指针类型。接着可以使用 PTR_TO_ARR 定义二维数组指针：

```
PTR_TO_ARR p1, p2;
```

按照类似的写法，还可以为函数指针类型定义别名：

```
typedef int (*PTR_TO_FUNC)(int, int);
PTR_TO_FUNC pfunc;
```

typedef 和 #define 的区别：

typedef 在表现上有时候类似于＃define，但它和宏替换之间存在一个关键性的区别。正确思考这个问题的方法就是把 typedef 看成一种彻底的“封装”类型，声明之后不能再往里面增加别的东西。

(1) 可以使用其他类型说明符对宏类型名进行扩展，但对 typedef 所定义的类型名却不能这样做。如下所示：

```
#define INTERGE int
unsigned INTERGE n;      //正确
typedef int INTERGE;
unsigned INTERGE n;      //错误，不能在 INTERGE 前面添加 unsigned
```

(2) 在连续定义几个变量的时候，typedef 能够保证定义的所有变量均为同一类型，而＃define 则无法保证。例如：

```
#define PTR_INT int *
PTR_INT p1, p2;
```

经过宏替换以后，第二行变为：

```
int *p1, p2;
```

这使得 p1、p2 成为不同的类型：p1 是指向 int 类型的指针，p2 是 int 类型。

相反，在下面的代码中：

```
typedef int * PTR_INT
PTR_INT p1, p2;
```

p1、p2 类型相同，它们都是指向 int 类型的指针。

10.5 本章知识要点和常见错误列表

结构体类型可以将多个相互关联、类型不同的数据项作为一个整体进行操作，在定义结构体类型后可以利用它定义结构体变量，结构体变量的每一个成员都要分配独立的存储空间。

共用体类型在定义共用体变量时，只按占用空间最大的成员来分配空间，在同一时刻共用体变量只能存放一个成员的值。本章常见错误如表 10.1 所示。

表 10.1 本章常见错误列表

序号	错误程序示例	错误分析	正确代码

1	struct time
	{ int hour;
	int minute;
	int second;
	};
	time={2,4,13};
	time.hour=2;
		error C2065: 'time': undeclared identifier
		由于第一次自定义类型，而结构体类型名也是自己定义，不能把结构体名当成变量名使用。
			struct time
			{ int hour;
			int minute;
			int second;
			} t1;
			t1.hour=2;
			t1.minute=4;
			t1.second=13;

续表

序号	错误程序示例	错误分析	正确代码

2	struct time
	{ int hour;
	int minute;
	int second;
	};
	hour=18;
		error C2065: 'time': undeclared identifier
		结构体变量的使用必须引用成员,但不可单独引用,前面必须冠以结构体变量。
			struct time
			{ int hour;
			int minute;
			int second;
			} t2;
			t2. hour=18;

3	struct time
	{ int hour=0;
	int minute=0;
	int second=0;
	};
		error C2252: 'second': pure specifier can only be specified for functions
		error C2039: 'second': is not a member of 'time'
		结构体变量的初始化不能放在结构体类型的定义中。
			struct time
			{ int hour;
			int minute;
			int second;
			};
			time t2={0,0,0};

4	struct time {… Int second; }t1, * pt2; Pt2=&t1. second;	error C2440: '=': cannot convert from 'int * ' to 'struct time * ' 结构体指针变量 pt2 只能指向整个结构体变量,不能指向某个成员。	struct time {… Int second; }t1, * pt2; Pt2=&t1;

实训 12　结构体程序设计

1. 实训目的

(1) 掌握结构体类型的定义、变量引用和结构体数组的应用。
(2) 熟悉应用结构体数组实现简单的数据管理功能。

2. 实训任务

商品销售管理:模拟一个超市的商品销售管理系统,其中包含两个表:库存表(商品名、数量、进价、总金额)和销售表(商品名、销售量、单价、销售金额)。
(1) 建立两个表,完成表中数据输入;
(2) 销售过程中数据的更新;
(3) 销售数据的查询和统计。

3. 参考代码

```
#include "stdio.h"
#include "string.h"
#include "stdlib.h"                  // 包含函数 system("cls");
#include <conio.h>                   // 包含函数 clrscr();
void clrscr();
void kclr();
```

```
void xslr();
void xs1();
void kccx();
void xscx();
struct xx
{char pm[20];
     int sl;
     float jj;
     float je;
     }kc[100];
struct yy
{char pm[20];
      int sl;
      float dj;
      float je;
      }xs[100];
int zl = 0;

void main()
{char ch;
//clrscr();
system("cls");
while(1)
{ printf("\n\n\n\n");
  printf(" == == == == == == == == ==\n");
  printf("    1.库存表初始录入\n");
  printf("    2.销售表初始录入\n");
  printf("    3.销售商品\n");
  printf("    4.库存表查询\n");
  printf("    5.销售表查询\n");
  printf("    6.退出\n");
  printf(" == == == == == == == == ==\n\n\n");
  printf("please choice(1 - 6): \n");
  scanf(" %c",&ch); getchar();          //输入选择的序号
switch(ch)
{case '1':kclr();break;
   case '2':xslr();break;
   case '3':xs1();break;
   case '4':kccx();break;
   case '5':xscx(); break;
   case '6':exit(0);
  }
 }
}
void kclr()                              //库存表初始数据录入
{
char ch,a[10];
//clrscr();
  system("cls");
while(1)
{ printf("shuru pm:");
```

```
    gets(kc[zl].pm);
    printf("shuru sl:");
   gets(a);
   kc[zl].sl = atoi(a);
   printf("shuru jj:");
   gets(a);
   kc[zl].jj = atof(a);
   kc[zl].je = kc[zl].sl * kc[zl].jj;
   printf("hai shu ru ma(y/n)?");
   scanf(" %c",&ch);
   getchar();
 if (ch == 'n'||ch == 'N') break;
 else system("cls");
 //clrscr();
     zl = zl + 1;
 }
 }

void xslr()                                    //销售表初始数据录入
{
  char ch,a[20];
  int i = 0;
  //clrscr();
  system("cls");
  while(i <= zl)
  { printf("shuru pm:");
    gets(xs[i].pm);
    printf("shuru dj:");
    gets(a);
    xs[i].dj = atof(a);
    xs[i].sl = 0;
    xs[i].je = 0;
   i++;
  }
}

void xs1()                                     //销售商品后,库存表和销售表修改
{
  char pm[20],a[20];
  int sl,i = 0,j = 0;
  printf("shuru pm:");
  gets(pm);
  printf("shuru shuliang:");
  gets(a);
  sl = atoi(a);
while(i <= zl)
{ if (strcmp(xs[i].pm,pm) == 0) break;
   i++;
}
if (i > zl)
{ printf("wu ci shang pin");
```

```
        return;
    }
      else
      { while(j<=zl)
          {if (strcmp(kc[j].pm,pm)==0) break;
          j++;
    }
          kc[j].sl=kc[j].sl-sl;
          kc[j].je=kc[j].sl*kc[j].jj;
          xs[i].sl=xs[i].sl+sl;
          xs[i].je=xs[i].sl*xs[i].dj;
    }
    }

void kccx()                                   //库存查询
{
int i;
float zje=0;
printf("     pm  sl      jj      je\n");
for(i=0;i<=zl;i++)
  {
  printf("%-20s%5d%8.2f%10.2f\n",kc[i].pm,kc[i].sl,kc[i].jj,kc[i].je);
  zje=zje+kc[i].je;
  }
printf(" ku cun zong jin e wei: %-10.2f",zje);
}
void xscx()                                   //销售查询
{
int i;
float zje=0;
printf("     pm     sl      jd      je\n");
for(i=0;i<=zl;i++)
  {
  printf("%-20s%5d%8.2f%10.2f\n",xs[i].pm,xs[i].sl,xs[i].dj,xs[i].je);
  zje=zje+xs[i].je;
  }
printf(" xiao shou zong jin e wei: %-10.2f",zje);
}
```

习题 10

一、选择题

1. 当说明一个结构体变量时系统分配给它的内存是(　　)。
   A. 各成员所需内存量的总和　　B. 结构中第一个成员所需的内存量
   C. 成员中占内存量最大者所需的容量　　D. 结构中最后一个成员所需内存量
2. 设有以下说明语句,则下面的叙述不正确的是(　　)。

```
struct stu
{ int a;
float b;
} stutype;
```

A. struct 是结构体类型的关键字　　B. struct stu 是用户定义的结构体型

C. stutype 是用户定义的结构体类型名　　D. a 和 b 都是结构体成员名

3. C 语言结构体类型变量在程序执行期间(　　)。

A. 所有成员一直驻留在内存中　　B. 只有一个成员驻留在内存中

C. 部分成员驻留在内存中　　D. 没有成员驻留在内存中

4. 当说明一个共用体变量时系统分配给它的内存是(　　)。

A. 各成员所需内存量的总和　　B. 结构中第一个成员所需的内存量

C. 成员中占内存量最大者所需的容量　　D. 结构中最后一个成员所需内存量

5. 以下对 C 语言中共用体类型数据的叙述正确的是(　　)。

A. 可以对共有体变量名直接赋值

B. 一个共用体变量中可以同时存放其所有成员

C. 一个共用体变量中不可以同时存放其所有成员

D. 共用体类型定义中不能出现结构体类型的成员

6. 设有定义 enum date {year, month, day} d ；则正确的表达式是(　　)。

A. year=1　　B. d=year　　C. d="year"　　D. date="year"

7. 根据下面的定义，能打印出字母 M 的语句是(　　)。

```
struct person{char name[9];
int age;};
struct person class[10] =
{"John",17,"Paul",19,"Mary"18,"adam",16};
```

A. printf("%c\n",class[3]. name);

B. printf("%c\n",class[3]. name [1]);

C. printf("%c\n",class[2]. name [1]);

D. printf("%c\n",class[2]. name [0]);

8. 若有以下定义和语句

```
struct student
{int age;
int num;};
struct student stu[3] = {{1001,20},{1002,19},{1003,21}};
main()
{struct student * p;
p = stu; … }
```

则以下不正确的引用是(　　)。

A. (p++)->num　B. p++　　C. (*p). num　　D. p=&stu. age

9. 若有以下定义语句

```
union data
```

```
{int l; char c; float f;}a;
int n;
```

则以下语句正确的是(　　)。

A. a=5;　　B. a={2,'a',1,2};

C. printf("%d\n"a);　　D. n=a;

10. 下面对 typedef 的叙述中不正确的是(　　)。

A. 用 typedef 可以定义各种类型名,但不能用来定义变量

B. 用 typedef 可以增加新类型

C. 用 typedef 只是将已存在的类型用一个新的标识符来代表

D. 使用 typedef 有利用程序的通用移值

二、填空题

1. 用________运算符和________运算符访问结构体类型的成员。

2. 设有定义语句:

```
enum team{my,your = 2,his,her = his + 5};
```

则 printf("%d",her)的输出结果是________。

3. 若有如下定义语句,

```
union aa {int x;char c[2];}; struct bb {union aa m,float w[3];double n;}w;
```

则变量 w 在内存中所占的字节数为________。

4. 若有如下定义,struct sk{int a;float b;}data, * p=&data;则用 p 表示对 data 中 a 成员的引用为________。

5. 使用用户自定义类型的关键字是________。

三、写出下列程序的运行结果

1.

```
#include<stdio.h>
void main()
{struct cmplx{int x;
int y;}cnumn[2] = {1,3,2,7};
printf(" % d\n",cnumn[0].y/cnumn[0].x * cnumn[1].x);}
```

2.

```
#include<stdio.h>
union pw
{int i;char ch[2];}a;
void main()
{a.ch[0] = 13;
a.ch[1] = 0;
printf(" % d\n",a.i);}
```

3.

```
struct ks
{int a;
int *b;
}s[4], *p;
void main( )
{
int i, n=1;
printf("\n");
for(i=0;i<4;i++)
{
s[i].a=n;
s[i].b=&s[i].a;
n=n+2;
}
p=&s[0];
p++;
printf("%d, %d\n",(++p)->a,(p++)->a);
}
```

四、完善程序题

结构数组中存有三人的姓名和年龄，以下程序输出三人中最年长者的姓名和年龄。请在________内填入正确内容。

```
static struct man{
char name[20];
int age;
}person[]={{"li-ming",18},{"wang-hua",19},{"zhang-ping",20}};
void main( )
{struct man *p, *q;
int old=0 ;
p=person;
for( ;p________;p++)
if(old<p->age)
{q=p;________;}
printf("%s %d",________);
}
```

五、编程题

1. 定义一个学生结构体类型，包括学生学号、姓名、大学数学和大学计算机成绩，编写程序，输入三个学生的学号、姓名、两门课的成绩，求出总分最高的学生姓名并输出。

2. 将一星期中七天的英文名定义为一个枚举类型，编写程序，将各枚举项的数值输出。

第11章 C++编程基础

C++中最重要的概念——类，了解类之后，就可以开始做些编程方面比较高级的应用了——设计程序，而不再只是将算法变成代码。类是C++语言中的一种数据类型，是面向对象编程(Object Oriented Programming，OOP，面向对象程序设计)的核心。

本章学习目标与要求

- 了解面向对象程序设计特征
- 掌握类的定义和对象声明
- 熟悉对象引用方法
- 掌握继承和派生的特点及应用
- 了解多态性的特点和表现方法

11.1 面向对象的程序设计

面向对象编程是一种计算机编程架构，OOP的一条基本原则是计算机程序是由单个能够起到子程序作用的单元或对象组合而成。OOP达到了软件工程的三个主要目标：重用性、灵活性和扩展性。为了实现整体运算，每个对象都能够接收信息、处理数据和向其他对象发送信息。OOP主要有以下概念和特征。

1. 抽象

抽象是指对具体问题或对象进行概括，总结出一类对象的公共性质并加以描述的过程，包括两个方面：数据抽象和行为抽象。

例如，人作为一类对象，其共同属性有姓名、性别、年龄等，组成了数据抽象部分，C++语言用变量来表达，如char name[8]；char sex；int age等；

共同行为有吃饭、工作、学习等，构成行为抽象部分，C++语言用函数来表达，如eat()；work()；study()等。

2. 封装

封装就是将抽象得到的数据和行为相结合，形成一个有机整体，也就是将数据与操作数据的函数进行有机结合,形成“类”,其中的数据和函数都是类的成员。

```
class person
{ private:
   char name[8];
   char sex;
   int age;
   public:
    void eat();
    void study();
}
```

3. 多态

多态是对人类思维方法的一种直接模拟。例如“打”这个动作,“打篮球”“打乒乓球”“打羽毛球”是不同的运动,规则和动作相差甚远,所以多种运动行为的抽象“打”是多态的,这种多态类似于函数重载。

```
sum(int x, int y);  sum(float a, float b);
```

在C++语言中,数据类型的转换(隐式或显式)称为强制多态,虚函数实现包含多态,而模板实现参数多态。

4. 继承

允许在现存的组件基础上创建子类组件,这样便统一并增强了多态性和封装性。典型地来说就是用类来对组件进行分组,而且还可以定义新类为现存的类的扩展,这样就可以将类组织成树形或网状结构,这体现了动作的通用性。

由于抽象性、封装性、重用性以及便于使用等方面的原因,以组件为基础的编程在脚本语言中已经变得特别流行。Python 和 Ruby 是最近才出现的语言,开发完全采用了 OOP 的思想,而流行的 Perl 脚本语言从版本 5 开始也慢慢地加入了新的面向对象的功能组件。用组件代替“现实”上的实体成为 JavaScript(ECMAScript)得以流行的原因,有论证表明对组件进行适当的组合就可以在因特网上代替 HTML 和 XML 的文档对象模型(DOM)。

C++语言提供了类的继承机制,在保持原有类特性的基础上,进行更具体、更详细的说明。通过类的这种层次结构,可以很好地反映出类的发展过程。

11.2 类与对象

类实际上相当于用户自定义的数据类型,类似于结构体,不同的是结构体没有对数据的操作,类封装了数据的操作,类是数据和函数的封装体。定义为类的变量称为类的对象(实例),对象声明的过程称为类的实例化。

11.2.1 类定义和对象引用

类也遵从先定义后使用的原则。定义类的一般格式:

```
class 类名
{
  public:
    公有成员,包含数据和函数
  protected:
    保护类型成员,包含数据和函数
  private:
    私有成员,包含数据和函数
}[类的对象定义];
```

说明：

(1) class 是类定义的关键字；

(2) 类名的命名规则与C语言标识符命名一致，为了区分，一般首字母大写；

(3) 类中的数据和函数分为3种控制结构，定义时不分先后顺序，不要求都有，省略默认为 private。

【例题 11.1】 定义时间 Time 类。

```
#include <iostream>
using namespace std;
class Time                                  //定义 Time 类
{
public :                                    //数据成员为公用的
    int hour;
    int minute;
    int sec;
};
int main( )
{
   Time t1;                                 //定义 t1 为 Time 类对象
   cout <<"please input h m s:";            //提示信息
   cin >> t1.hour;                          //输入设定的时间
   cin >> t1.minute;
   cin >> t1.sec;
   cout << t1.hour <<":"<< t1.minute <<":"<< t1.sec << endl;   //输出时间
   return 0;
}
```

程序运行结果：

```
please input h m s:12 34 45
12:34:45
```

几点注意：

(1) 在引用数据成员 hour、minute、sec 时不要忘记在前面指定对象名。

(2) 不要错写为类名，如写成 Time. hour、Time. minute、Time. sec 是不对的。因为类是一种抽象的数据类型，并不是一个实体，也不占存储空间，而对象是实际存在的实体，是占存储空间的，其数据成员是有值的，可以被引用的。

(3) 如果删去主函数的3个输入语句，即不向这些数据成员赋值，则它们的值是不可预知的。

（4）可以在定义类的同时声明对象，此时主函数省略语句 Time t1。例如：

```
class Time                          //定义 Time 类
{
  public :                          //数据成员为公用的
    int hour;
    int minute;
    int sec;
} t1;                               // 声明对象
```

11.2.2 类成员的访问控制

类的成员包括数据成员和函数成员，分别描述问题对象的属性和行为，是不可分割的两个部分。对类成员访问权限的控制通过成员的访问属性设置实现。成员的访问控制属性有共有类型、私有类型和保护类型3种。

（1）公有类型成员定义了类的外部接口，关键字 public。在类的外部只能访问类的公有成员，如对于 Time 类，只能使用 set_time( )和 show_time( )公有类型函数改变或查看时间信息。

（2）类的私有成员关键字 private，如果紧接类的名称，private 可以省略。私有成员只能被本类的成员函数访问，来自类外部的任何访问都是非法的，这就是类的隐藏性，保护了数据的安全。

（3）保护类型成员的性质和私有成员性质相似，区别在于继承过程中派生子类作用不同。

【例题 11.2】 时间类的成员函数。

```
#include <iostream>
using namespace std;
class Time
{
  public :
    void set_time( );                //公用成员函数
    void show_time( );               //公用成员函数
  private :                          //数据成员为私有
    int hour;
    int minute;
    int sec;
};
int main( )
{
    Time t1;            //定义对象 t1
    cout <<"The first time:"<< endl;
    t1.set_time( );  //调用对象 t1 的成员函数 set_time,向 t1 的数据成员输入数据
    t1.show_time( ); //调用对象 t1 的成员函数 show_time,输出 t1 的数据成员的值
    Time t2;            //定义对象 t2
    cout <<"The second time:"<< endl;
    t2.set_time( );  //调用对象 t2 的成员函数 set_time,向 t2 的数据成员输入数据
    t2.show_time( ); //调用对象 t2 的成员函数 show_time,输出 t2 的数据成员的值
```

```
    return 0;
}
void Time::set_time( )          //在类外定义 set_time 函数
{
    cin >> hour;                //也可以通过类名访问数据成员 Time::hour
    cin >> minute;              // Time::minute
    cin >> sec;
}
void Time::show_time( )         //在类外定义 show_time 函数
{
    cout << hour <<":"<< minute <<":"<< sec << endl;
}
```

程序运行结果：

```
The first time:
08 50 00↙
8:50:0
The second time:
10 20 12↙
10:20:12
```

请注意以下几点。

(1) 在主函数中调用两个成员函数时，应指明对象名(t1,t2)，表示调用的是哪一个对象的成员函数。

(2) 在类外定义函数时，应指明函数的作用域(如 void Time::set_time( ))。在成员函数引用本对象的数据成员时，只需直接写数据成员名，这时 C++系统会把它默认为本对象的数据成员。也可以显式地写出类名并使用域运算符，见成员函数 set_time( )定义部分。

(3) 应注意区分什么场合用域运算符"::"，什么场合用成员运算符"."，不要搞混淆。通过类名访问成员使用域运算符"::"，通过对象访问成员使用成员运算符"."。

11.3 类的构造与析构

创建一个对象时，常常需要做某些初始化的工作，例如对数据成员赋初值。在类中有两个特殊的函数：构造函数和析构函数，其中构造函数用来进行对象初始化，而析构函数用来程序结束后对象的释放工作。

11.3.1 构造函数

程序执行过程中，遇到对象声明语句时，会向操作系统申请一定的内存空间存放新创建的对象，就像对待普通变量那样，分配内存单元的同时，写入数据初始值。但是类的对象太复杂了，如果需要进行对象初始化，程序员要编写初始化程序，如果没有提供初始化程序，C++编译系统就提供一套自动的调用机制，即构造函数。

构造函数的作用就是在对象被创建时利用特定的值构造对象，将对象初始化为特定的状态。构造函数也是类的一个成员函数，但具有特殊性质：

(1) 构造函数名称与类名同名，且没有返回值；

(2) 构造函数为公有函数；

(3) 如果类有构造函数，创建对象时自动调用构造函数。

注意，类的数据成员是不能在声明类时初始化的。如果一个类中所有的成员都是公用的，则可以在定义对象时对数据成员进行初始化。例如：

```
class Time
{
  public :                      //声明为公用成员
    hour;
    minute;
    sec;
};
Time t1 = {14,56,30};           //将 t1 初始化为 14:56:30
```

这种情况和结构体变量的初始化是差不多的，在一个花括号内顺序列出各公用数据成员的值，两个值之间用逗号分隔。但是，如果数据成员是私有的，或者类中有 private 或 protected 的成员，就不能用这种方法初始化，必须通过构造函数实现。

【例题 11.3】 在例题 11.2 基础上定义构造成员函数。

```
#include <iostream>
using namespace std;
class Time
{
  public :
     Time( )                    //构造函数
     {   hour = 0;
         minute = 0;
         sec = 0;
     }
  void set_time( );
  void show_time( );
  private :
       int hour;
       int minute;
       int sec;
};
void Time::set_time( )
{    cin >> hour;
     cin >> minute;
     cin >> sec;
}
void Time::show_time( )
{
     cout << hour <<":"<< minute <<":"<< sec << endl;
}
int main( )
{    Time t1;
     t1.set_time( );
```

```
    t1.show_time( );
    Time t2;
    t2.show_time( );
    return 0;
}
```

程序运行的情况为：

```
10 25 54↙  (从键盘输入新值赋给 t1 的数据成员)
10:25:54    (输出 t1 的时、分、秒值)
0:0:0  (输出 t2 的时、分、秒值)
```

在类中定义了构造函数 Time,它和所在的类同名。在建立对象时自动执行构造函数,它的作用是对该对象中的数据成员赋初值 0。不要误认为是在声明类时直接对程序数据成员赋初值,那是不允许的,赋值语句是写在构造函数体中的,只有在调用构造函数时才执行这些赋值语句,对当前的对象中的数据成员赋值。

上面是在类内定义构造函数的,也可以只在类内对构造函数进行声明,而在类外定义构造函数。将程序中的第 6～10 行改为下面一行：

```
Time( );                //对构造函数进行声明
```

在类外定义构造函数：

```
Time::Time( )         //在类外定义构造成员函数,要加上类名 Time 和域限定符"::"
{
  hour = 0;
  minute = 0;
  sec = 0;
}
```

有关构造函数的使用,有以下说明：

(1) 在类对象进入其作用域时调用构造函数；

(2) 构造函数没有返回值,因此也不需要在定义构造函数时声明类型,这是它和一般函数的一个重要的不同之处；

(3) 构造函数不需用户调用,也不能被用户调用；

(4) 在构造函数的函数体中不仅可以对数据成员赋初值,而且可以包含其他语句。但是一般不提倡在构造函数中加入与初始化无关的内容,以保持程序的清晰；

(5) 如果用户自己没有定义构造函数,则 C++ 系统会自动生成一个构造函数,只是这个构造函数的函数体是空的,也没有参数,不执行初始化操作。

11.3.2 析构函数

析构函数(destructor)也是一个特殊的成员函数,它的作用与构造函数相反,它的名字是类名的前面加一个"～"符号。在 C++ 中"～"是位取反运算符,从这点也可以想到,析构函数是与构造函数作用相反的函数。当对象的生命期结束时,会自动执行析构函数。

具体地说如果出现以下几种情况,程序就会执行析构函数。

(1) 如果在一个函数中定义了一个对象(它是自动局部对象),当这个函数被调用结束时,对象应该释放,在对象释放前自动执行析构函数。

(2) static 局部对象在函数调用结束时对象并不释放,因此也不调用析构函数,只在 main 函数结束或调用 exit 函数结束程序时,才调用 static 局部对象的析构函数。

(3) 如果定义了一个全局对象,则在程序的流程离开其作用域(如 main 函数结束或调用 exit 函数)时,调用该全局对象的析构函数。

(4) 如果用 new 运算符动态地建立了一个对象,当用 delete 运算符释放该对象时,先调用该对象的析构函数。

析构函数的作用并不是删除对象,而是在撤销对象占用的内存之前完成一些清理工作,使这部分内存可以被程序分配给新对象使用。程序设计者事先设计好析构函数,以完成所需的功能,只要对象的生命期结束,程序就自动执行析构函数来完成这些工作。

注意:析构函数不返回任何值,没有函数类型,也没有函数参数。因此它不能被重载。一个类可以有多个构造函数,但只能有一个析构函数。

实际上,析构函数的作用并不仅限于释放资源方面,它还可以被用来执行"用户希望在最后一次使用对象之后所执行的任何操作",例如输出有关的信息。这里说的用户是指类的设计者,想让析构函数完成任何工作,都必须在定义的析构函数中指定。

一般情况下,类的设计者应当在声明类的同时定义析构函数,以指定如何完成"清理"的工作。如果用户没有定义析构函数,C++编译系统会自动生成一个析构函数,但它实际上什么操作都不进行。

【例题 11.4】 包含构造函数和析构函数的 Student 类程序。

```
#include<string>
#include<iostream>
using namespace std;
class Student                                   //声明 Student 类
{
   public :
   Student(int n,string nam,char s )           //定义构造函数
   {
      num = n;
      name = nam;
      sex = s;
      cout <<"Constructor called."<< endl;     //输出有关信息
   }
   ~Student( )                                  //定义析构函数
   {
      cout <<"Destructor called. The num is "<< num <<"."<< endl;
   }                                            //输出有关信息
   void display( )                              //定义成员函数
   {
      cout <<"num: "<< num << endl;
      cout <<"name: "<< name << endl;
      cout <<"sex: "<< sex << endl << endl;
   }
   private :
   int num;
```

```
    string name;
    char sex;
};
int main( )
{
    Student stud1(10010,"Wang_li",'f');            //建立对象 stud1
    stud1.display( );                              //输出学生 1 的数据
    Student stud2(10011,"Zhang_fun",'m');          //定义对象 stud2
    stud2.display( );                              //输出学生 2 的数据
    return 0;
}
```

程序运行结果：

```
Constructor called.      (执行 stud1 的构造函数)
num: 10010      (执行 stud1 的 display 函数)
name:Wang_li
sex: f
Constructor called.      (执行 stud2 的构造函数)
num: 10011      (执行 stud2 的 display 函数)
name:Zhang_fun
sex:m
Destructor called. The num is 10011.     (执行 stud2 的析构函数)
Destructor called. The num is 10010.     (执行 stud1 的析构函数)
```

注意：最先创建的对象最后"清理"。

11.4 类的继承与派生

以原有类产生新类，即新类继承原有类的特征，换个角度是原有类派生出新类。引入继承的目的。

1. 代码重用

类的继承和派生机制，使程序员无需修改已有类，只需在已有类的基础上，通过增加少量代码或修改少量代码的方法得到新的类，从而较好地解决了代码重用的问题。

2. 代码的扩充

只有在派生类中通过添加新的成员，加入新的功能，类的派生才有实际意义。

11.4.1 继承机制

类的继承和派生具有层次结构，最高层是抽象程度最高、最具普遍性和一般意义的概念，下层具有上层的特性，同时加入自己的新特征，最下层是最为具体的。上、下层之间的关系可以看作是基类与派生类的关系。学生的派生类层次结构如图 11.1 所示。

11.4.2 派生类定义和引用

在 C++ 中，派生类（只讨论单继承）的一般定义语法为：

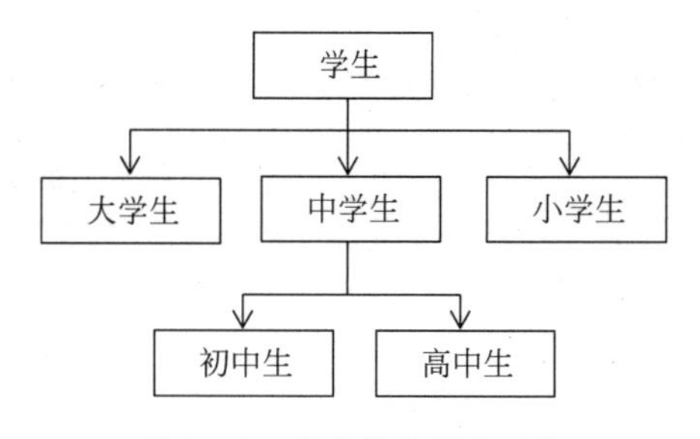

图 11.1 学生类的层次结构

```
class <派生类名>: <继承方式> <基类名>
{
      //派生类新增的数据成员和成员函数
};
```

说明：

(1)“派生类名”是新定义的一个类的名字，从基类中派生；

(2)“继承方式”有 public 公有基类、private 私有基类和 protected 保护基类 3 种；

(3) 如果不显示地给出继承方式关键字，系统默认为私有继承(private)。

【例题 11.5】 学生类的公有继承。

```
#include <iostream>
#include <string>
using namespace std;
class Student                                          //基类的声明
{ public:
    Student()
    {   num = 1;
        name = "'Zhang";
        sex = 'm';
    }
    void show()
    {
        cout <<"num:"<< num << endl <<"name:"<< name << endl <<"sex:"<< sex << endl;
    }
private:
    int num;
    string name;
    char sex;
};
class College: public Student                          //派生类的声明
{ public:
     College()                                         //子类构造函数
      {
         age = 19;
         department = "computer";
      }
    void myshow()                                      // 子类成员函数
    {
```

```
        show();
        cout <<"age:"<< age << endl <<"department:"<< department << endl;
    }
private:                                          //子类新增成员数据
    int age;
    string department;
};
int main()
{
  Student stu;
cout <<"Base class:"<< endl;
  stu.show();
  College stu1;
cout << endl <<"Sub class:"<< endl;
  stu1.myshow();
  getchar();
  return 0;
}
```

程序运行结果：

```
Base class:
num:1
name:Zhang
sex:m

Sub class:
num:1
name:Zhang
sex:m
age:19
department:computer
```

11.4.3 基类成员在派生类中的访问属性

1. 从基类成员属性看

(1) 当基类成员在基类中的访问属性为 private 时，在三种继承方式的派生类中的访问属性都不可直接访问。

(2) 当基类成员在基类中的访问属性为 public 时，继承方式为 public，在派生类中的访问属性为 public；继承方式为 private，在派生类中的访问属性为 private；继承方式为 protected，在派生类中的访问属性为 protected。

(3) 当基类成员在基类中的访问属性为 protected 时，继承方式为 public，在派生类中的访问属性为 protected；继承方式为 private，在派生类中的访问属性为 private；继承方式为 protected，在派生类中的访问属性为 protected。从基类属性看基类成员在派生类的访问属性见表 11.1。

表 11.1 从基类属性看基类成员在派生类的访问属性

基类成员在基类中的访问属性	基类成员在派生类中访问属性		
	public	**private**	**protected**
public	public	private	protected
private	不可直接访问	不可直接访问	不可直接访问
protected	protected	private	protected

2. 从继承方式看

(1) 当继承方式为 private 时,基类成员属性为 public 和 protected,则在派生类中的访问属性为 private; 基类成员属性为 private,则在派生类中的访问属性为不可直接访问。

(2) 当继承方式为 public 时,基类成员属性为 public 和 protected,则在派生类中的访问属性为不变; 基类成员属性为 private,则在派生类中的访问属性为不可直接访问。

(3) 当继承方式为 protected 时,基类成员属性为 public 和 protected,则在派生类中的访问属性为 protected; 基类成员属性为 private,则在派生类中的访问属性为不可直接访问。

在例题 11.5 中,如果私有继承 class College: private Student,则子类不能访问基类的三个私有成员变量:

```
int num;
char name;
char sex;
```

不同访问权限的变化见表 11.2。

表 11.2 从继承方式看基类成员在派生类的访问属性

派生类的继承方式	基类成员在基类中访问属性		
	public	**private**	**protected**
public	public	不可直接访问	protected
private	private	不可直接访问	private
protected	protected	不可直接访问	protected

11.4.4 派生类的构造函数和析构函数

1. 说明

(1) 基类的构造函数和析构函数不能被继承;

(2) 在派生类中,若对派生类中新增的成员进行初始化,就需要加入派生类的构造函数;

(3) 对所有从基类继承下来的成员的初始化工作,由基类的构造函数完成;

(4) 当基类含有带参数的构造函数时,派生类必须定义构造函数,以对基类的构造函数所需要的参数进行设置;

(5) 当基类的构造函数没有参数,或没有显式定义构造函数时(即使用默认构造函数),派生类可以不向基类传递参数,甚至可不定义构造函数;

(6) 若派生类的基类也是一个派生类,则每个派生类只需负责其直接基类的构造,一次上溯;

(7) 派生类与基类的析构函数是独立的(因为析构函数不带参数,故基类的析构函数不会因为派生类没有析构函数而得不到执行)。

2. 构造函数和析构函数的执行顺序

(1) 当创建派生类对象时,首先执行基类的构造函数,随后再执行派生类的构造函数;
(2) 当撤销派生类对象时,则先执行派生类的析构函数,随后再执行基类的析构函数。

【例题 11.6】 派生类的构造和析构。

```
#include<iostream>
using namespace std;
class Base
{
  public:Base(int i);                          //基类构造函数
   ~Base();
  void print();
  private:
  int a;
};
class Derive : public Base
{
  public:
    Derive(int i, int j);                      //派生类构造函数
    ~Derive();
    void print();
  private:
    int b;
};
Base::Base(int i)
{   a=i;
    cout<<"Base constructor"<<endl;
}
Base::~Base()
{
    cout<<"Base destructor"<<endl;
}
void Base::print()
{
    cout<<a<<endl;
}
Derive::Derive(int i, int j) : Base(i)         // 先调用基类构造函数
{   b=j;
    cout<<"Derive constructor"<<endl;
}
Derive::~Derive()
```

```
{
    cout << "Derive destructor" << endl;
}
void Derive::print()
{   Base::print();
    cout << b << endl;
}
void main()
{
    Derive der(2,5);
    der.print();
}
```

程序运行结果：

```
Base constructor
Derive constructor
2
5
Derive destructor
Base destructor
```

11.5 类的多态性

在程序中同一个符号或名字在不同情况下具有不同的解释的现象就称为多态。同一操作作用于不同的对象，可以有不同的解释，产生不同的执行结果，这就是多态性。C++多态性通过派生类覆写基类中的虚函数方法来实现。

C++多态性分为两种，一种是编译时的多态性，一种是运行时的多态性。

- 编译时的多态性：编译时的多态性是通过重载来实现的。对于非虚的成员来说，系统在编译时，根据传递的参数、返回的类型等信息决定实现何种操作。
- 运行时的多态性：运行时的多态性就是指直到系统运行时，才根据实际情况决定实现何种操作。C++中运行时的多态性是通过覆写虚成员实现的。

【例题 11.7】 虚函数。

```
#include <iostream>
using namespace std;
class Base
{
   public:
    virtual void func1();                    //虚函数定义
    void func2();
};
void Base::func1()
{   cout <<"Base::func1"<< endl;}
void Base::func2()
{   cout <<"Base::func2"<< endl;}
class Derived:public Base
{
  public:
```

```
    void func1();
    void func2();
};
void Derived::func1()
{   cout <<"Derived::func1"<< endl;}
void Derived::func2()
{   cout <<"Derived::func2"<< endl;}

void main()
{
    Derived aDer;
    Derived * pDer = &aDer;
    Base    * pBase  = &aDer;
    pBase -> func1();
    pBase -> func2();
    pDer -> func1();
    pDer -> func2();
    void (Derived:: * pfn)();
    pfn = &Base::func1;
    (aDer. * pfn)();              //执行时执行子类的 funl()
    pfn = &Base::func2;
    (aDer. * pfn)();
}
```

程序运行结果：

```
Derived::func1
Base::func2
Derived::func1
Derived::func2
Derived::func1
Base::func2
```

11.6 本章知识要点和常见错误列表

类和对象是面向对象程序设计语言的基本要素，类的三大特征：封装、继承和多态。本章常见错误列表如表 11.3 所示。

表 11.3 本章常见错误列表

序号	错误程序示例	错 误 提 示	正 确 代 码
1	Class CDate { … Public：//构造函数 CDate(int m=1,int d=1)； … }； void CDate：：CDate(int m,int d) { … }	构造函数不能有返回值 Error C2533："CData：：CDate"：constructors not allowed a return type	Class CDate { … Public： //构造函数 CDate(int m=1,int d=1)； … }； CDate：：CDate(int m,int d) { … }

续表

序号	错误程序示例	错误提示	正确代码

2	class A　//父类定义
	{　int a;
	　public:
	　　A(int i) //基类构造函数
	　　　{a=i;}
	　　…
	};
	Class B: public A //子类定义
	{ int b;
	　public:
	　B(int i,int j) //构造函数
	{a=i; b=j;}
	　　…
	};
		Error C2248:
		'a': cannot access private member declared in class 'A'
		a是父类的私有数据成员,在子类中不能访问,派生类构造函数只需对新增成员初始化,对基类成员初始化,自动调用基类构造函数完成,但需要传递参数
			class A　//父类定义
			{ int a;
			　public:
			　　A(int i) //基类构造函数
			　　　{a=i;}
			　　…
			}
			Class B: public A //子类定义
			{ int b;
			public: //构造函数
			　B(int i,int j): A(i)
			　　{ b=j;}
			　　…
			};

3	B::B(int i, int j) { A(i); 　B=j; }	Error c2082: redefinition of formal parameter 'i',子类构造函数体内不能直接调用父类的构造函数。	

实训13　构造函数和析构函数的应用

一、实训目的

(1) 掌握类的声明和使用。

(2) 掌握对象的声明和使用。

(3) 观察构造函数和析构函数的执行过程。

二、实训任务

声明一个Circle类,有数据成员Radius(半径),成员函数GetArea(),计算圆的面积,应用构造函数构造一个Circle的对象,应用析构函数清理对象进行测试。

实训步骤

(1) 首先定义类及其成员函数和数据,然后在主函数中输入圆的半径,声明对象,同时调用其成员函数。

```
#include<iostream>
using namespace std;
class Circle
{
   public:
     Circle(float radius)
```

```
    {Radius = radius;}
    ~Circle(){}
    float GetArea()
    {return 3.14 * Radius * Radius;}
  private:
     float Radius;
};
void main()
{
   float radius;
   cout<<"请输入圆的半径: ";
   cin>>radius;
   Circle p(radius);
   cout<<"半径为"<<radius<<"的圆的面积为: "<<p.GetArea()<<endl;
}
```

(2) 使用 debug 调试功能观察程序的运行流程,跟踪观察类的构造函数、析构函数和成员函数的执行顺序。

实训 14　类和对象的综合应用

一、实训目的

(1) 掌握类的设计。
(2) 对比面向对象编程和普通结构编程的区别。

二、实训任务

找出一个整型数组中的元素的最大值。这个问题可以不用类的方法来解决,现在用类来处理,读者可以比较不同方法的特点。

```
#include <iostream>
using namespace std;
class Array_max                              //声明类
{
  public :                                   //以下 3 行为成员函数原型声明
    void set_value( );                       //对数组元素设置值
    void max_value( );                       //找出数组中的最大元素
    void show_value( );                      //输出最大值
  private :
    int array[10];                           //整型数组
    int max;                                 //max 用来存放最大值
};
void Array_max::set_value( )                 //成员函数定义,向数组元素输入数值
{
    int i;
    for (i=0;i<10;i++)
    cin>>array[i];
```

```
}

void Array_max::max_value( )                    //成员函数定义,找数组元素中的最大值
{
    int i;
    max = array[0];
    for (i = 1;i < 10;i++)
    if(array[i]> max) max = array[i];
}
void Array_max::show_value( )                   //成员函数定义,输出最大值
{
    cout << "max = "<< max < endl;
}
int main( )
{
    Array_max arrmax;                 //定义对象 arrmax
    arrmax.set_value( );              //调用 arrmax 的 set_value 函数,向数组元素输入数值
    arrmax.max_value( );              //调用 arrmax 的 max_value 函数,找出数组元素中的最大值
    arrmax.show_value( );             //调用 arrmax 的 show_value 函数,输出数组元素中的最大值
    return 0;
}
```

运行结果如下:

```
12 12 39  - 34 17 134 045  - 91 76 56↙ (输入 10 个元素的值)
max = 134 (输入 10 个元素中的最大值)
```

请注意成员函数定义与调用成员函数的关系,定义成员函数只是设计了一组操作代码,并未实际执行,只有在被调用时才真正地执行这一组操作。

可以看出:主函数很简单,语句很少,只是调用有关对象的成员函数,去完成相应的操作。在大多数情况下,主函数中甚至不出现控制结构(判断结构和循环结构),而在成员函数中使用控制结构。在面向对象的程序设计中,最关键的工作是类的设计。所有的数据和对数据的操作都体现在类中,只要把类定义好,编写程序的工作就显得很简单了。

习题 11

一、选择题

1. 在下列关键字中,用以说明类中公有成员的是(　　)。

   A. public　　B. private　　C. protected　　D. friend

2. 下列的各类函数中,(　　)不是类的成员函数。

   A. 构造函数　　B. 析构函数

   C. 友员函数　　D. 拷贝初始化构造函数

3. 作用域运算符的功能是(　　)。

   A. 标识作用域的级别的　　B. 指出作用域的范围的

   C. 给出作用域的大小的　　D. 标识某个成员是属于哪个类的

4. (　　)是不可以作为该类的成员的。

A. 自身类对象的指针　　B. 自身类的对象

C. 自身类对象的引用　　D. 另一个类的对象

5. (　　)不是构造函数的特征。

A. 构造函数的函数名与类名相同　　B. 构造函数可以重载

C. 构造函数可以重载设置默认参数　　D. 构造函数必须指定类型说明

6. (　　)是析构函数的特征。

A. 一个类中能定义一个析构函数　　B. 析构函数名与类名不同

C. 析构函数的定义只能在类体内　　D. 析构函数可以有一个或多个参数

7. 通常的拷贝初始化构造的参数是(　　)。

A. 某个对象名　　B. 某个对象的成员名

C. 某个对象的引用名　　D. 某个对象的指针名

8. 关于成员函数特征的下述描述中,(　　)是错误的。

A. 成员函数一定是内联函数

B. 成员函数可以重载

C. 成员函数可以设置参数的默认值;(只能一次)

D. 成员函数可以是静态的。

9. 已知:类A中一个成员函数说明如下:void Set(A&a);其中,A&a的含义是(　　)。

A. 指向类A的指针为a

B. 将a的地址值赋给变量Set

C. a是类A的对象引用,用来作函数Set()的形参

D. 变量A与a按位相与作为函数Set()的参数

10. 下列定义中,(　　)是定义指向数组的指针p。

A. int *p[5]　　B. int (*p)[5]

C. (int *)p[5]　　D. int *p[]

11. 下面对派生类的描述中,错误的是(　　)。

A. 一个派生类可以作为另外一个派生类的基类

B. 派生类至少有一个基类

C. 派生类的成员除了它自己的成员外,还包含了它的基类的成员

D. 派生类中继承的基类成员的访问权限到派生类中保持不变

12. 当保护继承时,基类的(　　)在派生类中成为保护成员,不能通过派生类的对象来直接访问。

A. 任何成员　　B. 公有成员和保护成员

C. 公有成员和私有成员　　D. 私有成员

13. 在公有派生情况下,有关派生类对象和基类对象的关系,不正确的叙述是(　　)。

A. 派生类的对象可以赋给基类的对象

B. 派生类的对象可以初始化基类的引用

C. 派生类的对象可以直接访问基类中的成员

D. 派生类的对象的地址可以赋给指向基类的指针

14. 有如下类定义：

```
class MyBASE{
      int k;
  public:
 void set(int n) {k = n;}
 int get( ) const {return k;}
};
class MyDERIVED: protected MyBASE{
  protected;
 int j;
  public:
 void set(int m,int n){MyBASE::set(m);j = n;}
 int get( ) const{return MyBASE::get( ) + j;}
};
```

则类 MyDERIVED 中保护成员个数是(　　)。

A. 4　　B. 3　　C. 2　　D. 1

15. 类 O 定义了私有函数 F1。P 和 Q 为 O 的派生类，定义为 class P：protected O{…}；class Q：public O{…}。(　　)可以访问 Fl。

A. O 的对象　　B. P 类内　　C. O 类内　　D. Q 类内

16. 有如下类定义：

```
class XA{
int x;
public:
        XA(int n) {x = n;}
};
class XB: public XA{
     int y;
  public:
    XB(int a,int b);
};
```

A. XB::XB(int a,int b):x(a),y(b){}

B. XB::XB(int a,int b):X(a),y(b){}

C. XB::XB(int a,int b):x(a),xB(b){}

D. XB::XB(int a,int b):XA(a),XB(b){}

二、程序设计题

1. 定义一个 Person 类描述人的基本信息，再继承 Person 类派生一个 Student 类描述学生信息，并测试。

2. 设计一个建筑物类 Building，由它派生出教学楼类 TeachBuilding 和宿舍楼类 DormBuilding，前者包含教学楼编号、层数、教室数、总面积等基本信息，后者包括宿舍楼编号、层数、宿舍数、总面积和容纳学生总人数等基本信息。

第12章 文件

本章学习目的和要求

- 了解C语言文件的概念与类型
- 了解文件型指针的定义
- 掌握文件打开与关闭的方法及其意义
- 掌握文件读写函数的使用方法

12.1 文件和流

在程序运行时,程序本身和数据一般都存放在内存中。当程序运行结束后,存放在内存中的数据随即被释放。

如果需要长期保存程序运行所需的原始数据,或程序运行产生的结果,就必须以文件形式存储到外部存储介质上,在使用的时候再调入内存。

所谓"文件"是指存放在外部存储介质上的一组相关数据的有序集合。为标识一个文件,每个文件都必须有一个文件名,其一般结构为:

主文件名[.扩展名]

文件的命名要遵循操作系统的约定。

C/C++中的I/O是以流(stream)的形式出现的。输入/输出就是通过标准输入和输出流进行输入输出的,文件的输入输出也是以"流"的形式进行。

从不同的角度可以对文件进行不同的分类,从编程的角度上关注的是文件的编码方式。依据文件编码方式对文件进行分类,可以分为文本文件和二进制文件。

文本文件也就是无格式的文字内容文件,文件中实际存储的是字符对应的编码(如ASCII编码或Unicode编码),可以在屏幕上按字符方式显示,可以使用通用的文本编辑器编辑。例如,C源程序文件即是文本文件。

二进制文件按一定的二进制编码方式来存放数据,其内容不是可读字符,需要特定的应用程序来处理存储的信息。C语言处理二进制文件时,不关心文件的类型,将其都看作字节流,按字节进行处理,因此二进制文件也被称为字节流文件或流式文件。

C语言中使用一个指针变量指向文件结构,这个指针称为文件指针。通过文件指针就可对所关联的文件进行各种操作。

定义文件指针的语法格式为：

```
FILE * 文件指针变量名;
```

其中，FILE 是 stdio.h 中定义的一个结构名，该结构中定义的成员表示了对文件进行操作所需要的相关信息，包括文件名、文件状态和文件当前位置等。我们在编写文件读写程序时，并不需要关心 FILE 结构的具体细节。

例如下面的语句定义了一个名为 fp 的文件指针变量：

```
FILE *fp;
```

定义的指针变量指向一个具体的 FILE 结构，通过该指针变量可找到对应文件的结构，从而可以实施对该文件的读/写操作。

C 语言中，对文件的读/写操作严格遵照以下步骤：

打开文件→文件读/写→关闭文件

后续章节我们将详细阐述对文件的各种操作。

12.2 文件的打开与关闭

C 语言中，对文件进行读/写之前，必须将文件打开，建立被操作文件的各种有关信息，并使文件指针指向包含这些信息的结构，从而将文件关联到应用程序，之后可以对文件进行读/写操作。

对文件读/写操作完成后必须关闭文件，取消程序与该文件的关联，因为程序和文件之间的关联是消耗系统资源的，如果不及时关闭，资源就会一直被占用。

在 C 语言中，打开文件使用 fopen 函数，关闭文件使用 fclose 函数。

12.2.1 文件打开

使用 fopen 函数可以用指定的处理方式打开一个文件，语法格式为：

```
文件指针变量名 = fopen(文件名,文件处理方式);
```

其中，“文件指针变量名”必须是 FILE 类型的指针变量；“文件名”是指被打开的文件名，为字符串常量或字符数组，可能包括文件对应的路径信息，例如，当前目录下文件 myData.data 对应的文件名字符串为“myData.data”；“文件处理方式”是指被操作文件的具体类型和相关的操作类型，如打开文件是文本文件还是二进制文件，是对文件“读”还是“写”。具体处理方式如表 12.1 所示。

表 12.1 文件处理方式

文件处理方式	含 义	如果指定文件不存在
“r”(只读)	打开一个文本文件，读取数据	出错
“w”(只写)	打开一个文本文件，向其中写入数据	建立新文件
“a”(追加)	向文本文件尾部追加数据	出错

续表

文件处理方式	含　义	如果指定文件不存在
"rb"(只读)	打开一个二进制文件,读取数据	出错
"wb"(只写)	打开一个二进制文件,向其中写入数据	建立新文件
"ab"(追加)	向二进制文件末尾追加数据	出错
"r+"(读写)	打开一个文本文件,读写数据	出错
"w+"(读写)	建立一个新的文本文件,读写数据	建立新文件
"a+"(读写)	打开一个文本文件,读写数据	出错
"rb+"(读写)	打开一个二进制文件,读写数据	出错
"wb+"(读写)	建立一个新的二进制文件,读写数据	建立新文件
"ab+"(读写)	打开一个二进制文件,读写数据	出错

以"r+"的方式打开一个文件,会清空文件的原始内容,重新写入数据。

如果文件正常打开,函数返回一个指向被打开文件的指针,否则函数返回 NULL,表示打开操作不成功。

说明:C 语言将计算机的输入输出设备都看作是文件。例如,键盘文件、屏幕文件等。ANSI C 标准规定,在执行程序时系统先自动打开键盘、屏幕、错误三个文件。这三个文件的文件指针分别是:标准输入 stdin、标准输出 stdout 和标准出错 stderr。

12.2.2 文件关闭

使用 fclose 函数可以关闭一个指定的文件,语法格式为:

```
fclose(文件指针变量名);
```

其中,"文件指针变量名"为指向已经打开并即将被关闭的文件的指针变量的名字。函数调用后,如果文件正常关闭,函数返回值为 0,否则函数返回 EOF,表示文件关闭发生错误。

12.3 文件的读/写

使用函数 fopen()打开一个文件后,该文件就与程序建立了联系,通过指向文件的文件指针变量就能实现对文件的各种操作。对文件的读和写是最常用的文件操作。

12.3.1 文件的顺序读/写

在文件内部还有一个位置指针,用来表示当前读/写的位置,当以读方式(r、r+、rb 或 rb+方式)或者写方式(w、w+、wb 或 wb+方式)打开文件时,文件的位置指针指向文件的起始位置(文件首);如果以追加的方式(a、a+、ab 或 ab+方式)打开文件时,位置指针指向文件末尾。每对文件进行一次读/写,该指针就自动后移一个字节,位置指针指向的数据称为当前数据,此种读/写方式称为文件的顺序读/写。

C 语言中常用的文件顺序读/写函数如下:

1）字符读/写函数：fgetc()和 fputc()；

2）字符串读/写函数：fgets()和 fputs()；

3）数据块读/写函数：fread()和 fwrite()；

4）格式化读/写函数：fscanf()和 fprintf()。

1. fgetc()：读取一个字符

fgetc 函数的功能是从指定的文件中读取一个字符，作为返回值返回，函数调用格式为：

```
[字符变量 = ]fgetc(文件指针变量);
```

其中，“文件指针变量”为指向指定文件的文件指针变量的名字；调用 fgetc 函数时，读取的文件必须以读或读写的方式打开；函数返回值可以赋值给一个字符变量，但不是必需的。

【例题 12.1】 读入文件 12-1.txt，在屏幕上输出。

```
#include<stdio.h>
void main(){
  FILE *fp;
  char ch;
  //打开文件并判断是否正常打开
  if((fp = fopen("12-1.txt","r")) == NULL){
     printf("文件打开错误!\n");
  }
  ch = fgetc(fp);                    //从 fp 指向的文件读取字符
  while(ch!= EOF){
     putchar(ch);
     ch = fgetc(fp);
  }
  printf("\n");
  fclose(fp);                        //关闭文件
}
```

2. fputc()：写入一个字符到文件中

fputc 函数的功能是向指定的文件中写入一个字符，函数调用格式为：

```
fputc(字符表达式,文件指针变量);
```

其中，“字符表达式”的值为待写入的字符，“文件指针变量”为被写入的文件；被写入的文件可以用写、读写或追加的方式打开，用读或读写方式打开一个已存在的文件时，原文件内容将被清除，写入的字符从文件首开始。以追加方式打开时，原文件内容将被保留，写入的字符从文件末开始写入。

fputc 函数调用后如成功写入则返回写入的字符，否则返回一个 EOF。

【例题 12.2】 从键盘输入一串字符“Hello world!”，写入文件 12-2.txt，再把该文件内容读出来显示在屏幕上。

```
#include<stdio.h>
```

```
void main(){
  FILE * fp;
  char ch;
                              //以读写方式打开文本文件 12-2.txt,如文件不存在则创建新文件
  if((fp = fopen("12-2.txt","w+")) == NULL){
     printf("文件打开错误!\n");
  }
  printf("输入一个字符串:\n");
  ch = getchar();
  while(ch!= '\n'){
     fputc(ch,fp);            //写入 ch 到文件中当前位置指针指向的位置
     ch = getchar();
  }
  rewind(fp);                 //将文件中位置指针移动到文件首
  ch = fgetc(fp);
  while(ch!= EOF){
    putchar(ch);
    ch = fgetc(fp);
  }
  printf("\n");
  fclose(fp);
}
```

3. fgets():读取一个字符串

fgets 函数的功能是从指定的文件中读取一个字符,作为返回值返回,函数调用格式为:

```
fgets(字符数组,n,文件指针变量);
```

其中,n 是一个正整数,表示从文件中读出的字符串不超过 n－1 个字符。在读入的最后一个字符后加上字符串结束标志'\0'。

函数调用后如成功读取数据,则返回字符串的内存首地址,即“字符数组”的值,否则返回一个 NULL 值,此时应当用 feof()或 ferror()来判别是读取到了文件尾,还是发生了错误。

【例题 12.3】 从上例 12-2.txt 中读入一个含有 5 个字符的字符串。

```
#include<stdio.h>
void main(){
  FILE * fp;
  char str[6];
  if((fp = fopen("12-2.txt","r")) == NULL){
     printf("文件打开错误!\n");
  }
  fgets(str,6,fp);            //从文件中读出 5 个字符,加上'\0'后存入字符数组 str
  printf("\n%s\n",str);
  fclose(fp);
}
```

4. fputs()：写入一个字符到文件中

fputs 函数的功能是向指定的文件写入一个字符串，函数调用格式为：

```
fputs(字符串表达式,文件指针变量);
```

函数调用后如成功写入数据，函数返回写入到的文件的字符个数，即字符串的长度，否则返回一个 NULL 值，此时应当用 feof()或 ferror()来判别是读取到了文件尾，还是发生了错误。

【例题 12.4】 在上例 12-2.txt 中追加一个字符串。

```
#include<stdio.h>
void main(){
  FILE *fp;
  char ch,str[20];
                                //以追加方式打开 12-2.txt
  if((fp=fopen("12-2.txt","a+"))==NULL){
     printf("文件打开错误!\n");
  }
  printf("请输入一个字符串: ");
  scanf("%s",str);
  fputs(str,fp);                //向文本文件写入字符串
  rewind(fp);

  ch=fgetc(fp);                 //从 fp 指向的文件读取字符
  while(ch!=EOF){
     putchar(ch);
     ch=fgetc(fp);
  }
  printf("\n");
  fclose(fp);
}
```

5. fread()/fwrite()：数据块读/写函数

在二进制文件中，数据都是以二进制的形式存储的，其好处就是结构紧凑，有利于节省磁盘空间。

fread 函数的功能是按二进制形式将连续的数据读到内存中，函数调用格式如下：

```
fread(指针变量,数据块字节数,数据块块数,文件指针变量);
```

fwrite 函数的功能是按二进制形式将连续的数据写入到文件中，函数调用格式如下：

```
fwrite(指针变量,数据块字节数,数据块块数,文件指针变量);
```

其中，“指针变量”是一个指针，在 fread 函数中表示存放输入数据的空间的首地址，在 fwrite 函数中表示输出数据的首地址；“数据块字节数”表示一个数据块的字节数；“数据块块数”表示要读/写的数据块数量。

fread 函数调用后如正常读入数据函数返回实际读取数据块的个数；否则，如果文件中剩

下的数据块个数少于参数中指出的个数,或者发生了错误,返回 0 值。fwrite 函数调用后如正常写入函数返回实际输出数据块的个数,否则返回 0 值,表示输出结束或发生了错误。

【例题 12.5】 从文件 12-5-1.txt 中读入工人数据,写入另一个文件 12-5-2.txt。

```
#include <stdio.h>
struct worker
{   int number;
    char name[20];
    int age;
};
void main()
{
    struct worker wk;
    int n;
    FILE *in, *out;
    if((in = fopen("12-5-1.txt","rb")) == NULL)
    {
        printf("文件打开失败!\n");
        return;
    }
    if((out = fopen("12-5-2.txt","wb")) == NULL)
    {
        printf("文件打开失败!\n");
        return;
    }
    while(fread(&wk,sizeof(struct worker),1,in) == 1)
        fwrite(&wk,sizeof(struct worker),1,out);
    fclose(in);
    fclose(out);
}
```

本例定义了一个结构 worker,说明了结构体变量 wk,相关数据存放在 12-5-1.txt 文件中,以只读方式打开,同时以只写方式打开 12-5-2.txt,依次从 12-5-1.txt 中读取每个工人的数据(1 个数据块)写入到 12-5-2.txt 中。

6. fscanf()/fprintf():格式化读/写函数

fscanf()/fprintf()是格式化读/写函数,与之前的 scanf 函数和 printf 函数相似,都可以实现格式化读/写,不过 scanf 函数和 printf 函数的读/写对象是键盘和显示器,而 fscanf 函数和 fprintf 函数的读/写对象是文件。

fscanf 函数和 fprintf 函数的调用格式如下:

```
fscanf(文件指针变量,格式字符串,输入列表);
fprintf(文件指针变量,格式字符串,输出列表);
```

【例题 12.6】 从键盘读入一学生的姓名、班级、年龄及学号信息,格式化写入文本文件 12-6.txt,再从该文件格式化读入该数据,将其输出到显示器。

```
#include <stdio.h>
void main()
```

```
{
    char name[10];
    int nAge,nClass;
    long number;
    FILE * fp;
    if((fp = fopen("12 - 6.txt","w")) == NULL)
    {
        printf("文件打开失败\n");
    }
    scanf(" %s %d %d %ld",name,&nClass,&nAge,&number);
    fprintf(fp," %s %5d %4d %8ld",name,nClass,nAge,number);      //格式化写入文件
    fclose(fp);
    if((fp = fopen("student.txt","r")) == NULL)
    {
        printf("文件打开失败\n");
    }
    fscanf(fp," %s %d %d %ld",name,&nClass,&nAge,&number);      //格式化从文件读入
    printf("name nClass nAge number\n");
    fprintf(stdout," % - 10s % - 8d % - 6d % - 8ld\n",name,nClass,nAge,number);
    fclose(fp);
}
```

fprintf 和 fscanf 函数对磁盘文件读/写,使用方便,但由于在输入时要将 ASCII 码转换为二进制形式,在输出时又要将二进制形式转换为字符,花费时间比较多。因此,在内存与磁盘频繁交换数据的情况下,最好不用 fprinf 和 fscanf 函数,而用 fread 和 fwrite 函数。

12.3.2 文件定位和文件的随机读/写

在很多情况下要求只读/写文件中某一指定的部分,此时就要求能够把位置指针直接定位到所需的读/写位置上,再进行读/写,此种读/写方式称为文件的随机读/写。

所谓文件定位就是指直接确定文件内部文件指针的位置。C 语言中用于文件定位的指针有两个：rewind 函数和 fseek 函数。

rewind 函数的功能为定位指定文件的位置指针到文件首,其调用格式为：

```
rewind(文件指针变量);
```

rewind 函数调用成功后将“文件指针变量”指向的文件中的位置指针定位到文件首。

fseek 函数的功能是定位指定文件中位置指针到指定位置,其调用格式为：

```
fseek(文件指针变量,偏移量,起始点);
```

其中“文件指针变量”是指向文件对象的指针；“偏移量”是相对起始点的偏移量,以字节为单位；“起始点”是表示开始添加偏移的位置,一般指定为下列常量之一(见表 12.2)。

表 12.2 文件起始常量表示

常量名称	描　　述
SEEK_SET	文件首
SEEK_CUR	文件指针的当前位置
SEEK_END	文件尾

fseek 函数调用后如果成功，则该函数返回零，否则返回非零值。

在使用文件定位函数定位位置指针位置后，可以用之前介绍的"读/写函数"进行读/写，即实现文件的随机读/写。

【例题 12.7】 fseek 函数演示程序。

```
#include <stdio.h>
int main ()
{
    FILE *fp;
    fp = fopen("12-7.txt","w+");
    fputs("This is Tangshan", fp);
    fseek( fp, 7, SEEK_SET );//定位到距文件首偏移量为 7 的位置
    fputs(" C Programming Langauge", fp);
    fclose(fp);
    return(0);
}
```

程序执行后文本文件 12-7. txt 的内容为："This is C Programming Langauge"。

12.4 本章知识要点和常见错误

C 语言把文件看作"流"，按字节来进行处理。文件按编码方式分为二进制文件和 ASCII 文件。

文件使用前必须要先打开，文件打开后用文件指针标识该文件，对文件读/写完成后必须关闭文件。

文件可以按只读、只写、读写、追加等操作方式打开，同时要指明打开的文件是文本文件还是二进制文件。

文件可以按字符、字符串或者数据块为单位进行读/写，也可以实现格式化读/写。对文件可以进行顺序读写，也可以进行随机读写。

常见错误如下。

(1) 文件读写操作完成后，忘了关闭文件。

文件的编程要记住固定步骤，每个文件都要打开—操作—关闭。

(2) 文件的读写操作与打开的方式不符。

比如欲读一个文件，却以写的方式打开。

(3) 打开文件时，指定的文件名找不到。

写文件时，可以直接创建一个文件备写，但读文件时，必须确保能找到文件，若文件不在当前目录下，应当在指出文件名时加上文件所在路径，如"D:\shuju\test. dat"。

(4) 文件的读写格式未控制好，导致读出错误。

实训 15 文件读/写的综合应用

一、实训目的

(1) 掌握文件的打开、关闭和读写操作。

(2) 熟悉数据文件的应用。

二、实训任务

有两个磁盘文件 A 和 B,各存放一行字母,要求把这两个文件中的信息按字母顺序排列,输出到一个新文件 C 中。

三、参考代码

```
#include "stdio.h"
#include "stdlib.h"
#include "string.h"
void main()
{
    FILE *fp;
    int i,j,n,ni;
    char c[160],t,ch;
    if((fp=fopen("A.txt","r"))==NULL)
    {
        printf("file A cannot be opened\n");
        exit(0);}
    printf("\n A contents are :\n");
    for(i=0;(ch=fgetc(fp))!=EOF;i++)    //读 A 文件
    {
        c[i]=ch;
        putchar(c[i]);
    }
    fclose(fp);
    ni=i;
    if((fp=fopen("B.txt","r"))==NULL)
    {
        printf("file B cannot be opened\n");
        exit(0);}
    printf("\n B contents are :\n");
    for(i=0;(ch=fgetc(fp))!=EOF;i++)    //读 B 文件
    {
        c[ni+i]=ch;
        putchar(c[ni+i]);
    }
    fclose(fp);
    n=ni+i;
    for(i=0;i<n;i++)                    //合并后的字符串排序
```

```
        for(j = i + 1;j < n;j++)
            if(c[i]> c[j])
            {   t = c[i];c[i] = c[j];c[j] = t;}
    printf("\n C file is:\n");
    fp = fopen("C.txt","w");                //写 C 文件
    for(i = 0;i < n;i++)
    {
        putc(c[i],fp);
        putchar(c[i]);
    }
    fclose(fp);
    printf("\n ");
}
```

习题 12

一、选择题

1. 系统的标准输入文件是指(　　)。

A. 键盘　　B. 显示器　　C. 软盘　　D. 硬盘

2. 若执行 fopen 函数时发生错误,则函数的返回值是(　　)。

A. 地址值　　B. 0　　C. 1　　D. EOF

3. 若要用 fopen 函数打开一个新的二进制文件,该文件要既能读也能写,则文件方式字符串应是(　　)。

A. "ab+"　　B. "wb+"　　C. "rb+"　　D. "ab"

4. fscanf 函数的正确调用形式是(　　)。

A. fscanf(fp,格式字符串,输出表列)

B. fscanf(格式字符串,输出表列,fp)

C. fscanf(格式字符串,文件指针,输出表列)

D. fscanf(文件指针,格式字符串,输入表列)

5. fgetc 函数的作用是从指定文件读入一个字符,该文件的打开方式必须是(　　)。

A. 只写　　B. 追加

C. 读或读写　　D. 答案 b 和 c 都正确

6. 函数调用语句“fseek(fp,－20L,2);”的含义是(　　)。

A. 将文件位置指针移到距离文件头 20 字节处

B. 将文件位置指针从当前位置向后移动 20 字节

C. 将文件位置指针从文件末尾处后退 20 字节

D. 将文件位置指针移到离当前位置 20 字节处

7. 在执行 fopen 函数时,ferror 函数的初值是(　　)。

A. TURE　　B. －1　　C. 1　　D. 0

二、填空题

1. 利用 fseek 函数可以实现的操作是________。

2. 在对文件操作的过程中，若要求文件的位置指针回到文件的开始处，应当调用的函数是________。

3. 用以下语句调用库函数 malloc，使字符指针 st 指向具有 11 字节的动态存储空间，请填空。

```
st = (char * )________。
```

4. “FILE * p”的作用是定义一个文件指针变量，其中的“FILE”是在________头文件中定义的。

5. C 语言中，能识别处理的文件为________。

三、程序阅读题

1. 下面程序把从终端读入的文本(用@作为文本结束标志)输出到一个名为 bi. dat 的新文件中，请写出程序的运行结果。

```
#include "stdio.h"
FILE *fp;
{ char ch;
if((fp = fopen(【1】)) == NULL)exit(0);
while((ch = getchar( ))!= '@')fputc (ch,fp);
fclose(fp);}
```

2. 以下程序将数组 a 的 4 个元素和数组 b 的 6 个元素写到名为 lett. dat 的二进制文件中，请写出程序的运行结果。

```
#include
main ()
{ FILE *fp;
char a[4] = "1234",b[6] = "abcedf";
if((fp = fopen("【2】","wb")) = NULL) exit(0);
fwrite(a,sizeof(char),4,fp);
fwrite(b,【3】,1,fp);
fclose(fp);
}
```

3. 以下程序段打开文件后，先利用 fseek 函数将文件位置指针定位在文件末尾，然后调用 ftell 函数返回当前文件位置指针的具体位置，从而确定文件长度，请写出程序的运行结果。

```
FILE *myf; long f1;
myf =【4】("test.t","rb");
fseek(myf,0,SEEK_EN
D);
f1 = ftell(myf);
fclose(myf);
printf("%d\n",f1);
```

4. 阅读下面程序,请写出程序的运行结果。

```
#include "stdio.h"
main(int argc,char *argv[])
{ FILE *p1, *p2;
int c;
p1 = fopen(argv[1],"r");
p2 = fopen(argv[2],"a");
c = fseek(p2,0L,2);
while((c = fgetc(p1))!= EOF) fputc(c,p2);
fclose(p1);
fclose(p2);
}
```

5. 阅读下面程序,请写出程序的运行结果。(提示:a123.txt 在当前盘符下已经存在)

```
#include "stdio.h"
void main()
{ FILE *fp;
int a[10], *p = a;
fp = fopen("a123.txt","w");
while( strlen(gets(p))> 0 )
{ fputs(a,fp);
fputs("\n",fp);
}
fclose(fp);
}
```

四、编程题

1. 首先,将字符串"Welcome you"写入"exam.txt"文件中;然后,打开 exam.txt 文件,将文件内容逐个字符读入到变量 ch 中,并在显示器上显示输出全部字符串内容(Welcome you)。

2. 先将四个学生的数据写入到文件"C:\student.dat"中,然后,依次读出到结构体变量 temp 中,并传送到屏幕上显示输出。

第13章 综合课程设计与经典算法解析

计算机编程可以锻炼和提高学生的逻辑思维和抽象思维能力，学习计算机编程不仅仅是学会计算机编程语言，更重要的是锻炼学生的耐心和毅力，培养独立思考、严谨缜密的逻辑思维方式，提高发现问题、解决问题的实践能力。所以计算机编程语言的教学目标是"培养逻辑思维一提高算法设计能力一实践应用创新"。程序设计的三种控制结构、严谨的算法流程和"自顶向下"的模块化程序设计思想都是培养学生独立思考、抽象思维和求解问题的绝好训练；系统的算法设计培训，学生应用自己设计的算法解决实际问题，从中享受学习的成就和喜悦，更激发其发现问题、解决问题的求知欲，有能力和信心参加各类大学生创新立项活动，并积极参与大学生程序设计大赛等学科竞赛项目。

本章学习目标与要求

- 通过 C/C++程序设计基础中所学的理论知识，对实际问题设计解决方案
- 通过对理论和实践知识的综合应用，有效理解和消化所学知识
- 熟练掌握程序的算法设计和调试方法
- 认真撰写设计报告，培养严谨的学习作风和科学态度
- 熟悉并掌握典型算法思想

13.1 课程设计

课程设计是一个综合性的实践环节，可以拓展学生思维，培养学生实际分析问题和解决问题的能力，使学生了解并掌握程序设计基础与算法的设计方法，具备初步的独立分析和设计能力。

13.1.1 选题

C/C++课程设计选题可以是典型算法类、精确计算类、数据管理类和游戏类等多种题型，可以从老师提供的任务书中选题，可以在各类程序设计大赛题目中选题，也可以自行拟题，以任务书形式呈现。

典型算法类题目包括枚举法、递推法、迭代法、递归法和排序查找法、动态规划等各类算法综合应用，特别鼓励选择程序设计大赛类的题目。

精确计算类题目指通过计算精度控制循环项的累加题目，可以归类为递推算法。如泰勒展开式的计算、圆周率公式等计算。

数据管理类题目指应用文件或结构数组存放数据，实现如图书、工资、学生成绩、商品等数据的维护和统计功能。

游戏类题目指应用所学知识和算法设计研发小游戏的综合设计，如坦克大战、简易扫雷、贪吃蛇、俄罗斯方块等游戏。

13.1.2 任务书

课程设计任务书要明确题目、设计任务及要求等信息，是设计报告中非常重要的一部分。下面提供的设计任务书样例，供读者选择。

课程设计任务书(一)

题目	枚举法应用—Torry 的困惑(算法类)
设计任务	应用枚举法判断素数，然后解决与素数有关的几个问题 1. Torry 从小喜爱数学。一天，老师告诉他，像 2、3、5、7…这样的数叫作质数。Torry 突然想到一个问题，前 10、100、1000、10000…个质数的乘积是多少呢？他把这个问题告诉老师。老师愣住了，一时回答不出来。于是 Torry 求助于会编程的你，请你算出前 n 个质数的乘积。不过，考虑到你才接触编程不久，Torry 只要你算出这个数模上 50000 的值。 2. 给定一个整数如 24，将其拆成两个素数之和，共有几种拆法？
设计要求	1. 输入格式 仅包含一个正整数 n，其中 n≤100000。 输出格式 输出一行，即前 n 个质数的乘积模 50000 的值。 样例输入： 1　　样例输出： 2 2. 输入格式 仅包含一个正整数 n，其中 n≤1000。 输出格式 有几种拆法就输出几行 样例输入：24 样例输出： 5＋19＝24 7＋17＝24 11＋13＝24

课程设计任务书(二)

题目	枚举法应用一求特殊整数(算法类)
设计任务	应用枚举法求解特殊整数问题 1. 一辆卡车违反了交通规则,撞人后逃逸。现场有三个目击证人,但都没有记住车牌号,只记住车牌号的一些特征。甲说:车号的前两位数字是相同的;乙说:车号的后两位数字是相同的,但与前两位不同;丙说:四位数字的车号正好是一个整数的平方。请根据以上线索,协助警方找出车号,尽快破案。 2. 在海军开幕式上,有 A、B、C 三艘军舰要同时开始鸣放礼炮各 21 响。已知 A 舰每隔 5 秒放 1 次,B 舰每隔 6 秒放 1 次,C 舰每隔 7 秒放 1 次。假设各炮手对时间的掌握非常准确,请编程计算观众总共可以听到几次礼炮声? 3. 一个数恰好等于它的因子之和,则被称为完数,找出 200 以内的所有完数
设计要求	3. 输出格式 有多少完数就输出多少行,如 6=1+2+3

课程设计任务书(三)

题目	递推法应用——应用递推法求解一类推导问题(算法类)
设计任务	1. 约瑟夫问题:N 个人围成一圈,第一个人从 1 开始报数,报 M 的将被杀掉,下一个人接着从 1 开始报。如此反复,最后剩下一个,求最后的胜利者。 例如只有三个人,把他们叫作 A、B、C,他们围成一圈,从 A 开始报数,假设报 2 的人被杀掉,最终胜利者是 C 2. A,B,C,D,E 五个渔夫夜间合伙捕鱼,第二天清晨 A 先醒来,他把鱼均分五份,把多余的一条扔回湖中,便拿了自己的一份回家了,B 醒来后,也把鱼均分五份,把多余的一条扔回湖中,便拿了自己的一份回家了,C,D,E 也按同样方法分鱼。问 5 人至少捕到多少条鱼?
设计要求	输出格式自定,总结分析递推公式,然后编程应用

课程设计任务书(四)

题目	迭代法应用——求解方程根(算法类)
设计任务	应用迭代法求解以下高次方程解: 1. 求高次方程根 $x=\sqrt[3]{a}$ 的近似解,精度 ε 为 10^{-5}。 迭代公式:$x_{i+1}=\frac{2}{3}x_i+\frac{a}{3xi^2}$ 2. 用牛顿迭代法求下面方程在 1.5 附近的根。 $2x^3-4x^2+3x-6=0$
设计要求	满足精度要求,分析迭代公式

课程设计任务书(五)

题目	递归法应用——进制转换(算法类)
设计任务	应用递归法完成十进制到二进制、八进制的转换
设计要求	1. 十进制转换二、八、十六进制 2. 二进制、八进制、十六进制转换十进制

课程设计任务书(六)

题目	精确计算问题—完成典型数学公式的精确计算(计算类)
设计任务	应用递推公式完成复杂公式的精确计算: 1. 计算下列公式:$y=1+1/(1\times2)+1/(2\times3)+1/(3\times4)+\ldots$要求精确到$10^{-6}$次方. 2. 求$e=1+1/1!+2/2!+\cdots+n/n!$　　输入$n=10$ 3. 利用泰勒展开式计算π
设计要求	输出格式自定,满足计算精度,分析递推公式

课程设计任务书(七)

题目	排序算法应用(算法类)
设计任务	各类排序算法的比较 冒泡排序法 选择排序法 插入排序法 希尔排序
设计要求	根据应用背景分析

课程设计任务书(八)

题目	查找算法应用(算法类)
设计任务	各类查找算法的比较 1. 顺序查找 2. 升序排序二分查找 3. 降序排序二分查找
设计要求	根据应用背景分析

课程设计任务书(九)

题目	一维数组的应用(算法类)
设计任务	应用一维数组完成一组数据的最大值、最小值、平均值、排序、查找功能
设计要求	1. 数组的输入 2. 数组的最大值和最小值 3. 数组的平均值 4. 排序 5. 顺序或二分查找

课程设计任务书(十)

题目	二维数组的应用(算法类)
设计任务	应用二维数组完成矩阵运算
设计要求	1. 二位数组的输入 2. 数组的最大值和最小值 3. 数组的转置 4. 矩阵的加减乘运算

课程设计任务书(十一)

题目	字符数组的应用(算法类)
设计任务	应用字符数组完成字符串应用
设计要求	1. 字符串的排序 2. 字符串中单词的统计 3. 字符串插入和删除字符 4. 字符串的复制和连接运算

课程设计任务书(十二)

题目	结构数组的应用(可以自己设计功能)(管理类)
设计任务	模拟一个商店的商品销售管理系统
设计要求	1. 库存表数据录入 2. 销售表数据录入 3. 销售商品 4. 库存表查询、销售表查询 5. 退出

课程设计任务书(十三)

题目	文件和数组结合的应用(管理类)
设计任务	学生成绩管理系统
设计要求	1. 通过文件读入 n 个学生的学号、姓名和 m 门成绩 2. n 个学生某门课程的最高分和最低分 3. m 门课程的平均值 4. 每个学生的平均值和总分 5. 根据某个学生的某科成绩给出“优秀”“良好”“可以”“较差”等级

课程设计任务书(十四)

题目	K 好数 (算法大赛题目)
设计任务	如果一个自然数 N 的 K 进制表示中任意的相邻的两位都不是相邻的数字,那么我们就说这个数是 K 好数。求 L 位 K 进制数中 K 好数的数目。例如 $K=4, L=2$ 的时候(二位四进制数),K 好数为 11、13、20、22、30、31、33 共 7 个。随着 L 和 K 的变大,这个 K 数目很大,请你输出它对 1000000007 取模后的值。
设计要求	输入格式:输入包含两个正整数 K 和 L。 输出格式:输出一个整数,表示答案对 1000000007 取模后的值。 样例输入:4　2 样例输出:7

课程设计任务书(十五)

题目	牌型种数(算法大赛题目)
设计任务	小明被劫持到 X 赌城,被迫与其他 3 人玩牌。 一副扑克牌(去掉大小王牌,共 52 张),均匀发给 4 个人,每个人 13 张。 这时,小明脑子里突然冒出一个问题: 如果不考虑花色,只考虑点数,也不考虑自己得到的牌的先后顺序,自己手里能拿到的初始牌型组合一共有多少种呢?
设计要求	请填写该整数,不要填写任何多余的内容或说明文字。 可以采用枚举法,动态规划法更好!

课程设计任务书(十六)

题目	学霸迷宫(算法大赛题目)
设计任务	学霸抢走了大家的作业,班长为了帮同学们找回作业,决定去找学霸决斗。但学霸为了不要别人打扰,住在一个城堡里,城堡外面是一个二维的格子迷宫,要进城堡必须得先通过迷宫。因为班长还有妹子要陪,磨刀不误砍柴工,他为了节约时间,从线人那里搞到了迷宫的地图,准备提前计算最短的路线。可是他现在正向妹子解释这件事情,于是就委托你帮他找一条最短的路线。

续表

题目	学霸迷宫(算法大赛题目)
设计要求	输入格式： 第一行两个整数 n、m，为迷宫的长宽。 接下来 n 行，每行 m 个数，数之间没有间隔，为 0 或 1 中的一个。0 表示这个格子可以通过，1 表示不可以。假设你现在已经在迷宫坐标(1,1)的地方，即左上角，迷宫的出口在(n,m)。每次移动时只能向上下左右 4 个方向移动到另外一个可以通过的格子里，每次移动算一步。数据保证(1,1)、(n,m)可以通过。 输出格式： 第一行一个数为需要的最少步数 K。 第二行 K 个字符，每个字符∈{U,D,L,R}，分别表示上下左右。如果有多条长度相同的最短路径，选择在此表示方法下字典序最小的一个。 样例输入： Input Sample 1： 3 3 001 100 110 Input Sample 2： 3 3 000 000 000 样例输出 Output Sample 1： 4 RDRD Output Sample 2： 4 DDRR 数据规模和约定： 有 20%的数据满足：1<=n,m<=10 有 50%的数据满足：1<=n,m<=50 有 100%的数据满足：1<=n,m<=500。

课程设计任务书(十七)

题目	六角填数(算法大赛题目)
设计任务	如图所示六角形中，填入 1～12 的数字，使得每条直线上的数字之和都相同。已经替你填好了 3 个数字，请你计算星号位置所代表的数字是多少？ 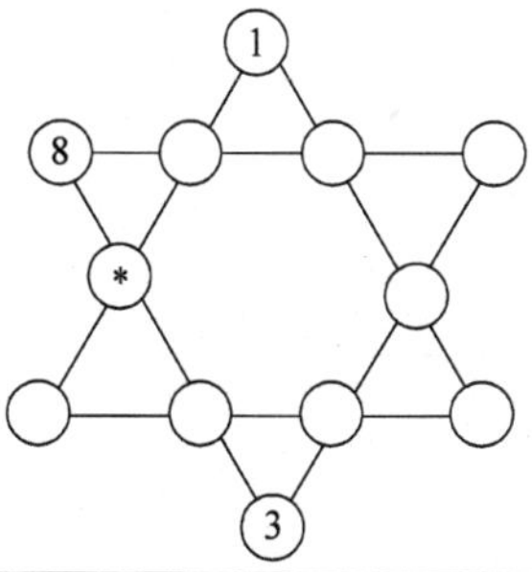

续表

题目	六角填数(算法大赛题目)
设计要求	要求函数递归调用和暴力法结合使用,也可以用暴力法解决,比较算法效率如何。 提示:把六角星从上到下,从左到右分别编号。 a[N]:位置编号 vis[N]:每个数是否使用过,不能重复使用 要求输出每位数字和其位置。

课程设计任务书(十八)

题目	枚举几何(算法大赛题目)
设计任务	你要写一个程序,使得能够模拟在长方体的盒子里放置球形的气球。 接下来是模拟的方案。假设你已知一个长方体的盒子和一个点集。每一个点代表一个可以放置气球的位置。在一个点上放置一个气球,就是以这个点为球心,然后让这个球膨胀,直到触及盒子的边缘或者一个之前已经被放置好的气球。你不能使用一个在盒子外面或者在一个之前已经放置好的气球里面的点。但是,你可以按你喜欢的任意顺序使用这些点,而且你不需要每个点都用。你的目标是按照某种顺序在盒子里放置气球,使得气球占据的总体积最大。 你要做的是计算盒子里没被气球占据的体积。
设计要求	输入格式: 第一行包含一个整数 n 表示集合里点的个数($1\leqslant n\leqslant 6$)。第二行包含三个整数表示盒子的一个角落的(x,y,z)坐标,第三行包含与之相对的那个角落的(x,y,z)坐标。接下来 n 行,每行包含三个整数,表示集合中每个点的(x,y,z)坐标。这个盒子的每维的长度都是非零的,而且它的边与坐标轴平行。 输出格式: 只有一行,为那个盒子没被气球占据的最小体积(四舍五入到整数)。 样例输入 2 0 0 0 10 10 10 3 3 3 7 7 7 样例输出 774 数据规模和约定 所有坐标的绝对值小于等于 1000 对于 20%的数据:n=1 对于 50%的数据:1≤n≤3 对于 100%的数据:1≤n≤6

课程设计任务书(十九)

题目	出现次数最多的整数(算法大赛题目)
设计任务	编写一个程序,读入一组整数,这组整数是按照从小到大的顺序排列的,它们的个数 N 也是由用户输入的,最多不会超过 20。然后程序将对这个数组进行统计,把出现次数最多的那个数组元素值打印出来。如果有两个元素值出现的次数相同,即并列第一,那么只打印比较小的那个值。
要求	输入格式:第一行是一个整数 N,接下来有 N 行,每一行表示一个整数,并且按照从小到大的顺序排列。 输出格式:输出只有一行,即出现次数最多的那个元素值。 样例输入 5 100 150 150 200 250 样例输出 150

课程设计任务书(二十)

题目	区间 k 大数查询(算法大赛题目)
设计任务	给定一个序列,每次询问序列中第 l 个数到第 r 个数中第 k 大的数是哪个。
设计要求	输入格式: 第一行包含一个数 n,表示序列长度。 第二行包含 n 个正整数,表示给定的序列。 第三个包含一个正整数 m,表示询问个数。 接下来 m 行,每行三个数 l,r,K,表示询问序列从左往右第 l 个数到第 r 个数中,从大往小第 K 大的数是哪个。序列元素从 1 开始标号。 输出格式:总共输出 m 行,每行一个数,表示询问的答案。 样例输入: 5 1 2 3 4 5 2 1 5 2 2 3 2 样例输出: 4 2 数据规模与约定:对于 30%的数据,$n,m<=100$;对于 100%的数据,$n,m<=1000$; 保证 $k<=(r-l+1)$,序列中的数<=106。

课程设计任务书(二十一)

题目	表达式计算
设计任务	输入一个只包含加减乘除和括号的合法表达式,求表达式的值。其中除表示整除。
设计要求	输入格式: 输入一行,包含一个表达式。 输出格式: 输出这个表达式的值。 样例输入: 1－2＋3＊(4－5) 样例输出: －4 数据规模和约定: 表达式长度不超过100,表达式运算合法且运算过程都在int内进行。

课程设计任务书(二十二)

题目	核桃的数量
设计任务	小张是软件项目经理,他带领3个开发组。工期紧,今天都在加班呢。为鼓舞士气,小张打算给每个组发一袋核桃(据传言能补脑)。他的要求是: 1. 各组的核桃数量必须相同 2. 各组内必须能平分核桃(当然是不能打碎的) 3. 尽量提供满足1,2条件的最小数量(节约闹革命嘛)
设计要求	输入格式: 输入包含三个正整数a, b, c,表示每个组正在加班的人数,用空格分开(a,b,c < 30) 输出格式: 输出一个正整数,表示每袋核桃的数量。 样例输入1: 2 4 5 样例输出1: 20 样例输入2: 3 1 1 样例输出2: 3

课程设计任务书(二十三)

题目	危险系数
设计任务	抗日战争时期,冀中平原的地道战曾发挥重要作用。 地道的多个站点间有通道连接,形成了庞大的网络。但也有隐患,当敌人发现了某个站点后,其他站点间可能因此会失去联系。 我们来定义一个危险系数 $DF(x,y)$: 对于两个站点 x 和 y (x != y),如果能找到一个站点 z,当 z 被敌人破坏后,x 和 y 不连通,那么我们称 z 为关于 x,y 的关键点。相应的,对于任意一对站点 x 和 y,危险系数 $DF(x,y)$ 就表示为这两点之间的关键点个数。 本题的任务是:已知网络结构,求两站点之间的危险系数。
设计要求	输入格式: 输入数据第一行包含 2 个整数 $n(2 <= n <= 1000)$, $m(0 <= m <= 2000)$,分别代表站点数,通道数; 接下来 m 行,每行两个整数 u,v $(1 <= u,\ v <= n;\ u\ !=\ v)$代表一条通道; 最后 1 行,两个数 u,v,代表询问两点之间的危险系数 $DF(u,\ v)$。 输出格式: 一个整数,如果询问的两点不连通则输出－1. 样例输入: 7 6 1 3 2 3 3 4 3 5 4 5 5 6 1 6 样例输出: 2

13.1.3　课程设计的要求和成绩评定

课程设计题目任务选定后,通过分析,确定合适的算法解决方案,就进入实质性阶段:编程调试了,最后要撰写课程设计报告,并进行程序结果分析。

1. 报告格式

课程设计报告是培养学生对归纳技术文档、撰写总结和排版能力的训练,更是对学生整个课程设计综合分析和成绩评定的依据,规定格式(A4 纸)电子文档提交,文字、图形、表格要条理清晰，内容要求如下：

(1) 封面：题目、院系、专业班级、姓名、学号和完成日期；

(2) 课程设计的设计任务及要求；

(3) 报告正文应包括以下内容：

- 课程设计的问题描述
- 课程设计的问题分析(算法选择和解决方案)
- 源程序清单和注释
- 程序的调试与参数测试
- 运行结果及分析
- 收获与体会
- 参考文献

2. 成绩评定

学生课程设计后，需要按照老师要求提交设计源程序文件和设计报告电子版。老师根据选题难度、工作量大小和提交文件的质量给出课程设计成绩(百分制)，最后占学生期末总评成绩的20%。

13.2 课程设计报告书模板

13.2.1 课程设计报告书封面

课程设计报告书封面格式如图13.1所示。

C/C++程序设计

课程设计报告书

题目：____________________

院　　系：__________

专业班级：__________

学　　号：__________

姓　　名：__________

年　　月　　日

图13.1 设计报告封面格式

13.2.2 课程设计报告书主要内容

课程设计报告的主要内容如图 13.2 所示。

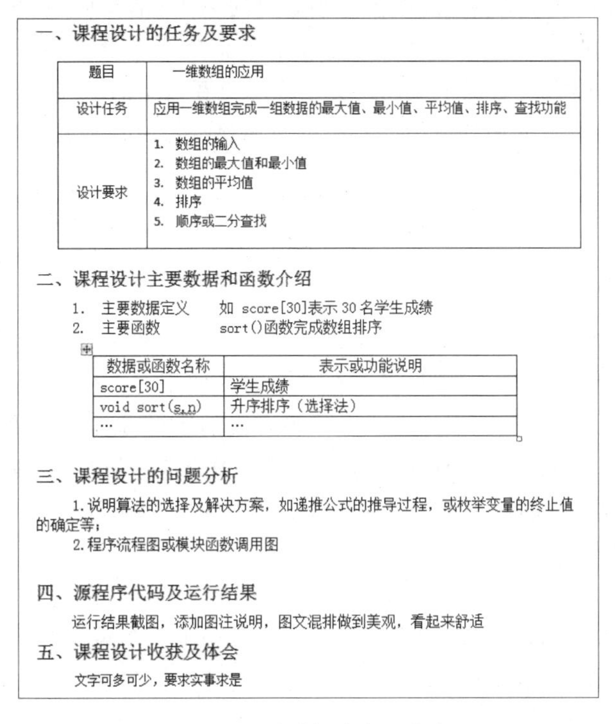

一、课程设计的任务及要求

题目	一维数组的应用
设计任务	应用一维数组完成一组数据的最大值、最小值、平均值、排序、查找功能
设计要求	1. 数组的输入 2. 数组的最大值和最小值 3. 数组的平均值 4. 排序 5. 顺序或二分查找

二、课程设计主要数据和函数介绍

1. 主要数据定义　如 score[30]表示 30 名学生成绩
2. 主要函数　sort()函数完成数组排序

数据或函数名称	表示或功能说明
score[30]	学生成绩
void sort(s,n)	升序排序（选择法）
…	…

三、课程设计的问题分析

1.说明算法的选择及解决方案，如递推公式的推导过程，或枚举变量的终止值的确定等；

2.程序流程图或模块函数调用图

四、源程序代码及运行结果

运行结果截图，添加图注说明，图文混排做到美观，看起来舒适

五、课程设计收获及体会

文字可多可少，要求实事求是

图 13.2　设计报告主要内容

13.3 大赛常用的经典算法解析

13.3.1 大学生程序设计大赛简介

1. ACM-ICPC 简介

ACM 国际大学生程序设计竞赛(ACM International Collegiate Programming Contest(简称 ACM-ICPC 或 ICPC))是由国际计算机协会(ACM)主办的，一项旨在展示大学生创新能力、团队精神和在压力下编写程序、分析和解决问题能力的年度竞赛。经过近 40 年的发展，ACM 国际大学生程序设计竞赛已经发展成为全球最具影响力的大学生程序设计竞赛。赛事目前由 IBM 公司赞助。

ACM 国际大学生程序设计竞赛的历史可以上溯到 1970 年，当时在美国得克萨斯 A&M 大学举办了首届比赛。当时的主办方是 The Alpha Chapter of the UPE Computer Science Honor Society。作为一种全新的发现和培养计算机科学顶尖学生的方式，竞赛很快得到美国和加拿大各大学的积极响应。1977 年，在 ACM 计算机科学会议期间举办了首次总决赛，并演变成为一年一届的多国参与的国际性比赛。

在赛事的早期,冠军多为美国和加拿大的大学生获得。而进入 1990 年代后期以来,俄罗斯和其他一些东欧国家的大学连夺数次冠军。来自中国大陆的上海交通大学代表队则在 2002 年美国夏威夷的第 26 届、2005 年上海的第 29 届和 2010 年在哈尔滨的第 34 届的全球总决赛上三夺冠军,浙江大学参赛队在美国当地时间 2011 年 5 月 30 下午 2 时结束的第 35 届 ACM 国际大学生程序设计竞赛全球总决赛中荣获全球总冠军,成为继上海交通大学之后唯一获得 ACM 国际大学生程序设计竞赛全球总决赛冠军的亚洲高校。这也是目前为止亚洲大学在该竞赛上取得的最好成绩。赛事的竞争格局已经由最初的北美大学一枝独秀演变成当前的亚欧对抗局面。

2018 年 4 月,ACM-ICPC 在中国北京举行,由北京大学承办,最终由北京大学完成 G 题夺得金牌。

ACM-ICPC 以团队的形式代表各学校参赛,每队由至多 3 名队员组成。每位队员必须是在校学生,有一定的年龄限制,并且每年最多可以参加 2 站区域选拔赛。

比赛期间,每队使用 1 台计算机,需要在 5 小时内使用 C、C++、Pascal 或 Java 中的一种编写程序解决 7 到 13 个问题。程序完成之后提交裁判运行,运行的结果会判定为正确或错误两种并及时通知参赛队。而且有趣的是每队在正确完成一题后,组织者将在其位置上升起一只代表该题颜色的气球,每道题目第一支解决掉它的队还会额外获得一个“FIRST PROBLEM SOLVED”的气球。

最后的获胜者为正确解答题目最多且总用时最少的队伍。每道试题用时将从竞赛开始到试题解答被判定为正确为止,其间每一次提交运行结果被判错误的话将被加罚 20 分钟时间,未正确解答的试题不计时。

与其他计算机程序竞赛(例如国际信息学奥林匹克,IOI)相比,ACM-ICPC 的特点在于其题量大,每队需要在 5 小时内完成 7 道或以上的题目。另外,一支队伍 3 名队员却只有 1 台计算机,使得时间显得更为紧张。因此除了扎实的专业水平,良好的团队协作和心理素质同样是获胜的关键。

ACM 国际大学生竞赛自 1996 年起设立中国大陆地区预选赛赛区,并由上海大学承办,至 2001 年总决赛止,连续举办五届。之后在境内设置多个赛点,由各大学轮流主办地区性竞赛至今。

2. 中国大学生计算机设计大赛

中国大学生计算机设计大赛是由教育部高等学校计算机类专业教学指导委员会、教育部高等学校软件工程专业教学指导委员会、教育部高等学校大学计算机课程教学指导委员会、教育部高等学校文科计算机基础教学指导分委员会、中国教育电视台联合主办。

大赛的目的是提高大学生综合素质,具体落实教育部高等学校计算机基础课程教学指导委员会编写的《高等学校计算机基础教学发展战略研究报告暨计算机基础课程教学基本要求》,以及教育部高等学校文科计算机基础教学指导委员会编写的《文科类专业大学计算机教学要求》,进一步推动高校本科面向 21 世纪的计算机教学的知识体系、课程体系、教学内容和教学方法的改革,引导学生踊跃参加课外科技活动,激发学生学习计算机知识技能的兴趣和潜能,为培养德智体美全面发展、具有运用信息技术解决实际问题的综合实践能力、创新创业能力,以及团队合作意识的人才服务。

大赛内容目前分设软件应用与开发类、微课与课件类、数字媒体设计类普通组、数字媒体设计类专业组、计算机音乐创作类、数字媒体设计类中华民族文化组、软件服务外包类等类组。以后将根据需要适当增设竞赛领域，使各专业领域的学生都有充分展示其计算机应用与创作才智的平台。

大赛过程分初赛和决赛两个阶段，初赛主要通过省级（直辖市、自治区级）预赛和国赛网评的方式筛选作品，决赛采用现场演示和答辩方式。

3. 河北省大学生程序设计大赛

河北省大学生程序设计大赛由河北省教育厅主办，东北大学秦皇岛分校承办，是面向河北省高校大学生的年度性学科竞赛，旨在通过竞赛提高河北省大学生程序设计创新与解决实际问题的能力，发现优秀的计算机人才，引领并促进河北省高校程序设计教学改革与人才培养。

比赛为期两天，借鉴了ACM国际大学生程序设计竞赛与中国大学生程序设计竞赛的规则与组织模式，结合河北省的实际情况，将竞赛分为本科组和专科组，采用同一套题分开排名。每支参赛队伍需在5小时的赛程内解决12个编程题目，每通过一个题目升发对应颜色的气球。比赛结果由机器实时评测，按照正确解题数量，结合所用时间进行实时排名。

河北省大学生程序设计大赛至今成功举办两届，分别于2017年10月和2018年5月在东北大学秦皇岛分校进行。

4. 蓝桥杯

为推动软件开发技术的发展，促进软件专业技术人才培养，向软件行业输送具有创新能力和实践能力的高端人才，提升高校毕业生的就业竞争力，全面推动行业发展及人才培养进程，工业和信息化部人才交流中心特举办“全国软件专业人才设计与创业大赛”，大赛包括个人赛和团队赛两个比赛项目。

个人赛设置：

(1) C/C++程序设计（本科A组、本科B组、高职高专组）

(2) Java软件开发（本科A组、本科B组、高职高专组）

(3) 嵌入式设计与开发（大学组、研究生组）

(4) 单片机设计与开发（大学组）

(5) 电子设计与开发（大学组）

团队赛设置：软件创业赛一个科目组别。

软件类竞赛题目完全为客观题型，选手所提交作答的运行结果为主要评分依据。

(1) 填空题

题目为若干具有一定难度梯度、分值不等的结果填空题或代码完善填空题。

结果填空题描述一个具有确定解的问题，要求选手对问题的解填空。不要求解题过程，不限制解题手段，只要求填写确定的结果。

代码填空题描述一个具有确定解的问题。题目同时给出该问题的某一解法的代码，但其中有缺失部分。要求选手读懂代码逻辑，对其中的空缺部分补充代码，使整段代码完整。只填写空缺部分，不要填写完整句子。

(2) 编程题

题目为若干具有一定难度梯度、分值不等的编程题目。这些题目的要求明确、答案客观。

题目一般要用到标准输入和输出。要求选手通过编程,对给定的标准输入求解,并通过标准输出,按题目要求的格式输出解。题目一般会给出示例数据。

一般题目的难度主要集中于对算法的设计和逻辑的组织上。理论上,选手不可能通过猜测或其他非编程的手段获得问题的解。选手给出的解法应具有普遍性,不能只适用于题目的示例数据(当然,至少应该适用于题目的示例数据)。

为了测试选手给出解法的性能,评分时用的测试用例可能包含大数据量的压力测试用例,选手选择算法时要充分考虑可行性的问题。

解题所涉及的知识:结构、数组、指针、标准输入输出、文件操作、递归、数据结构、函数指针、位运算。

在代码填空中不会出现C++知识,不会出现ANSI C之外的Windows API调用。

解题允许使用的特性:选手可以使用C语言风格或C++风格或混合风格解答编程大题。允许使用ANSI C++特性,允许使用STL类库,不允许使用MFC类库和ATL类库。

13.3.2 大学生程序设计大赛经典算法

程序设计大赛涉及的算法很多,课本中已经介绍的枚举法、递推法、迭代法、递归法、动态规划等方法是从算法设计上层策略角度来讲的,下面从程序设计角度(具体解决方案)介绍几个经典的算法。

1. 超经典算法

这类算法包括:汉诺塔问题、斐波那契数列问题、帕斯卡三角形(杨辉三角形)问题、三色旗问题、老鼠走迷宫、八皇后问题、最短路径问题、生命游戏问题、背包问题等。

2. 有关数制运算的算法

蒙特卡罗法求PI;Eratosthenes筛选求质数;大数运算问题;求最大公因数、最小公倍数、因式分解;求完全数、阿姆斯壮数、最大访客数;中序式转后序式问题;后序式运算问题等。

3. 有关博弈的算法

洗扑克牌(乱数排序)的问题;Carps赌博游戏问题;约瑟夫问题(Josephus Problem)等。

4. 有关集合的算法

排列组合问题;格雷码(Gray Code)问题;产生可能的集合问题;m元素集合的n个元素子集的问题;数字拆解问题等。

5. 有关排序的算法

得分排行的问题；选择、插入、冒泡排序问题；希尔(Shell)排序(改良的插入排序)；Shaker 排序(改良的冒泡排序)；堆(Heap)排序(改良的选择排序)；快速排序(一、二、三)；合并排序；基数排序等。

6. 有关查找的算法

线性查找算法；二分查找算法；分块查找法；二叉排序树的查找；哈希查找算法等。

7. 有关矩阵的算法

稀疏矩阵的问题；多维矩阵转一维矩阵问题；上三角、下三角、对称矩阵问题；奇数魔方阵问题；4N 魔方阵问题；2(2N+1)魔方阵问题等。

13.4 经典算法解析

13.4.1 三色旗问题

1. 问题描述

三色旗问题最早由 E. W. Dijkstra 提出，他使用的用语为 Dutch Nation Flag(Dijkstra 是荷兰人)，多数人使用 Tree-Flag 来称之。

假设有一条绳子，上面有红、白、蓝 3 种颜色的旗子，起初绳子上的旗子颜色并没有顺序，希望将之分类，并排列为蓝、白、红的顺序，要如何移动次数才会最少，注意只能在绳子上进行这个动作，而且一次只能调换两个旗子。

2. 算法思想

在一条绳子上移动，意味着只能使用一个阵列，即一维数组。可以想象一下，从绳子开头进行，遇到蓝色往前移，遇到白色留在中间，遇到红色往后移，如图 13.3 所示。

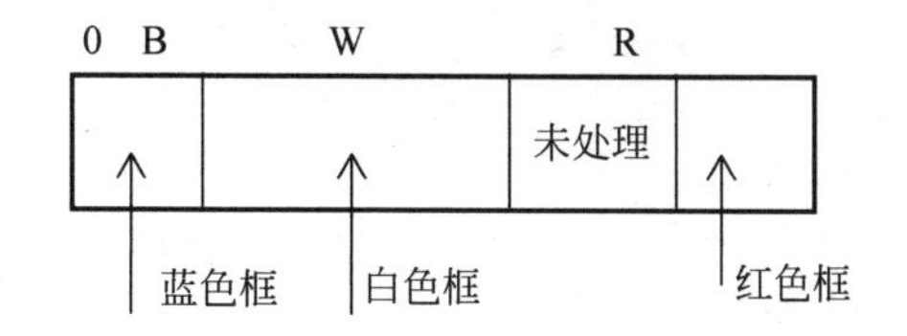

图 13.3 三色旗问题

如果要让移动次数最少，就要有些技巧：

(1) 如果图中 W 所在的位置为白色，则 W+1，表示未处理的部分移至白色群组；

(2) 如果 W 部分为蓝色，则 B 与 W 的元素对调，而 W+1、B+1，表示两个群组都多了一个元素；

(3) 如果 W 部分为红色，则 W 与 R 交换，但 R 要减 1，表示未处理的部分减 1。

注意：B、W、R 并不是三色旗的个数，只是一个移动的指标；什么时候移动结束呢？开始时未处理的 R 指标是等于旗子的总数，当 R 的索引数减至少于 W 的索引数时，表示接下来的旗子都是红色，结束移动。

3. 参考代码

源程序 three-color.c(three-color.cpp)代码如下：

```
#include <stdio.h>
#include <stdlib.h>
#include <string.h>
#define BLUE 'b'
#define WHITE 'w'
#define RED 'r'
#define SWAP(x,y) {char temp; temp = color[x];color[x] = color[y];color[y] = temp;}
int main()
{ char color[] = {'r','w','b','w','w','b','r','b','w','r','\0'};
  int wFlag = 0;
  int bFlag = 0;
  int rFlag = strlen(color) - 1;
  int i;
  for(i = 0;i < strlen(color);i++)          //输出原始的旗子
     printf(" %c ",color[i]);
  printf("\n");

  while (wFlag <= rFlag)                   //移动旗子
  { if (color[wFlag] == WHITE)
       wFlag++;
    else if (color[wFlag] == BLUE)
         { SWAP(bFlag,wFlag);
            bFlag++;
            wFlag++;}
         else
         {while (wFlag < rFlag && color[rFlag] == RED)
              rFlag--;
           SWAP(rFlag,wFlag);
           rFlag--;
         }
  }
  for (i = 0;i < strlen(color);i++)         //输出移动后的旗子
     printf(" %c ",color[i]);
  printf("\n");
  return 0;
}
```

4. 程序运行结果

```
r w b w w b r b w r
b b b w w w w r r r
```

思考：如果要求统计旗子交换次数，如何处理？

13.4.2 排列组合算法

1. 问题描述

将一组数字、字母或符号进行排序，以得到不同的组合顺序，如 1 2 3 这三个数的排列组合有 1 2 3、1 3 2、2 1 3、2 3 1、3 1 2、3 2 1。

2. 算法思想

常见的排列算法有：

(1) 字典序法

(2) 递增进位制数法

(3) 递减进位制数法

(4) 邻位对换法

(5) 递归法

这里介绍递归法，使用递归法将问题切割为较小的单元进行排列组合，例如 1 2 3 4 的排列可以分为 1[2 3 4]、2[1 3 4]、3[1 2 4]、4[1 2 3]进行排列，这要利用旋转法，先将旋转间隔设为 0，将最右边的数字旋转至最左边，并逐步增加旋转的间隔，例如：

1 2 3 4→旋转 1→继续将右边 2 3 4 进行递归处理；

2 1 3 4→旋转 1 2 变为 2 1→继续将右边 1 3 4 进行递归处理；

3 1 2 4→旋转 1 2 3 变为 3 1 2→继续将右边 1 2 4 进行递归处理；

41 2 3 →旋转 1 2 3 4 变为 4 1 2 3→继续将右边 1 2 3 进行递归处理。

3. 参考代码

源程序 perm.cpp 代码如下：

```
#include <stdio.h>
#include <stdlib.h>
#define N 4
void perm(int *, int);                          //声明递归函数
int main()
{ int num[N+1],i;
  for (i=1;i<=N;i++)
     num[i]=i;
  perm(num,1);
  return 0;
}

void perm(int *num,int i)
{ int j,k,tmp;
  if(i<N)
  { for(j=i;j<=N;j++)
    { tmp=num[j];
      for(k=j;k>i;k--)                          //旋转该区段最右边数字至最左边
```

```
            num[k] = num[k - 1];
          num[i] = tmp;
        perm(num, i + 1);
        for(k = i; k < j; k++)                    //还原
            num[k] = num[k + 1];
          num[j] = tmp;
        }
      }
      else
      { for(j = 1; j <= N; j++)                   //显示此次排列
          printf(" %d", num[j]);
        printf("\n");
      }
    }
```

4. 程序运行结果

```
1234
1243
1324
1342
1423
1432
2134
2143
2314
2341
2413
2431
3124
3142
3214
3241
3412
3421
4123
4132
4213
4231
4312
4321
```

13.4.3 奇数魔方阵

1. 问题描述

将 1 到 n(为奇数)的数字排列在 $n\times n$ 的方阵上，且各行、各列与各对角线的和必须相同，如图 13.4 所示。

2. 算法思想

填魔方阵的方法以奇数最为简单，第一个数字放在第一行第一列的正中央，然后向右(左)上填，如果右(左)上已有数字，则向下填，如图 13.5 所示。

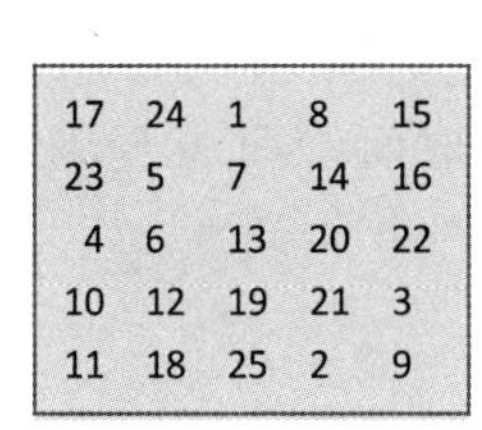

17	24	1	8	15
23	5	7	14	16
4	6	13	20	22
10	12	19	21	3
11	18	25	2	9

图 13.4 奇数魔方阵

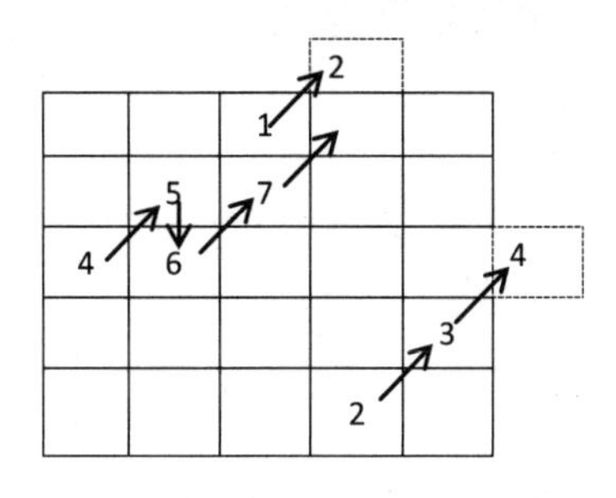

图 13.5 填魔方阵的方法示例

一般阵列的索引从 0 开始，这里为了计算方便，利用索引 1 到 n 的部分，而在计算是向右(左)上或向下时，可以将索引值除以 n，如果得到余数为 1 就向下，否则就往右(左)上，原理很简单，看看是否已经在同一列上绕一圈就对了。

3. 参考代码

源程序 Magic-Matrix.cpp 代码如下：

```
#include <stdio.h>
#include <stdlib.h>
#define N 5
int main()
{ int i,j,key;
  int square[N+1][N+1] = {0};          //魔方阵初值为 0
  i = 0;
  j = (N+1)/2;                         //填写第一个数 1 的起始位置
  for(key = 1;key <= N * N;key++)
  {   if(key % N == 1)
          i++;                         //往下
     else
     {   i--;                          //右上
          j++;
     }
       if (i == 0)                     //处理边缘,上出界
          i = N;
     if (j > N)                        //处理边缘,右出界
          j = 1;
     square[i][j] = key;               //填写
  }
  for(i = 1;i <= N;i++)
  {   for(j = 1;j <= N;j++)
          printf(" %3d",square[i][j]);
     printf("\n");
  }
```

```
  return 0;
}
```

程序运行结果如图13.4所示。

13.4.4 最大访客数

1. 问题描述

现将举行一个餐会,让访客事先填写到达时间与离开时间,为了掌握座位的数目,必须先估计不同时间的最大访客数。

2. 算法思想

这个题目看似复杂,其实不然。单就计算访客数这个目的,同时考虑同一位访客的来访时间与离开时间,反而会使程序变得复杂;只要将来访时间与离开时间分开处理就可以了,假设访客i的来访时间为x[i],离开时间为y[i]。

在数据输入完毕之后,将x[i]和y[i]分别进行排序(由小到大),只要计算某时之前总共来访了多少位访客,然后减去某时之前离开的访客,就可以轻易解出这个问题。

快速排序算法思路如下。

(1) 将待排序的数据放入数组x中,数据为a[left],a[left+1],…a[right]。

(2) 分区处理,取a[right]放入变量s中,通过分区处理为s选择应该排定的位置,将比s小的数放左边,比s大的数放右边,当s到达最终位置时,由s划分左右两个集合,即程序中partition()函数返回值q。

(3) 然后再用同样的思路处理左集合和右集合。

3. 参考代码

源程序Max-guest.cpp代码如下:

```
#include <stdio.h>
#include <stdlib.h>
#define MAX 100
#define SWAP(x,y) {int t; t = x; x = y; y = t;}
int partition(int[ ], int, int);
void quicksort(int[ ], int, int);              //快速排序-递归法
int maxguest(int[ ], int[ ], int, int);
int main()
{ int x[MAX] = {0};
  int y[MAX] = {0};
  int time = 0;
  int count = 0;
  printf("输入来访与离开时间(0～24, -1 -1 表示结束): \n");
  while (count < MAX)
  { printf(">>");
    scanf("%d %d", &x[count], &y[count]);
    if(x[count]< 0)
        break;
```

```
        count++;
    }
    if(count >= MAX)
    { printf("\n超出最大访客数(%d)",MAX);
        count--;
    }
    quicksort(x,0,count);
    quicksort(y,0,count);
    while(time < 25)                                    //time最大值24
    { printf("\n%d时的最大访客数: %d",time,maxguest(x,y,count,time));
        time++;
    }
    printf("\n");
    return 0;
}

int maxguest(int x[],int y[],int count,int time)
{ int i,num = 0;
    for(i = 0;i <= count;i++)
    { if (time > x[i])
            num++;
        if (time > y[i])                                //走一个客人
            num--;
    }
    return num;
}

int partition(int number[],int left,int right)          //分区处理
{ int i,j,s;
    s = number[right];
    i = left - 1;
    for(j = left;j < right;j++)
    { if(number[j]<= s)
        {   i++;
            SWAP(number[i],number[j]);
        }
    }
    SWAP(number[i + 1],number[right]);
    return i + 1;
}

void quicksort(int number[],int left,int right)         //快速排序
{ int q;                                                //q为number[right]的最终位置
    if(left < right)
        {   q = partition(number,left,right);
            quicksort(number,left,q - 1);
            quicksort(number,q + 1,right);
        }
}
```

4. 程序运行结果

输入来访与离开时间(0～24,-1 -1 表示结束)：

```
>>2 6
>>4 6
>>10 20
>>12 20
>>-1 -1

0 时的最大访客数：0
1 时的最大访客数：0
2 时的最大访客数：0
3 时的最大访客数：1
4 时的最大访客数：1
5 时的最大访客数：2
6 时的最大访客数：2
7 时的最大访客数：0
8 时的最大访客数：0
9 时的最大访客数：0
10 时的最大访客数：0
11 时的最大访客数：1
12 时的最大访客数：1
13 时的最大访客数：2
14 时的最大访客数：2
15 时的最大访客数：2
16 时的最大访客数：2
17 时的最大访客数：2
18 时的最大访客数：2
19 时的最大访客数：2
20 时的最大访客数：2
21 时的最大访客数：0
22 时的最大访客数：0
23 时的最大访客数：0
24 时的最大访客数：0
```

13.4.5 最短路径问题——动态规划

1. 问题描述

某城市交通如图 13.6 所示，其中每两个点之间的路径长度(单位为 km)标于边上。P 是出发点，只能从左向右或从下向上走，要求寻找一条从 P 至 A 的最短路径。

2. 算法分析

A 点是行进的目标，盯住 A 看，从 B 到 A 需要走 2km 的路，从 C 到 A 需要走 3km 的路。将 B 点和 C 点划分为阶段 5 中的两个点。

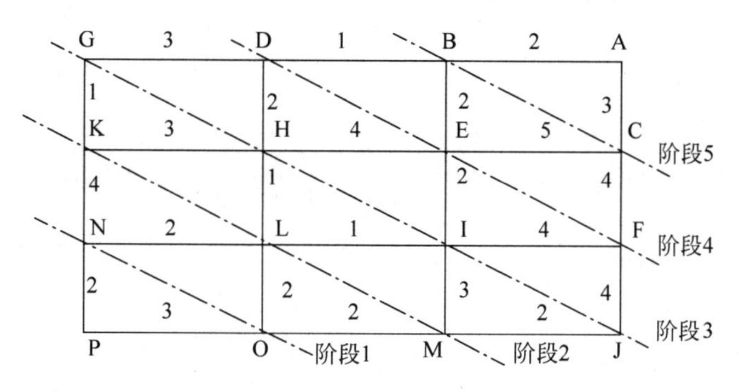

图 13.6 城市交通图

定义如下。

(1) 从 P 到 A 的最短路径记为 P(A)，从 P 到 B 的最短路径记为 P(B)，从 P 到 C 的最短路径记为 P(C)。

(2) 相邻两点的路径长为 d(B,A)，d(C,A)，d(F,C)，d(E,C)…则有：

$$P(A)=\min\{P(B)+d(B,A),\ P(C)+d(C,A)\}$$

该式的物理意义是：从 P 到 A 的最短路径 P(A)取决于 P(B)+d(B,A)和 P(C)+d(C,A)}，相当于二选一，取最小者。

从图 13.6 已知 d(B,A)=2，d(C,A)=3，则 P(A)=min{P(B)+2，P(C)+3}

P(A)究竟取哪一项，要看 P(B)和 P(C)的值，又要往前推，看阶段 4 中与阶段 5 邻接的 3 个点 D、E 和 F。

从 P 到 B，一条路 P(D)+d(D,B)，另一条路是 P(E)+d(E,B)，也需要二选一。写成式子为：

$$P(B)=\min\{\ P(D)+d(D,B),\ P(E)+d(E,B))\}$$

同理，从 P 至 C 写成为：

$$P(C)=\min\{\ P(E)+d(E,C),\ P(F)+d(F,C))\}$$

上述两式中，d(D,B)=1，d(E,B)=2，d(E,C)=5，d(F,C)=4，代入后得到

$$P(B)=\min\{\ P(D)+1,\ P(E)+2)\}$$

$$P(C)=\min\{\ P(E)+5,\ P(F)+4)\}$$

从上述公式中可以看出，要想知道阶段 5 的 P(B)和 P(C)，就要先求出阶段 4 的 P(D)和 P(E)，或 P(E)和 P(F)……这是一个递推过程。显然，要按照这种思路求解，需要倒过来从 P(A)出发，先求出第 1 阶段的 P(N)和 P(O)，再求第 2 阶段的 P(K)、P(L)、P(M)，最后得到 P(A)。

选择二维数组作为本题的数据结构，将每条路径的长度放在数组中。为方便起见，规定数组 h[4][3]存储水平方向(东西方向)的道路长度，v[3][4]存储垂直方向(南北方向)的道路长度。初始化为：

```
int h[4][3]={{3,2,3},{2,1,4},{3,4,5},{3,1,2}};
int v[3][4]={{2,2,3,4},{4,1,2,4},{1,2,2,3};
```

为了编程方便，将图 13.6 改为图 13.7 所示。

从图 13.7 可以看出，由 P 到 A 的最短路径是从(0,0)到(3,3)。定义二维数组 p[4,4]，

初始化为0,对于出发点P,坐标为(0.0),p[0,0]=0为边界条件。

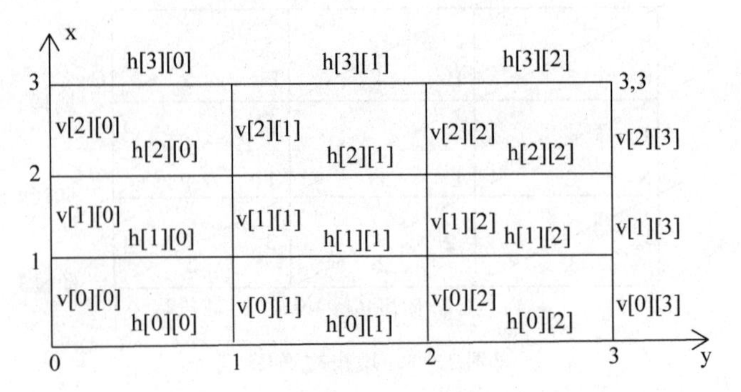

图13.7　编程用的城市交通图

对于阶段1:

P[0][1]=p[0][0]+h[0][0]=0+3=3;

P[1][0]=p[0][0]+v[0][0]=0+2=2;

对于阶段2:

P[1][1]=min{p[0][1]+v[0][1],p[1][0]+h[1][0]}=min{3+1,2+2}=4;

P[0][2]=p[0][1]+h[0][1]=3+2=5;

P[2][0]=p[1][0]+v[1][0]=2+4=6;

对于阶段3:

P[1][2]=min{p[0][2]+v[0][2],p[1][1]+h[1][1]}=min(5+3,4+1)=5;

P[0][3]=p[0][2]+h[0][2]=5+3=8;

P[2][1]=min{p[1][1]+v[1][1],p[2][0]+h[2][0]}=min{4+1,6+3}=5;

P[3][0]=p[2][0]+v[2][0]=6+1=7;

对于阶段4:

P[1][3]=min{p[0][3]+v[0][3],p[1][2]+h[1][2]}=min{8+4,5+4}=9;

P[2][2]=min{p[1][2]+v[1][2],p[2][1]+h[2][1]}=min{5+2,5+4}=7;

P[3][1]=min{p[2][1]+v[2][1],p[3][0]+h[3][0]}=min{5+2,7+3}=7;

对于阶段5:

P[2][3]=min{p[1][3]+v[1][3],p[2][2]+h[2][2]}=min{9+4,7+5}=12;

P[3][2]=min{p[2][2]+v[2][2],p[3][1]+h[3][1]}=min{7+2,7+1}=8;

最后到终点:

P[3][3]=min{p[2][3]+v[2][3],p[3][2]+h[3][2]}=min{12+3,8+2}=10;

这就是从P到A的最短路径。归纳出最短路径的通项表达式:

$$
\begin{cases}
p[i][j]=\min\{p[i-1][j]+v[i-1][j],p[i][j-1]+h[i][j-1]\} & (i>0,j>0)\\
P[0][j]=p[0][j-1]+h[0][j-1] & (i=0,j>0)\\
P[i][0]=p[i-1][0]+v[i-1][0] & (i>-,j=0)\\
P[0][0]=0 & (i=0,j=0)
\end{cases}
$$

从P到A的最短路径为10,走的路线为PNLHDBA。

3. 参考代码

源程序 Shortest-Path. cpp 代码如下：

```
#include <stdio.h>
int min(int,int);                                   //返回最小值
int main()
{ int h[4][3] = {{3,2,3},{2,1,4},{3,4,5},{3,1,2}};
  int v[3][4] = {{2,2,3,4},{4,1,2,4},{1,2,2,3}};
  int p[4][4] = {{0}};
  for(int j = 1;j < 4;j++)
     p[0][j] = p[0][j - 1] + h[0][j - 1];           //y 轴上的点
  for(int i = 1;i < 4;i++)
     p[i][0] = p[i - 1][0] + v[i - 1][0] ;          //x 轴上的点
  for( i = 1;i < 4;i++)
     for( j = 1;j < 4;j++)
         p[i][j] = min(p[i - 1][j] + v[i - 1][j],p[i][j - 1] + h[i][j - 1]); //内部点
   printf("From P to A is: %d\n",p[3][3]);
                                                    //输出每个路口对 P 点的最短距离
   for( i = 3;i >= 0;i -- )
   {  for( j = 0;j <= 3;j++)
          printf(" %5d",p[i][j]);
      printf("\n");
   }
   return 0;
 }
 int min(int a, int b)
 { if (a <= b)
       return a;
    else
       return b;
 }
```

4. 程序运行结果

```
     From P to A is:10
  7     7     8    10
  6     5     7    12
  2     4     5     9
  0     3     5     8
```

5. 动态规划的基本概念

动态规划是运筹学的一个重要分支，是解决多阶段决策过程最优化的一种方法，也是计算机程序设计中最常用的方法之一。

所谓多阶段决策过程，是将所研究的过程划分为若干相互联系的阶段，在求解时，要求对每一个阶段都做出决策，往往前一个阶段的决策会影响下一个阶段的决策。

(1) 阶段

阶段是对整个决策过程的自然划分,通常根据问题的时间顺序或空间顺序来划分阶段。表示阶段的变量称为阶段变量。如果(x,y)表示现阶段,则此例中(x－1,y)和(x,y－1)标识前一阶段,相应变量 p(x,y)为现阶段的阶段变量,而 p(x－1,y)和 p(x,y－1)为前一阶段的阶段变量。

(2) 状态

不同事物有不同性质,因而用不同状态来刻画。此例中描述路口距起点的距离变量 p(x,y)可视为状态变量。状态总是与阶段相联系的。

(3) 决策与策略

根据题意要求,对每个阶段所做出的某种选择性的操作称为决策。如取最小值(min)。每一阶段都有决策,由决策形成的序列称为策略。

(4) 状态转移方程

用数学公式描述与阶段相关的状态间的演变规律称为状态转移方程。图 13.8 为此例的状态转移示意图。

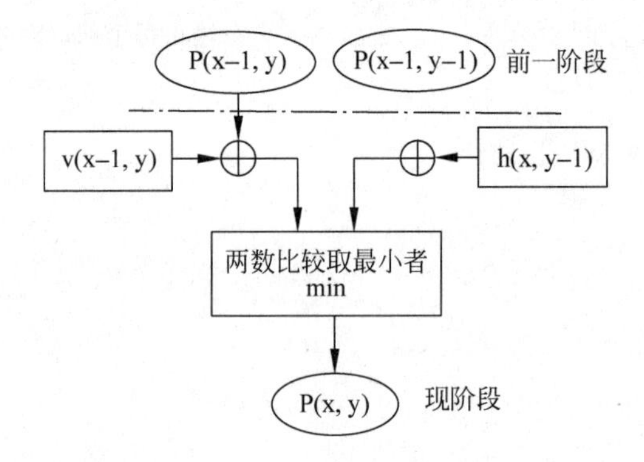

图 13.8 状态转移示意图

6. 动态规划求解问题满足的条件

动态规划是一个效率很高的递推方法,与贪心法的区别在于,按贪心策略形成的判定序列,并不能保证解是全局最优的;而动态规划可能产生的多个判定序列,按照最优化原理加以筛选,去除那些非局部最优的子序列,构成最优决策序列。

用动态规划思想解题需满足以下 3 个条件。

(1) 待解问题具有无后效性问题。待解问题可以转化为多阶段决策问题,每一阶段的问题都是原问题的一个子问题,子问题的解决只是与当前阶段和以后阶段的决策有关,而与以前各阶段的决策无关,这称为无后效性。

(2) 待解问题能够实施最优策略。即无论过去的状态和策略如何,对当前状态而言,以后的决策必须能构成最优决策序列。

(3) 保证足够大的内存空间。

动态规划是解决多阶段决策过程最优化问题的一种方法,是考虑问题的一种途径,并不是一种有着固定模式的算法。运用这种思想解题必须对具体问题进行具体分析,需要有丰富的想象力和创造力。

课程设计中任务十五的牌型种数就可以使用动态规划思想解决。

习题 13

算法编程题

1. 硬币体系问题(动态规划)。从键盘上输入硬币体系中不同面值的数目 N 和各种面值大小,输入要买商品的价格 P,输出所用硬币的最优方案,使得硬币总面值等于 P 且所用硬币数目最小。

2. 八皇后问题(递归)。西洋棋中的皇后可以直线前进,吃掉遇到的所有棋子,如果棋盘上有 8 个皇后,则这 8 个皇后如何相安无事地放置在棋盘上。相安无事即不互相攻击,任何两个皇后需满足:不在棋盘的同一行、同一列和同一对角线上。

3. Armstrong 数。在三位的整数中,如 153 可以满足 $1^3+5^3+3^3=153$,这样的数称为 Armstrong 数,试找出所有的三位 Armstrong 数。

4. 赌博游戏(枚举)。一个简单赌博游戏,游戏规则如下:玩家掷两个骰子,点数为 1 到 6,如果第一次点数和为 7 或 11,则玩家胜,如果点数和为 2、3 或 12,则玩家输,如果和为其他点数,则记录第一次的点数和,然后继续掷骰,直至点数和等于第一次掷出的点数和,则玩家胜,如果在这之前掷出了点数和为 7,则玩家输。

5. 蒙特卡罗法近似计算几何面积。已知一个椭圆长轴为 10,短轴长为 8,设计算法求这个椭圆的面积,并编程实现。

6. 骑士聚会问题(搜索)。在 8×8 的棋盘上,输入 n 个骑士的出发点,假定骑士每天只能跳一步,计算 n 个人的最早聚会地点和走多少天。要求尽早聚会,且 n 个人走的步数最少。骑士的跳步按中国象棋的马来跳。

附录A C语言关键字

由 ANSI 标准推荐的 C 语言关键字共有 32 个，根据关键字的作用，可分为数据类型关键字、控制语句关键字、存储类型关键字和其他关键字四类。

类别	序号	关键字	说明
数据类型关键字(12)	1	char	声明字符型变量或函数
	2	double	声明双精度变量或函数
	3	enum	声明枚举类型
	4	float	声明浮点型变量或函数
	5	int	声明整型变量或函数
	6	long	声明长整型变量或函数
	7	short	声明短整型变量或函数
	8	signed	声明有符号类型变量或函数
	9	struct	声明结构体变量或函数
	10	union	声明共用体(联合)数据类型
	11	unsigned	声明无符号类型变量或函数
	12	void	声明函数无返回值或无参数，声明无类型指针
控制语句关键字(12)	13	for	一种循环语句
	14	do	循环语句的循环体
	15	while	循环语句的循环条件
	16	break	跳出当前循环
	17	continue	结束当前循环，开始下一轮循环
	18	if	条件语句
	19	else	条件语句否定分支(与 if 连用)
	20	goto	无条件跳转语句
	21	switch	开关语句
	22	case	开关语句分支
	23	default	开关语句中的“其他”分支
	24	return	函数返回语句
存储类型关键字(4)	25	auto	声明自动变量(一般省略)
	26	extern	声明变量是在其他文件中声明(也可以看作是引用变量)
	27	register	声明寄存器变量
	28	static	声明静态变量
其他关键字(4)	29	const	声明只读变量
	30	sizeof	计算数据类型长度
	31	typedef	用以给数据类型取别名
	32	volatile	说明变量在程序执行中可被隐含地改变

ASCII码对照表

ASCII 值	控制字符	ASCII 值	控制字符	ASCII 值	控制字符	ASCII 值	控制字符
0	NUT	32	(space)	64	@	96	`
1	SOH	33	!	65	A	97	a
2	STX	34	"	66	B	98	b
3	ETX	35	#	67	C	99	c
4	EOT	36	$	68	D	100	d
5	ENQ	37	%	69	E	101	e
6	ACK	38	&	70	F	102	f
7	BEL	39	,	71	G	103	g
8	BS	40	(	72	H	104	h
9	HL	41	)	73	I	105	i
10	LF	42	*	74	G	106	j
11	VT	43	+	75	K	107	k
12	FF	44	,	76	L	108	l
13	CR	45	—	77	M	109	m
14	SO	46	.	78	N	110	n
15	SI	47	/	79	O	111	o
16	DLE	48	0	80	P	112	p
17	DCI	49	1	81	Q	113	q
18	DC2	50	2	82	R	114	r
19	DC3	51	3	83	S	115	s
20	DC4	52	4	84	T	116	t
21	NAK	53	5	85	U	117	u
22	SYN	54	6	86	V	118	v
23	TB	55	7	87	W	119	w
24	CAN	56	8	88	X	120	x
25	EM	57	9	89	Y	121	y
26	SUB	58	:	90	Z	122	z
27	ESC	59	;	91	[	123	{
28	FS	60	<	92	\	124	|
29	GS	61	=	93	]	125	}
30	RS	62	>	94	^	126	～
31	US	63	?	95	—	127	DEL

运算符的优先级和结合方向

优先级	运算符	结合方向	含　义	使用形式	说明
1（最高）	（）	自左至右	圆括号运算符	（表达式）或函数名（参数表）	
	［］		数组下标运算符	数组名［常量表达式］	
	·		结构体成员运算符	结构体变量.成员名	
	->		指向结构体成员运算符	结构体指针变量->成员名	
2	！	自右至左	逻辑非运算符	！表达式	单目运算
	～		按位取反运算符	～表达式	
	＋		求正运算符	＋表达式	
	－		负号运算符	－表达式	
	＋＋		自增运算符	＋＋变量名或变量名＋＋	
	－－		自减运算符	－－变量名或变量名－－	
	（类型）		强制类型转换运算符	（数据类型）表达式	
	*		间接（取值）运算符	*指针变量	
	&		取地址运算符	&变量名	
	sizeof		求所占字节数运算符	sizeof（表达式）或 sizeof（类型）	
3	*	自左至右	乘法运算符	表达式*表达式	双目运算
	/		除法运算符	表达式/表达式	
	%		求余运算符	整型表达式%整型表达式	
4	＋		加法运算符	表达式＋表达式	
	－		减法运算符	表达式－表达式	
5	<<		左移位运算符	变量名<<表达式	
	>>		右移位运算符	变量名>>表达式	
6	>		大于运算符	表达式>表达式	
	>=		大于等于运算符	表达式>＝表达式	
	<		小于运算符	表达式<表达式	
	<=		小于等于运算符	表达式<＝表达式	
7	==		等于运算符	表达式＝＝表达式	
	！=		不等于运算符	表达式！＝表达式	
8	&		按位与运算符	表达式&表达式	
9	^		按位异或运算符	表达式^表达式	
10	|		按位或运算符	表达式|表达式	
11	&&		逻辑与运算符	表达式&&表达式	
12	||		逻辑或运算符	表达式||表达式	

续表

<table>
<tr><th>优先级</th><th>运算符</th><th>结合方向</th><th>含　义</th><th>使用形式</th><th>说明</th></tr>
<tr><td>13</td><td>?:</td><td>自右至左</td><td>条件运算符</td><td>表达式1? 表达式2:表达式3</td><td>三目运算</td></tr>
<tr><td rowspan="11">14</td><td>=</td><td rowspan="11">自右至左</td><td>赋值运算符</td><td>变量名=表达式</td><td rowspan="11"></td></tr>
<tr><td>+=</td><td>加后赋值运算符</td><td>变量名+=表达式</td></tr>
<tr><td>-=</td><td>减后赋值运算符</td><td>变量名-=表达式</td></tr>
<tr><td>*=</td><td>乘后赋值运算符</td><td>变量名*=表达式</td></tr>
<tr><td>/=</td><td>除后赋值运算符</td><td>变量名/=表达式</td></tr>
<tr><td>%=</td><td>求余后赋值运算符</td><td>变量名%=表达式</td></tr>
<tr><td>&=</td><td>按位与后赋值运算符</td><td>变量名 &=表达式</td></tr>
<tr><td>^=</td><td>按位异或后赋值运算符</td><td>变量名^=表达式</td></tr>
<tr><td>|=</td><td>按位或后赋值运算符</td><td>变量名|=表达式</td></tr>
<tr><td><<=</td><td>左移后赋值运算符</td><td>变量名<<=表达式</td></tr>
<tr><td>>>=</td><td>右移后赋值运算符</td><td>变量名>>=表达式</td></tr>
<tr><td>15
(最低)</td><td>,</td><td>自左至右</td><td>逗号运算符(从左向右顺序计算各表达式的值)</td><td>表达式1,表达式2,…,表达式n</td><td></td></tr>
</table>

说明：对于同优先级的各运算符，运算次序按它们的结合方向进行。

C语言常用库函数

D.1 输入输出函数(#include <stdio.h>)

函数名	函数原型	函数功能	返回值
fclose	int fclose(FILE * fp);	关闭 fp 所指的文件	出错返回非零值,否则返回 0
feof	int feof (FILE * fp);	判断文件是否结束	文件结束返回非零值,否则返回 0
fgetc	int fegtc (FILE * fp);	从 fp 所指文件中获取一个字符	出错返回 EOF,否则返回所读的字符
fgets	char * fgets(char * str, int n, FILE * fp);	从 fp 所指的文件中读取一个长度为 n－1 的字符串,存储到 str 所指的存储区	返回 str 所指存储区的首地址。若读取时遇文件结束或读取出错,则返回 NULL
fopen	FILE * fopen(char * filename, char * mode);	以 mode 指定方式打开名为 filename 的文件	打开成功,返回文件信息区的起始地址。否则返回 NULL
fprintf	int fprintf(FILE * fp, char * format, args,…);	把参数表 args…的值以 format 指定的格式输出到 fp 所指的文件中	返回实际输出的字符数
fputc	int fputc (char ch, FILE * fp);	将字符 ch 输出到 fp 所指的文件中	成功,则返回 ch,否则返回 0
fputs	int fputs (char * str, FILE * fp);	将 str 所指的字符串输出到 fp 所指的文件中	成功返回非零值(写入的字符数),否则返回 0
fread	int fread (char * str, unsigned size, unsigned n, FILE * fp);	从 fp 所指的文件中读取长度为 size 的 n 个数据块存储到 str 所指的存储区中	成功,返回读取的数据块的个数,若遇文件结束或出错,则返回 0
fscanf	int fscanf(FILE * fp, char * format, args,…);	从 fp 所指的文件中按 format 指定的格式读取数据,并将各数据存储到 args 所指的内存空间中	成功,返回读取到的数据个数,遇文件结束或出错,则返回 0

续表

函数名	函数原型	函数功能	返回值
fseek	int fseek(FILE * fp, long offer , int base);	将 fp 所指文件的位置指针从 base 位置移动 offer 个字节	成功,返回移动后的位置,否则返回 EOF
ftell	Long ftell(FILE * fp);	计算出 fp 所指文件当前的读写位置	返回当前位置
fwrite	int fwrite(char * str, unsigned size, unsigned n, FILE * fp);	将 str 所指的 n * size 个字节的内容输出到 fp 所指的文件中	输出的数据块的个数
getchar	int getchar(void)	从键盘上读取一个字符	成功,返回所读字符,否则返回 EOF
gets	char * gets(char * str);	从键盘读取一个字符串,并存储到 str 所指的存储区中	成功,返回 str,否则,返回 NULL
printf	int printf (char * format, args,…);	将参数表 args…的值以 format 指定的格式输出到屏幕上	输出字符的个数
putchar	int putchar (char ch);	将字符 ch 输出到屏幕上	成功,返回 ch,否则返回 EOF
puts	int puts (char * str);	将 str 所指的字符串输出到屏幕上,并将'\0'转换为回车换行符输出	成功,返回换行符,否则返回 EOF
rename	int rename(char * sourcename, char * targetname);	将 sourcename 所指的文件名改为 targetname 所指的文件名	成功,返回 0,否则,返回 EOF
rewind	void rewind (FILE * fp);	将 fp 所指文件的位置指针复位到文件头	无
scanf	int scanf (char * format, args,…);	从键盘上按 format 指定的格式输入数据,并将各数据存储到 args…指定的存储区中	成功,返回输入的数据个数,否则返回 0

D.2 数学函数(#include <math.h>)

函数名	函数原型	函数功能	返回值	参数说明
abs	int abs(int x);	计算 |x|	计算结果	-32768<=x<=32767
acos	double acos(double x);	计算 arccos(x)	计算结果	-1<=x<=1
asin	double asin(double x);	计算 arcsin(x)	计算结果	-1<=x<=1
atan	double atan(double x);	计算 arctg(x)	计算结果	
cos	double cos(double x);	计算 cos(x)	计算结果	x 的单位为弧度
exp	double exp(double x);	计算 e^x	计算结果	

续表

函数名	函数原型	函数功能	返回值	参数说明
fabs	double fabs(double x);	计算|x|	计算结果	
log	double log(double x);	计算 ln (x)	计算结果	x 必须为正数
log10	double log10(double x);	计算 lg (x)	计算结果	x 必须为正数
pow	double pow (double x, double y);	计算 x^y	计算结果	
sin	double sin(double x);	计算 sin(x)	计算结果	x 的单位为弧度
sqrt	double sqrt(double x);	计算 $\sqrt{x}$	计算结果	x>=0
tan	double tan(double x);	计算 tg(x)	计算结果	x 的单位为弧度

D.3 字符串函数(#include <string.h>)

函数名	函数原型	函数功能	返回值
strcat	char * strcat (char * str1, char * str2);	将 str2 所指字符串连接到 str1 后面	str1 所指字符串的首地址
strchr	char * strchr(char * str, int ch);	在 str 所指字符串中找出第一次出现字符 ch 的位置	找到,返回该位置的地址,否则,返回 NULL
strcmp	int strcmp (char * str1, char * str2);	比较 str1 及 str2 所指的字符串的关系	str1 < str2,返回负数 str1==str2,返回 0 str1 > str2,返回正数
strcpy	char * strcpy (char * str1, char * str2);	将 str2 所指字符串复制到 str1 所指的内存空间中	str1 所指内存空间的首地址
strlen	unsigned strlen (char * str);	计算 str 所指字符串的长度	返回有效字符个数(不包括'\0'在内)
strlwr	char * strlwr(char * str) ;	将 str 所指字符串中的大写英文字母全部转换为小写英文字母	str 所指字符串的首地址
strstr	char * strstr(char * str1, char * str2);	在 str1 所指字符串中查找 str2 所指字符串第一次出现的位置	找到,返回该位置的地址,否则返回 NULL
strupr	char * strupr (char * str);	将 str 所指字符串中的小写英文字母全部转换为大写英文字母	str 所指字符串的首地址

D.4　类型判断函数(#include <ctype.h>)

函数名	函数原型	函数功能	返回值
isalnum	int isalnum(int ch);	判断 ch 是否为字母或数字	是,返回 1,否则,返回 0
isalpha	int isalpha(int ch);	判断 ch 是否为字母	是,返回 1,否则,返回 0
iscntrl	int iscntrl(int ch);	判断 ch 是否为控制字符	是,返回 1,否则,返回 0
isdigit	int isdigit(int ch);	判断 ch 是否为数字	是,返回 1,否则,返回 0
islower	int islower(int ch);	判断 ch 是否为小写字母	是,返回 1,否则,返回 0
isspace	int isspace(int ch);	判断 ch 是否为空格、制表符或换行符	是,返回 1,否则,返回 0
isupper	int isupper(int ch);	判断 ch 是否为大写字母	是,返回 1,否则,返回 0
isxdigit	int isxdigit(int ch);	判断 ch 是否为十六进制数字	是,返回 1,否则,返回 0
toascii	int toascii(int ch);	将 ch 转换为 ASCII 码	返回对应的 ASCII 码
tolower	int tolower(int ch);	将 ch 转换成小写字母	返回对应的小写字母
toupper	int toupper(int ch);	将 ch 转换成小写字母	返回对应的大写字母

D.5　动态分配函数和随机函数(#include <stdlib.h>)

函数名	函数原型	函数功能	返回值
atof	double atof(char * str);	将 str 所指字符串转换为 double 类型数据	成功,返回转换后的值,不成功,返回 0
atoi	int atoi(char * str);	将 str 所指字符转换为 int 类型数据	成功,返回转换后的值,不成功,返回 0
atoll	long atoll(char * str);	将 str 所指字符转换为 long 类型数据	成功,返回转换后的值,不成功,返回 0
calloc	void * calloc (unsigned ntimes, unsigned size);	分配 ntimes 个数据项的内存空间,每个数据项占 size 个字节	成功,返回分配到的首地址,否则,返回 0
exit	void exit(int status);	根据 status 状态来终止程序	无
free	void free(void * ptr);	释放已分配的 ptr 所指的内存块	无
malloc	void * malloc (unsigned size);	申请分配 size 字节的内存	成功,返回分配到的首地址,否则,返回 NULL
rand	int rand(void) ;	产生 0 到 32767 之间的随机数	返回所产生的整数
srand	void srand(unsigned seed) ;	建立随机数序列的起点,即种随机种子	无
system	void system (char * command) ;	执行 command 所指的 DOS 命令	命令合法,执行。否则,输出错误提示。

说明：使用 srand 函数时，其参数通常使用 time(NULL)，因此，还需要包含头文件 time.h。

在 VC++6.0 中，exit 和 system 函数声明在 process.h 中。

D.6 图形处理函数(#include <graphics.h>)

函数名	函 数 原 型	函 数 功 能	返回值
circle	void circle(int x, int y, int radius);	以(x, y)为圆心，画半径为 radius 的圆	无
cleardevice	void cleardevice(void);	清除图形屏幕	无
closegraph	void closegraph(void);	关闭图形系统	无
detectgraph	void detectgraph(int * graphdriver, int * graphmode);	通过检测硬件，确定图形驱动程序和模式	无
initgraph	void initgraph(int * graphdriver, int * graphmode, char * pathtodriver);	初始化图形系统	无
getbkcolor	int getbkcolor(void);	返回现行背景颜色值	颜色值
getcolor	int getcolor(void);	返回现行前景颜色值	颜色值
getmaxcolor	int getmaxcolor(void);	返回最高可用的颜色值	颜色值
line	void line(int x0, int y0, int x1, int y1);	从(x0,y0)画直线到(x1,y1)	无
lineto	void lineto(int x, int y);	从当前点画直线到(x,y)	无
rectangle	void rectangle(int x1, int y1, int x2, inty2);	以(x1, y1)为左上角，(x2, y2)为右下角画一个矩形框	无
setlinestyle	void setlinestyle(int linestyle, unsigned upattern, int thickness);	设定作图时的线型	无
setfillstyle	void setfillstyle(int pattern, int color);	设定图时填充图形内部用的模式和颜色	无

D.7 时间函数(#include <time.h>)

函数名	函 数 原 型	函 数 功 能	返 回 值
asctime	char * asctime (struct tm * tblock);	将 tblock 所指结构体中的日期和时间转换为字符串	转换后的字符串的首地址
ctime	char * ctime(time_t * time);	把 time 所指的整数转换为时间字符串	转换后的字符串的首地址
difftime	double difftime (time_t time2, time_t time1);	计算两个时间之差	时间的差值
gmtime	struct tm * gmtime(time_t * clock);	把 clock 所指的整数日期和时间转换为格林威治时间	转换后的时间(存储在结构体中)

续表

函数名	函数原型	函数功能	返回值
localtime	struct tm *localtime(time_t * clock);	把 clock 所指的整数日期和时间转换为当地时间	转换后的时间(存储在结构体中)
time	time_t time(time_t * timer);	将现在的时间转换为从 1970 年 1 月 1 日 0 时起的秒数	转换后的秒数
clock	clock_t clock(void);	确定处理器时间	返回处理所耗时间

D.8 printf 函数常用格式说明及其功能

格式说明	功能
%d	以带符号的十进制形式输出整数(只输出负数的符号,正数不输出符号)
%f(%lf)	以小数形式输出单、双精度实型数,默认为 6 位小数
%c	以字符形式输出
%s	以字符串形式输出(只能用于输出字符串)
%u	以无符号的十进制形式输出整数
%o	以无符号八进制形式输出整数
%x	以无符号十六进制形式输出整数
%p	以十六进制形式输出变量的地址
%%	输出一个百分号(即%)
%e	以指数形式输出单、双精度实型数

C语言常用的转义字符

转义字符常量形式	转义字符功能	十进制 ASCII 码值
'\b'	退格	8
'\t'	横向跳格(跳到下一输出区)	9
'\n'	换行	10
'\v'	竖向跳格	11
'\f'	走纸换页	12
'\r'	回车	13
'\"'	双引号字符	34
'\''	单引号字符	39
'\\'	反斜杠字符	92
'\ddd'	1至3位八进制数所代表的字符,如'\012'即是代表'\n'	
'\xhh'	1至2位十六进制数所代表的字符,如'\x0D'代表字符'\r'	

图书资源支持

感谢您一直以来对清华版图书的支持和爱护。为了配合本书的使用，本书提供配套的资源，有需求的读者请扫描下方的“书圈”微信公众号二维码，在图书专区下载，也可以拨打电话或发送电子邮件咨询。

如果您在使用本书的过程中遇到了什么问题，或者有相关图书出版计划，也请您发邮件告诉我们，以便我们更好地为您服务。

我们的联系方式：

地　　址：北京市海淀区双清路学研大厦 A 座 701

邮　　编：100084

电　　话：010－62770175－4608

资源下载：http://www.tup.com.cn

客服邮箱：tupjsj@vip.163.com

QQ：2301891038（请写明您的单位和姓名）

资源下载、样书申请

书圈

扫一扫，获取最新目录

用微信扫一扫右边的二维码，即可关注清华大学出版社公众号“书圈”。